すっきり分かる
「最強AI」の
しくみ

# 続 AIにできること、できないこと

藤本浩司〔監修〕
柴原一友〔著〕

日本評論社

# はじめに

最近のＡＩは、研究者でも驚くほど急速に進化しています。その進化の原動力となっているのがディープラーニングです。この技術の誕生は、人間を超えるほどの「画像を捉える力」をＡＩにもたらしました。その数年後にはゲーム（囲碁や将棋）でも、人間を超える力を実現しています。さらに驚くべきことに、言語を扱う力、いわゆる読解力においても、人間に比肩するくらいにまで到達してきているのです。

ＡＩの研究は日進月歩です。新しい技術が今も発案され続けています。その積み重ねの結果として、いろいろな分野で人間を超えうる、いわば「最強ＡＩ」が誕生しています。

そんな急速な進化を遂げるＡＩと協力して、これからのビジネス社会で生きていくためには、ＡＩを正しく理解することが必要不可欠となるでしょう。協力し合うには相手を知ることが重要です。「仕事を奪われる」といった不安に怯えないためにも、ＡＩについて無関心にならず、「ＡＩはただの道具」だと思考停止したりもせず、ＡＩの実態を知ろうとすることが大切です。

そんな思いから、「これまでＡＩについて調べたこともない」という方でもＡＩの実態がすっきり分かるようにと、『ＡＩにできること、できないこと――ビジネス社会を生きていくための

4つの力』（2019年刊行）を執筆しました。そこでは、AIの実態やできること、できないことが納得できるようになることを目指しましたが、小難しい技術的な話にはあえて触れませんでした。そのため、「技術的な面をもっと知りたい」という人も多かったのではないかと思います。

そこで本書ではAIを形作る技術に焦点を当てて、実態を深く理解できるようになることを目指しています。しかし、技術の話となると「難しそうだ」と尻込みしてしまう方もいるでしょう。この本では、難しい数式は一切使わずに、かつ要点をおさえて分かりやすく説明するようにしています。そして本書だけで理解できるように、必要な前提知識から説明をしています。

本書では以下の三点を大きな特徴としています。

## 1．AIの知識がない方でも、AIの最先端研究の話が分かるようになる

AIは急激に進化しているため、技術面を理解するのはとても大変です。最近ではAIブームのおかげもあって、技術面を解説する良書がたくさん刊行されています。しかし、数学的な基礎理論からはじまっていたり、これまでに誕生した数々の技術に幅広く触れていたりすることが多く、初めて学ぶ方にはなかなか分かりづらいのが実情です。

そこで本書では、触れる範囲をあえて「画像」「言語」「ゲーム」という各分野での「最強AI」に絞っています。今のAIを短時間で深く理解しようと思ったら、最先端技術がつまった「最強AI」に絞って理解するのが近道だからです。

もちろん、「最強ＡＩ」を理解するのは容易ではありません。そこで本書では、ＡＩについての事前知識がない方でもすっと理解できるように、説明を分かりやすく、かつ本質を捉えられるように心がけています。だからといって、説明する内容を浅くしているわけではありません。「最強ＡＩ」を形作る要素のほとんどを網羅していますので、ＡＩ技術に詳しい方でも理解を深められる内容となっています。

## 2. 難しい専門用語を感覚的に理解できる

前作では理解の妨げとならないよう、専門用語はあえて使いませんでした。しかし、今のＡＩ界隈では技術の発展に伴い、日常的に専門用語が多用されています。専門用語の理解が進まないと分かった気になれない、他人と話をすることができない、というのが実情でしょう。

本書では、よく使われる専門用語について感覚的に分かりやすく説明することで、他人と話ができるくらいに専門用語を理解できることを目指しています。だからといって、簡単なたとえ話で説明してしまうと、正しい理解につながりません。そこで、読者がその後でより深く学ぼうとした際に妨げとならないよう、可能な限り正しい理解ができる表現を心がけています。

そのため、ＡＩについてまったく知らないという人だけでなく、学んでいる最中だけれど正しい理解がつかめていないと感じている人にとっても価値ある内容となっています。もちろん、本書を読み終えた段階で専門用語すべてを頭に入れることは難しいでしょうが、その後も引き続きＡＩの手引書として活用してもらえればと思います。

### 3．最先端ＡＩを知ることで、ＡＩにできること、できないことがよりはっきりと分かる

本書では、人間に匹敵してきている三つの分野における「最強ＡＩ」の実態を明らかにすることで、今のＡＩの現実が把握できるようになることを目指しています。幅広い分野にわたるＡＩの最先端を技術の面からひも解ければ、「ＡＩにできること、できないこと」に対する理解は、より深いものになることでしょう。

なお、今日もまた新しい技術が誕生しているため、「最強ＡＩ」の座は常に変わり続けています。本書で取り上げる「最強ＡＩ」とは、「今のＡＩ研究の主軸を作り上げ、以降の研究に多大な影響を与えたＡＩ」という意味で使っています。これらのＡＩの実態を知ることは、現在だけでなく未来のＡＩの展望を感じる上でも、きっと役に立つことでしょう。

「最強ＡＩ」で使われている技術は最先端ですので、決してやさしい内容ではありません。そのすべてをいきなり理解することは、いかに説明が分かりやすくても負担がないとはいえないでしょう。そこで、本書では重要な点を本文でお話しし、主要な部分ではないけれど大切な話につい

ては、ステップアップという節を設けて分けて説明しています。さらにもっと細かな話については、巻末の注で補足する形をとっています。こういった段階的な形をとることで、重要な点に絞って理解したい人にも、また細かい点を把握したい人にも、満足できる内容となっています。

それではいよいよ、最強ＡＩについて知る旅を始めたいと思います。ぜひ最後までお付き合いください。

続　AIにできること、できないこと

すっきり分かる「最強AI」のしくみ

# 目次

はじめに……i

1章 最強AIへの導入……1

最強AIを理解するための準備……3
最強AIの作り方の基本をおさえる……5
最強AIの実態を捉えるための観点をおさえる……11
4つの力の観点で見る、今のAIの実態……16
最強AIの中心技術のしくみをおさえる……22
まとめ……66

2章 ResNet（レズネット）……70
導入……70
実態……71
できること、できないこと……128
補足……132

3章 BERT（バート）……136
導入……136
実態……137
できること、できないこと……187
補足……190

4章 AlphaZero（アルファゼロ）……196
導入……196
実態……199
できること、できないこと……236

あとがき……242
参考文献……xv
注……iii
索引……i

# 1章 最強AIへの導入

ＡＩは今もニュースの紙面を賑わせています。日々新しいサービスが誕生し、生活に深く入り込んできています。自動的に高速道路を運転してくれる車であったり、話した言葉を自動的に英語へと翻訳してくれる機械であったり、囲碁や将棋といったゲームで対戦してくれるアプリだったりと、いろいろなところでＡＩは使われています。

これらのサービスは、すでに誕生しているＡＩを活用することで生み出されています。たとえば自動運転車には、「車に搭載されたカメラの映像から、前方の車の位置や車線の位置などを認識する」という画像系ＡＩが活用されています。自動で翻訳してくれる機械には、日本語を英語へと変換する言語系ＡＩが組み込まれています。囲碁や将棋で対戦ができるアプリには、ゲームの優れたやり方を学んだゲーム系ＡＩが搭載されているのです。

ＡＩを組み込んだサービスはいろいろな企業から販売されていますが、その中核となる画像系

ＡＩ、言語系ＡＩ、ゲーム系ＡＩは、多少の違いはあっても基本的には似たような技術が使われています。世界中のＡＩ研究者達が日夜研究して生み出した「最強ＡＩ」が、これらのサービスを形作る基礎となっているからです。

　画像系ＡＩ、特にその中核といえる「画像に映った物体の名称を答える」ＡＩは、すでに２０１５年に人間の認識能力へと到達しました。それと同じ年に、さらに性能の優れた「ＲｅｓＮｅｔ（レズネット）」というＡＩが誕生しています。このＡＩが用いている技術は、その後に誕生した多くのＡＩにおいても基礎として使われています。まさしく、画像系の「最強ＡＩ」と呼ぶにふさわしいＡＩと言えるでしょう。

　比較的早く人間を超える域に到達した画像系ＡＩと比べて、読解力などといった言語系では人間の方が優れていました。しかし、２０１８年にグーグルが発表した「ＢＥＲＴ（バート）」という「最強ＡＩ」は、その常識を塗り替え、人間の言語理解に迫る力を達成しています。

　ＡＩの中には、すでに人間では歯が立たなくなっている分野もあります。それがゲーム系です。２０１７年に誕生した「ＡｌｐｈａＺｅｒｏ（アルファゼロ）」というゲーム系ＡＩは、まったく事前知識がない状況から学習を始めても、一日とかからずに人間を超えることができるのです。まさしく「最強ＡＩ」と呼ぶにふさわしいＡＩでしょう。

　本書は、これら三つの「最強ＡＩ」について理解することで、ＡＩの実態をより正しく捉えられるようになることを目指します。しかし、「最強ＡＩ」を正しく理解するためには、事前準備が必要です。まず本章では、ＡＩの基本や、ＡＩの実態の捉え方、ＡＩの中核技術であるディープラーニングなどについて説明します。

この章の内容は、2章以降で説明する「最強ＡＩ」を理解する上で、おさえておくべき重要なポイントを多く含みます。そこで本章では重要なポイントを適宜まとめることで、後で簡単に振り返れるようにしています。

なお、本書は前作『ＡＩにできること、できないこと――ビジネス社会を生きていくための4つの力』で導入した、ＡＩを深く知るための4つの力「動機」「目標設計」「思考集中」「発見」という観点を軸として話を構成しています。そのため、前作をお読みでない方も本書を読み進められるように、この章では前作における必要な要点だけを抜き出して触れています。もし、このあたりをもっと詳しく理解したいと思われた方は、ぜひ前作を手に取っていただければと思います。

## 最強ＡＩを理解するための準備

本章でこれからおさえていくのは、以下の三点です。

・「最強ＡＩ」の作り方の基本をおさえる（教師あり学習、強化学習）
・「最強ＡＩ」の実態を捉えるための観点をおさえる（知性を形作る4つの力）
・「最強ＡＩ」の中心技術のしくみをおさえる（ディープラーニング）

まず一つ目に、ＡＩの基本的な作り方についてお話しします。本書で紹介する三つの「最強ＡＩ」は、どれも教師あり学習、強化学習という、基本的なＡＩの作り方にのっとって生み出されています。そこでまずは、教師あり学習、強化学習とは何か、について触れます。

二つ目として、ＡＩの実態を捉えるために必要な観点を説明します。ＡＩの実態を理解するためには、人間のもつ能力と照らし合わせて比較しながら考えるのが近道です。人間の持つ力は表現力、想像力など、言葉としてはいろいろありますが、具体的なイメージがつきにくいものも少なくありません。

そこで前作では、人間が持つ知性をひも解き、知性を形作る「動機」「目標設計」「思考集中」「発見」という4つの力での分け方を導入することで、ＡＩの実態やできること、できないことを明らかにしました。この観点は、「最強ＡＩ」を理解する上でも有用です。ＡＩはこれら4つの力を過不足なく備えているわけではなく、その多くを人間に頼っています。どう人間に頼っているのかが分かれば、「最強ＡＩ」の実態も明らかになっていきます。そのための準備として、まずこの4つの力がどういうものかについておさえます。

最後の三つ目として、近年のＡＩブームを生み出す立役者となったディープラーニングについて説明します。ＡＩの作り方の基本については一つ目で触れますが、あくまでこれは基本的な枠組みの話です。実際にそこで、どんな技術が使われるのかを説明するのがこの三つ目です。

ディープラーニングは非常に使い勝手の良い技術であり、教師あり学習でも強化学習でも使うことができます。本書で触れる最強ＡＩはすべて、この技術を使って生み出されているのです。

ディープラーニングの詳細を理解するには数学的な知識が必要になってしまうのですが、本書では難しい数式は一切使わず、かつ重要なポイントを正しく理解できるようにしています。

なお、ここでお話しする事前知識の中には、前作で触れた内容も含まれています。前作の読者の方は、振り返りという意味合いも含めて読み進めていただければと思います。

## 最強ＡＩの作り方の基本をおさえる

それではまず手始めに、ＡＩの基本的な作り方についておさえていきましょう。ＡＩの作り方にはいろいろあるのですが、ここでは最強ＡＩが用いている教師あり学習と、強化学習について説明します。

**図 1-1** 問題集のイメージ

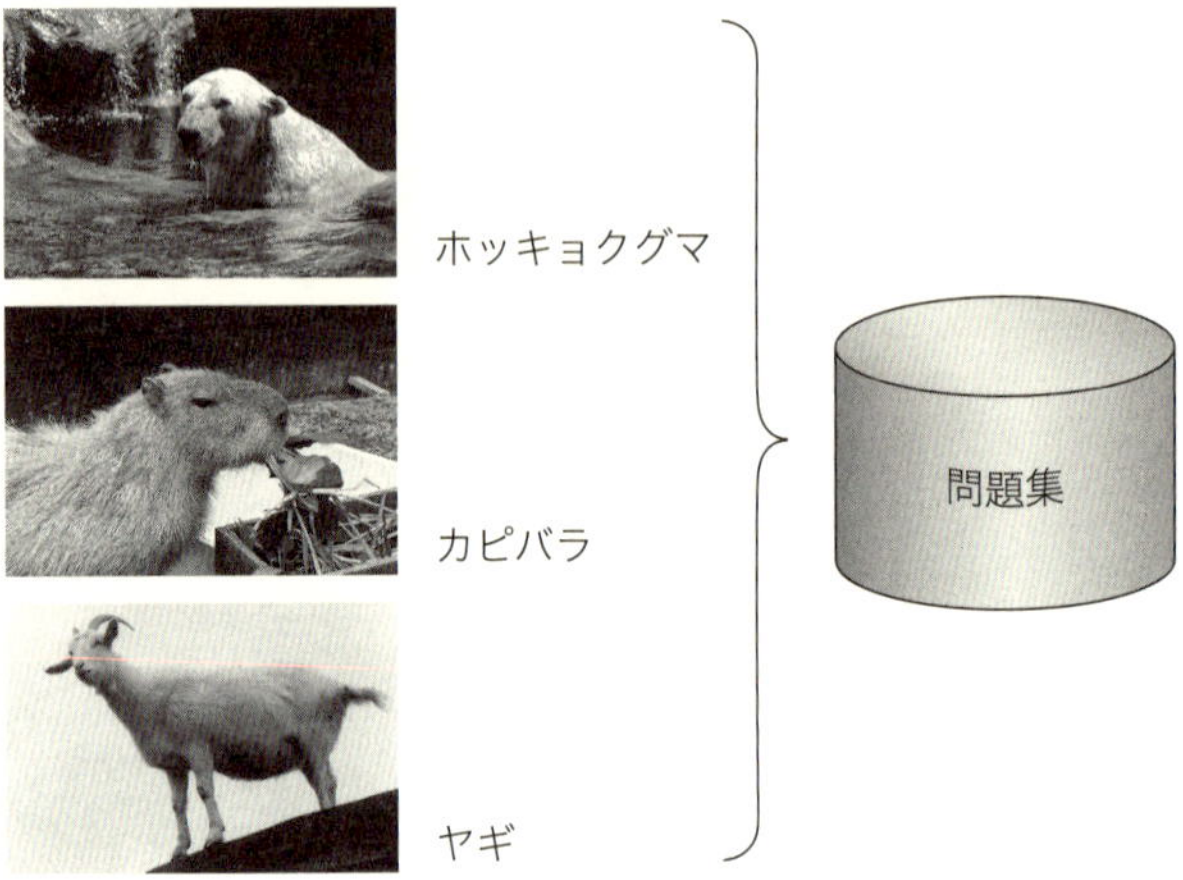


## 教師あり学習

もっとも基本的な作り方が、教師あり学習です。問題文と正解が書かれた問題集を用意し、問題文を読んで正解を答えられるように学習します。人間が試験勉強をする際に、問題集を使って勉強するのと同じ考え方です。

具体的に、画像認識のＡＩを作る例で見てみましょう。画像認識とはＡＩに画像を見せて、写っている物体が何なのかを判別させる、というものです。

教師あり学習を使ってＡＩを作る場合、まずは解きたい課題に対応した問題集を用意します。画像認識の場合は、認識したい物体が写った画像と、その「正解」、つまりその物体の名前、という組となります

**図1-2　教師あり学習のイメージ**

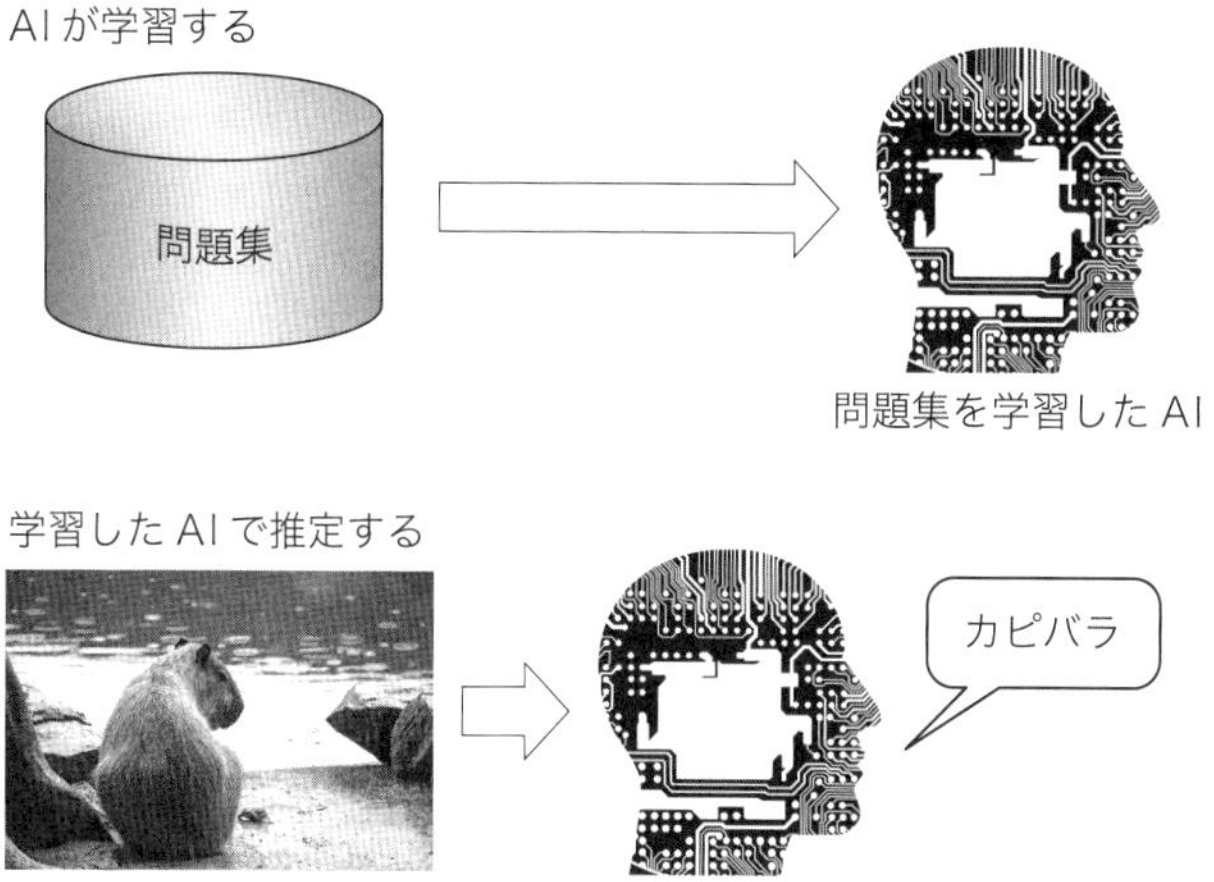


（図1-1）。

次に、用意した問題集を使ってＡＩに学習させます。教師あり学習では、問題集の中にある画像を見せられた（入力として与えられた）ときに、その正解を正しく答えられる（出力できる）ように学習していきます。こうすると、問題集の中にはない新しいカピバラの画像をＡＩに与えたときでも、「カピバラ」という解答を返せるようになるのです（図1-2）。

## 強化学習

教師あり学習に代わって近年、特にゲーム系ＡＩの分野で多大な成果を挙げているのが強化学習です。強化学習とは、定めた目標へ向けてＡＩ自身に試行錯誤をしてもらうことで性能を強化させるという方式で

図1-3　強化学習のイメージ

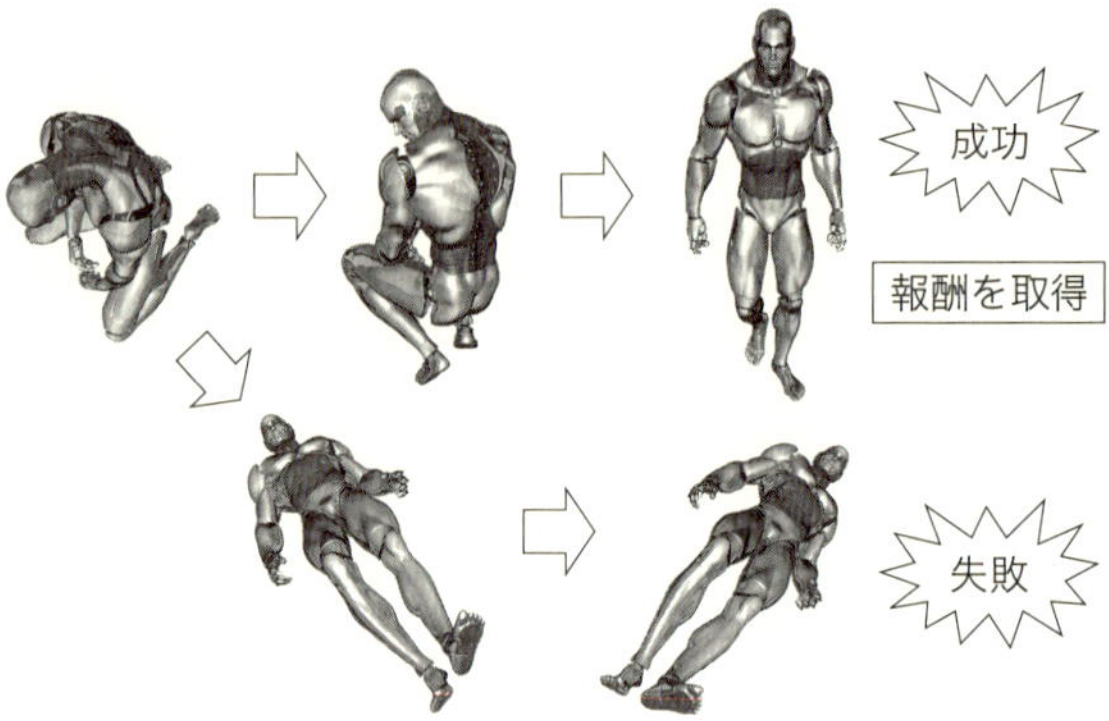


す。目標は、報酬という形でAI設計者が与えます。つまり「目標を達成できたらごほうび（報酬）をあげるよ」としておくわけです。AIは、より多くの報酬を目指して試行錯誤を繰り返します。その結果、定めた目標が達成できるようになっていくのです。

これも具体例で見てみましょう。強化学習はもともと、ロボットが動き方を学習する際によく使われた手法でした。人間型のロボットに、座った状態から立つことを学習させたいとしましょう。この場合、目標は立つことですから、立つことができたら報酬を与えるとします。かといって、立つまでに何時間もかかるようでは困ります。そこで、時間をかけずに素早く立てるほど（つまり、うまく立てたときほど）報酬を多く与える、と設定しておきます。

報酬を設定したら、次はAIに学習させていきます。学習の目標は、できる限り報酬を多くもらえるようになることです。AIはその目標へ向けて、あらかじめ与えられた選択肢（ロボットの足やひざなどを動かす）を網羅的にいろいろ試していきます。試行錯誤を繰り返す中で、うまく立つことができて報酬を得ることもあるでしょう。ＡＩは、こうして蓄積されていく過去の結果を活用して、より多く報酬を得られる方法を模索していきます。

たとえば、何度やっても失敗した（報酬がもらえなかった）方法は、もう捨てていいでしょう。逆に、うまく立てた（報酬が多くもらえた）ときの動き方は参考になります。よって、報酬を多くもらえた方法を中心に、少し変えたりしながらいろいろ試していけば、もっとうまく立てるようになると考えられます。

こういった考え方で、ＡＩは試行錯誤を繰り返し続けます。そして最終的に、多く報酬がもらえる動き方、つまり優れた立ち方を学習できるのです。

## 強化学習と教師あり学習の関係

強化学習は具体的にいうと何を学習しているのでしょうか。強化学習では与えられた環境の下でさまざまな選択肢を試しながら学習しています。このときＡＩは「自分や周囲の状況」を入力として、「その状況においてどういう行動をとるべきか」を出力とする学習をしています。たとえば、「平らな地面の上で座っている」状態を入力として与えられたときに、「片膝を立てる」ことを出力できるようにする、というイメージです。

そう考えてみると、教師あり学習と似ていることが分かるでしょう。「与えられた入力に対して、対応する正解を出力する」という関係性は、教師あり学習のときと同じです。実際、教師あり学習と強化学習は似たような方法を使っています。

ただし、教師あり学習と違って人間があらかじめ問題集を用意してはいません。強化学習における問題集は、AIが試行錯誤する過程で勝手に作られていきます。AIはいろいろな入力（自分や周囲の状況）に応じて、出力（その状況においてどういう行動をとるべきか）を決定していきます。その一つひとつが問題集を形作っていくわけです。

その出力が「正解」であるか否かは、（その出力を選んだ結果として）最終的にもらえる報酬の多い／少ないによって決定されます。もらえる報酬が多いなら「正解」だったと捉え、少ないなら「間違い」だったと捉えるのです。こうしてみると、教師あり学習も強化学習も、「正解」は人間が定めていることが分かります。問題集に「正解」として付与するか、報酬として定めるかの違いがあるだけなのです。

**POINT**

- 教師あり学習も強化学習も、人間が定めた正解を頼りに学習を行う
- 強化学習は問題集を事前に用意せず、AIが試行錯誤する中で作っていく

## 最強AIの実態を捉えるための観点をおさえる

ＡＩの基本的な作り方が見えてきたことで、その実態を知る足がかりができました。そこで次に、ＡＩの実態を捉えるために必要な４つの力について説明していきます。人が持つ知性からヒントを得た４つの力という観点を導入することで、ＡＩの実態やできること、できないことを明確にすることができます。

ＡＩは基本的に知性をもっていません。それでも知性があるかのようにみえるのは、人間（ＡＩ設計者）が自身の持つ知性を、（教師あり学習や強化学習といった枠組みの中で）ＡＩに組み込んでいるからです。そしてそれは「最強ＡＩ」も例外ではありません。「最強ＡＩ」が最強となれたのは、組み込まれた知性が優れていたからなのです。ではどんな知性を組み込んでいるのでしょうか。それを明らかにする前に、まずは組み込もうとしている知性がどういった観点で分けることができるのかについてお話ししていきましょう。

知性は人間が持つ最大の武器です。この武器を手に「自分で考えて環境に対応し、より良い成果を達成する」ことで、人は地球上で今の立場を獲得したのだと考えられます。

「より良い成果を達成する」ためには、なにがしか解決しなくてはならない課題があるはずです。したがって、「課題を自分で見つけて解決する」、これが知性に求められることと言えるでしょう。

そこで、「課題を自分で見つけて解決する」上での流れをかみ砕いて、前作では次の4つの力へとまとめました。

・動機：解決すべき課題を定める力（解くべき課題を見つける）
・目標設計：何が正解かを定める力（どうなったら解けたとするかを決める）
・思考集中：考えるべきことを捉える力（解く上で検討すべき要素を絞る）
・発見：正解へとつながる要素を見つける力（課題を解く要素を見つける）

なお、「動機」「目標設計」「思考集中」「発見」という表現は本書で命名したものであり、一般的な表現ではありません。しかし、この捉え方によってAIの知性をより深く理解できるようになると思います。

まずは現実的な具体例で少しイメージしてみましょう。題材として、「今の置かれた日常をより良くする」ということを例にとって考えてみます。

## 動機：解決すべき課題を定める力

より良い成果を達成するためには、解決すべき課題があると述べました。では、「今の置かれた日常をより良くする」ためには、何を解決すればよいのでしょうか？　逆に言えば、今、自分には何が足りないと考えているのでしょうか？

　それは人によっていろいろな答えがあるでしょう。たとえば「より良い仕事に転職する」ことだったり、「打ち込める趣味を見つける」ことだったり、「良好な人間関係を築く」ことだったりします。「日常をより良くしたい」という気持ちがあるのは同じでも、実際に何が足りないのかは人によって異なります。

　つまり、何に不満を感じているのかによって、解きたい課題は異なるのです。数ある課題の中で、自分が解きたいと願う課題を見つける、これが「動機：解決すべき課題を定める力」です。

## 目標設計：何が正解かを定める力

　解決すべき課題が見つかっても、目標が決まったわけではありません。たとえば、「より良い仕事に転職する」という課題が決まっても、どうなったら自分が満足する結果だといえるのかは決まっていないのです。給与が上がればいいのか、楽しいと感じられる仕事に就ければいいのか、自分の能力を適切に活かせる仕事に就く方がいいのか、人によって「より良い仕事」の示す意味は異なります。

　また、人生はそう甘くはありません。常に最良の結果が得られるとは限らないでしょう。一方で、最良の結果以外は求める正解ではない、ということもありません。「年収が1億円欲しい」というのが理想だったとしても、「年収1億円に至らなければ全然ダメ」と考える人は少ないでしょう。多くの場合、「年収1000万なら万々歳」で、「年収500万なら、まぁそこそこ満足はできる」といったように、求める正解は段階的な要素を持っています。こういった段階的な正解についてどう決めるか、というのも目標を設定する上で重要です。

どうなれば課題が解決できたとするのか、最善の解決にならなかったとしても、より満足のいく結果が得られたと捉えるのか、これらを自分で決めることができる、これが「目標設計：何が正解かを定める力」です。

## 思考集中：考えるべきことを捉える力

具体的な目標（正解）が定まったら、あとはそのために何をすればいいのかを考えるだけです。つまり、目標の実現へ向けて、自分が使える選択肢（行動など）の中から試していけばよいのです。しかし、たいていの場合、選択肢は無数にあります。そのすべてを試すことは現実的ではありません。

たとえば「給与が上がる仕事に転職すること」を目標に定めたとしましょう。そのときに、近所の公園でブランコに乗ったり、まぶたを動かす練習をしたりする人はいないでしょう。人間は、数ある選択肢の中から「給与が上がる仕事に転職する」ことに結びつきそうな選択肢に絞って検討します。あるいは、「資格を取得する」といったより小さな目標（サブゴール）を作って、「給与が上がる仕事に転職する」という目標にたどり着くための道筋を計画して行動したりします。

このように、課題の解決へ向けて、検討すべき選択肢や、目標に至るまでの手順を絞ることができる、これが「思考集中：考えるべきことを捉える力」です。言い換えれば、「考える必要のないことを見極める」力ともいえます。

## 発見：正解へとつながる要素を見つける力

考えるべきことを捉えて選択肢を十分絞ったら、いよいよ選択肢を実際に試して、目標達成につながる道筋を探します。たとえば、転職サイトに登録したり、知人に良い就職先を紹介してもらったりするといった選択肢を試すことで、「給与が上がる仕事に転職する」ことを試みるわけです。

失敗を重ねながら、目標達成へとつながる要素を発見し、掲げていた課題の解決へとつなげる、これが「発見：正解へとつながる要素を見つける力」です。

**POINT**

- 人間が自身の知性を組み込むことで、AIは知性を持っているかのように振る舞える
- 人間が持つ知性は「動機」「目標設計」「思考集中」「発見」という観点で捉えられる

## 4つの力の観点で見る、今のAIの実態

これまでに説明した知性を構成する4つの力について、今のAIはどこまでできているのでしょうか？　端的に言ってしまうと、「発見：正解へとつながる要素を見つける力」以外は、あまり実現できていません。特に「動機：解決すべき課題を定める力」と「目標設計：何が正解かを定める力」は、ほとんどできていません。今のAIでは、解決すべき課題や何が正解かについては、AI設計者があらかじめ与えています。「思考集中：考えるべきことを捉える力」については、ある程度発達してはいますが、それでも人間の持つ能力には及んでいません。

そして、これら4つの力をいかにしてうまく組み合わせるのか、ということもできていません。そもそも、それぞれの要素がちゃんとできていないのですから、当然でしょう。

ここでは特に、AIが部分的に実現できている「思考集中」と「発見」について、詳細にみていきましょう。

### 思考集中：考えるべきことを捉える力

AIは基本的に「与えられた情報すべて」を検討します。教師あり学習であれば、問題集の問題文に書かれたことすべてを、強化学習であれば、与えられた選択肢すべてを網羅的に調べてい

きます。検討していく中で、正解を得るのに役に立たないと分かってくれば検討から外していきますが、最初から検討しないということを、ＡＩは自ら判断できません。

画像認識の例でいえば、画像に映っている物体を学習する際に、ＡＩは（はじめのうちは）画像の隅々まで考慮します。しかし人間は、背景部分、特に画像の隅っこなどは正解に影響しないと判断して、考慮しないでしょう。

素早く立つことを学習する例でいえば、人間は「口を動かす」といった行動は、役に立たないと判断して選択肢から外します。ときには、思考することなく感覚的にこういった判断を行います。これは直観と呼ばれる人間の能力です。

ＡＩはこういった「考えるべきこと」を捉える力がないため、与えられたあらゆる可能性を網羅的に調べます。途方もない話ですが、ＡＩは高速なコンピュータという「体」を持っています。そして、どんなに働いても疲れないという特性を生かして、強引に調べつくして学習していけるのです。

しかし、それでも大変なことには変わりありません。そこで多くの場合、ＡＩ設計者があらかじめ「考えるべきこと」を限定したり、限定の仕方を設計したりしています。つまり、ＡＩの適用範囲をぐっと狭くして選択肢を限定することで、知的な作業を効率的に実現させているのです。

このようなＡＩによる網羅的な方法は、あくまで「考えるべきこと」が比較的少なめだからできることです。将棋や囲碁といったゲームのような、「考えるべきこと」が限定された課題ではなく、より一般的な（人が普段直面するような）課題では「考えるべきこと」を瞬間的に絞っていくという、人間的なやり方が必須となります。

もちろん、人間が絞り込んだ「考えるべきこと」に、抜け漏れがないとは限りません。ひょっとしたら画像の隅っこをよく見ないと正解できない引っかけ問題かもしれませんし、口を動かすことで素早く立てる裏技があるのかもしれません。

しかし、選択肢が多い問題を解く際には、「考えるべきこと」を絞らないと、解答にたどり着くまでに膨大な年月がかかってしまいます。現実的には、多少の抜け漏れを気にすることより、目の前の問題や課題が（最善ではなかったとしても）解けることの方がはるかに重要なのです。

さらに、計画性（プランニング）という観点も重要です。「立つ」ためにはあらかじめ、全体重を足に乗せる必要があります。全体重を足に乗せるには、足の裏を地面にくっつけなくてはなりません。このように、ある課題を解く上で、先に達成すべきサブゴール（小目標）を見定めて、計画的に行動しなければならないことがよくあります。この場合、計画を立てた上で、「考えるべきこと」を計画に沿った選択肢へと絞る必要があります。

今のAIは、このような計画を立てることも得意ではありません。なぜなら、サブゴールを決めるためには、AIが実現できていない「動機：解決すべき課題を定める力」や「目標設計：何が正解かを定める力」が必要になってきてしまうからです。

## 発見：正解へとつながる要素を見つける力

発見は、4つの力の中でもっとも発達している部分です。この発達が現在のAIを支えているとも言えます。しかし、これも人間に比べて優れているとは言い切れません。囲碁や将棋で人間を超える力をAIが発揮しており、そこに発見の力が大きく関わっているのは事実です。しかし、この力はAIが持つ「人間に比べて圧倒的な速度で試行錯誤できる」という強みによるところが大きいのです。

コンピュータは日々高速になっています。一昔前のコンピュータとは比べ物になりません。したがって、AIは人間より大量の試行錯誤ができます。一つひとつの試行錯誤の質がお粗末だったとしても、量で圧倒することができるのです。

画像認識の例で考えてみましょう。画像認識AIは、たとえば画像に映っているのがカピバラかどうかを見分けられます。このAIを作るためには、カピバラを写した画像と、「写っているのがカピバラである」という正解が書かれた問題集を用意する必要がありました。

しかし、AIは「発見：正解へとつながる要素を見つける力」が質の面で人間より優れているとはいえません。カピバラの画像を一枚見ただけでは、人間と同じレベルでカピバラを判別できないのです。

AIはこの欠点を量で補います。つまり、大量のカピバラ画像を問題集として与えてもらうこ

**図 1-4** 知性を構成する４つの力のまとめ

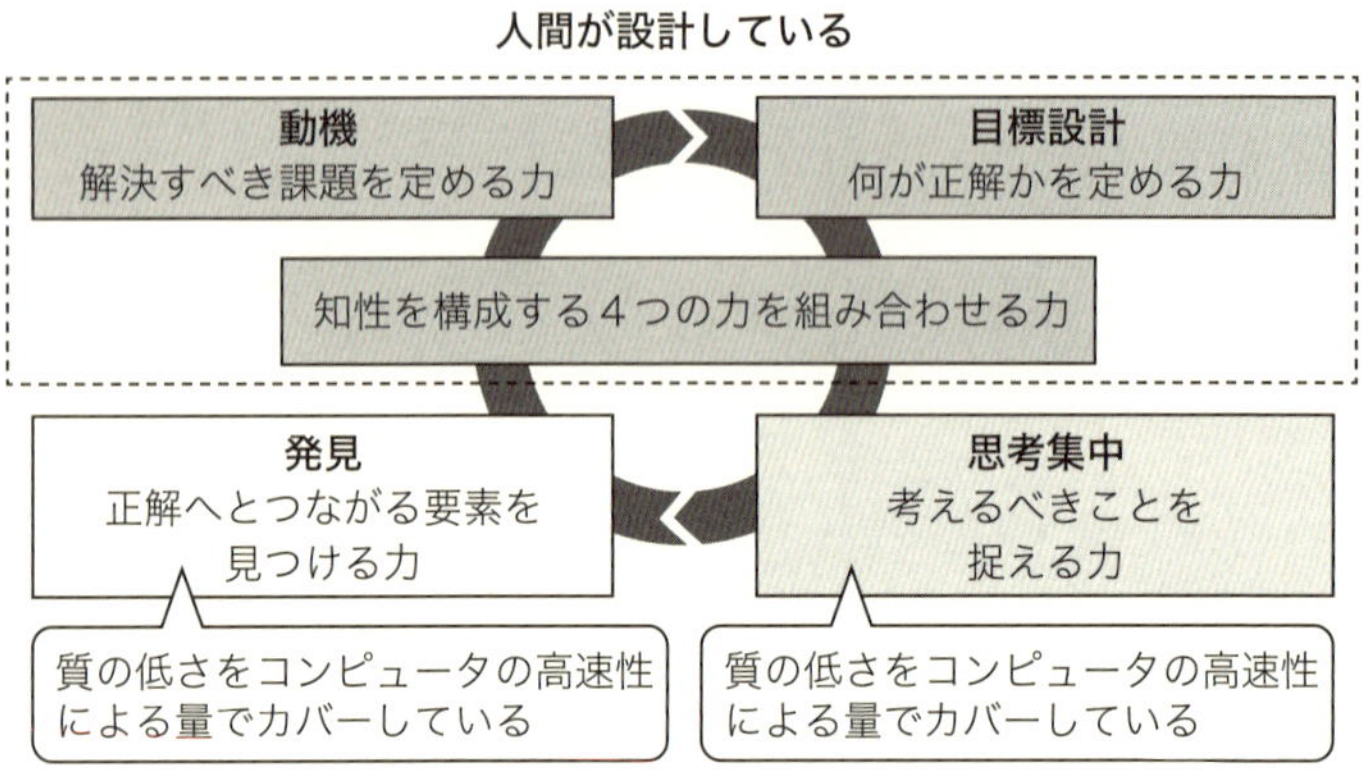


とで、学習する量を増やして能力を高めるのです。人間は、何億という数の問題集をもらったところで、全部見ることは困難でしょう。しかしＡＩは人間よりはるかに高速なので、人間より数多くの学習をすることができます。

ただし、圧倒的な量で試行錯誤するという方法は、どんな課題に対しても自由に使えるわけではありません。圧倒的な量で試行錯誤するためには、大量の問題集を事前に用意しなければなりません。そしてそれは人間が準備しなければならないため、膨大な費用と手間が掛かることも少なくないのです。したがって、どんなものでも簡単に学習できる、というわけにはいかないのです。

それでは強化学習の場合はどうでしょうか？　強化学習では、かなり効率的な学習方法が確立されてきているのですが、それでもやはり大量の試行錯誤が必要となります。ロボットが立つことを学ぶ例でいえば、何万回何億回という回数にわたって、立つことを試みなければなりません。しかし、実際の世界にあるロボットを目にもとまらぬ速さで動かすことはできません。そのため、強化学習は多くの場合、コンピュータ上で仮想的に行っています。

逆に言えば、コンピュータ上の仮想的な世界で高速にシミュレーションできる課題でなければ、強化学習で高い性能を発揮することは難しいのです。囲碁や将棋などのゲームは、その条件を満たしていたので人間を超えられました。しかし、仮想的にシミュレーションできることは、実はそれほど多くありません（このあたりは前作で詳しく触れています）。実際のところ、強化学習で人間を超える性能を出せるのは、ゲーム以外にはほとんどないだろうという声もあるくらいなのです。

**POINT**

- AIは「動機」「目標設計」の力がなく、解決すべき課題や正解は人が決める必要がある
- 考えるべきことを捉える「思考集中」の力は弱いため、人の知性に頼ることも多い
- 正解へとつながる要素を見つける「発見」の力は、質より量でカバーされている
- これら4つの力をうまく組み合わせる方法については、ほとんど手つかずである

## 最強ＡＩの中心技術のしくみをおさえる

ここまでの話で、ＡＩの実態がぼんやりとつかめてきましたね。しかしこれだけでは、最強ＡＩを理解するには十分ではありません。この章の最後に、最強ＡＩを語る上で外すことのできない技術、ディープラーニングについて説明していきます。

ディープラーニングは、従来技術をはるかに超える性能を実現できたことにより、２０００年代後半ごろから有名になりました。今ではいろいろなディープラーニングソフトが無料で提供されているため、だれでも手軽に始めることができます。高い性能を誇ること、教師あり学習や強化学習など、どれにでも使える柔軟さを持っていることなどが、その大きな特長となっています。

ディープラーニングは最先端のＡＩを形作る主要技術というだけあって、簡単な話ではありません。そこで、まずは基本的な考え方についてひととおり説明した後で、細かい話について触れていくことにします。

### ディープラーニングの基本的な考え方

最初に、従来技術であるニューロンについて話をします。ディープラーニングは、数多くのニューロンの集まりでできているためです。そもそもニューロンとは何かというと、人の脳内を構成しているの細胞です。ニューロンをまねすることができれば、人間の知能を実現できるのではないか、その発想からすべてが始まっているのです。

もちろん、脳内にある実際のニューロンはもっと複雑で、未解明な要素も持っています。そっくりそのままコンピュータ上で実現することは難しいでしょう。そこで、判明しているニューロンの仕組みをシンプルな形でまねした「形式ニューロン」というものが考え出されました。ディープラーニングで用いているニューロンは、この「形式ニューロン」を基に発展させたものです。

それではディープラーニングが用いているニューロンがどんなものなのか、イメージで説明していきましょう。具体例を基に説明した方が分かりやすいでしょうから、「パンダを見分ける」という画像認識の例を使って説明していきます。

画像に写った動物がパンダなのかを人間が見分けようとする場合、どんなふうに考えているでしょうか？　中には「すぐにパンダだと分かるから、特に考えていない」という意見もあるでしょう。では、「なぜそれがパンダだと断言できるかを説明してほしい」と言われたらどうでしょうか？　おそらく、画像に写った動物と、パンダが持つ特徴との類似性を列挙していくのではないかと思います。つまり、目の周りが黒い、体が白色と黒色で占められている……などです。

ここで挙げた特徴は、パンダだと判断する上でプラス要素となる特徴といえます。逆に、「しっぽが長い」などのように、マイナス要素となる特徴もあります。画像に写った動物が「しっぽが長い」のであれば、パンダではない、むしろシマウマとかではないか、という形で使うことができます。

もちろん、これは表現の仕方が違うというだけです。「しっぽが短い」というプラス要素の特徴を、「しっぽが長い」というマイナス要素の特徴だと捉えたわけです。重要なことは、特徴にはプラス要素、マイナス要素があり、それぞれの証拠を積み重ねて、パンダであることを主張することができる、という点です。

ニューロンは人間の脳内に存在するものなので、ディープラーニングで用いられるニューロンもまた、人間と似たようなやり方で判断しています。つまり、「パンダにある（プラス要素の）特徴」、もしくは「パンダにはない（マイナス要素の）特徴」という証拠を積み重ねて、見た目のパンダっぽさ（以降は「パンダっぽさ」と呼ぶことにします）が高いなら、パンダであると断言するのです。

これは図示すると図1-5のようになります。この図の例では、「目の周りが黒い」「白色と黒色が占める割合が多い」「しっぽが長くない＝短い」という三つの特徴が、画像に写っている動物から得られた場合を示しています。この場合、すべての特徴において、「パンダっぽさ上昇」という結果が得られています。よって、総合的に考えれば、「パンダである」と判断できます。

ここで留意が必要なのは「コンピュータは基本的に計算しかできない」という点です。そのため、すべてを数値で扱う必要があります。たとえば「白色と黒色が占める割合が多い」という特徴であれば、「体のうち黒色と白色がしめる割合が95％」という形で数値化します。「目の周りが黒い」については、「目の周りのうち黒色が占める割合が１００％」となります。

**図 1-5　ニューロンによるパンダの判断**

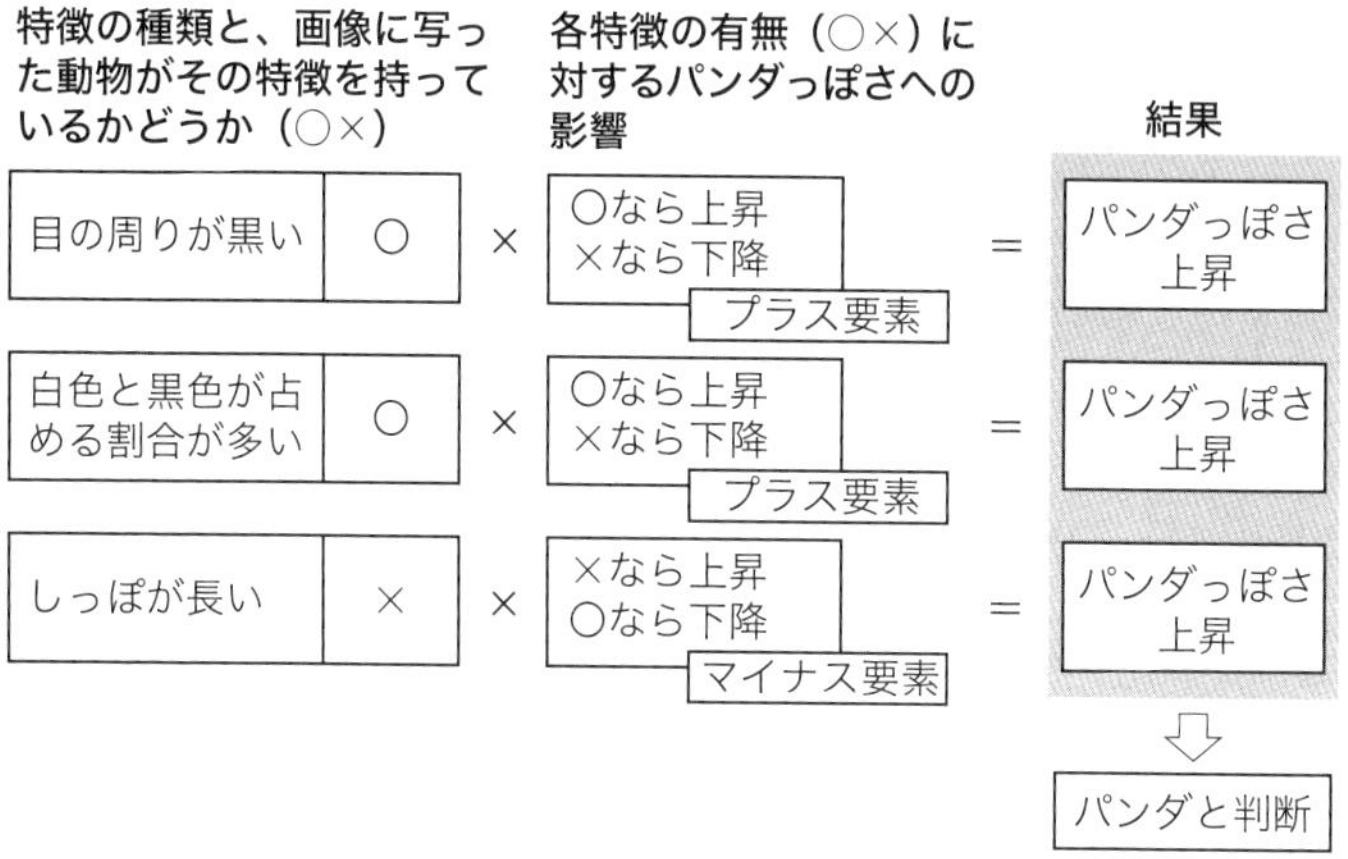


　また、「パンダっぽさへの影響」も数値で表せます。「パンダっぽさ」へのプラス要素が強ければ強いほど、大きな数値を割り当てるのです。逆に「パンダっぽさ」へのマイナス要素が強い場合は、その名の通りマイナスの値を割り当てればいいのです。さらに、最終的に得たい「パンダっぽさ」もまた、数値で表せます。「パンダっぽさが85%」といった感じです。

「パンダっぽさ」にまつわるすべての要素が数値で表せるということは、「パンダっぽさ」は数式で表せるということになります。その数式を簡潔な表現でまとめると、次のようになります。

パンダっぽさ＝「目の周りが黒い」特徴があることによるパンダっぽさ＋
「白色と黒色が占める割合が多い」特徴があることによるパンダっぽさ＋
「しっぽが長い」特徴がないことによるパンダっぽさ

この数式の場合、パンダっぽさは三つある特徴ごとに分けて扱われています。これらをうまく調整して、与えられた画像がパンダであったときにパンダっぽさが高くなるようにすればいいわけです。

では、具体的にどこをどう調整すればいいのでしょうか？「『目の周りが黒い』特徴があることによるパンダっぽさ」を例にとって、さらに細かく見てみましょう。これは、二つの情報から計算されていました。「目の周りが黒い」という「特徴の有無」と、「目の周りが黒いという特徴」があることによる「パンダっぽさへの影響」です。

このうち、「特徴の有無」とは、与えられた画像に写っている物体が「目の周りが黒いという特徴」を持っているかどうかを指します。これは、与えられた画像ごとの事実なので、調整することはできません。

よって、正しく「（目の周りが黒い特徴があることによる）パンダっぽさ」が計算できるようにするためには、「パンダっぽさへの影響」の方だけを調整すればよいことになります。ディープラーニング（ニューロン）における「学習」とは、特徴ごとに正しい「パンダっぽさへの影響」を見つ

図1-6　ニューロンの学習

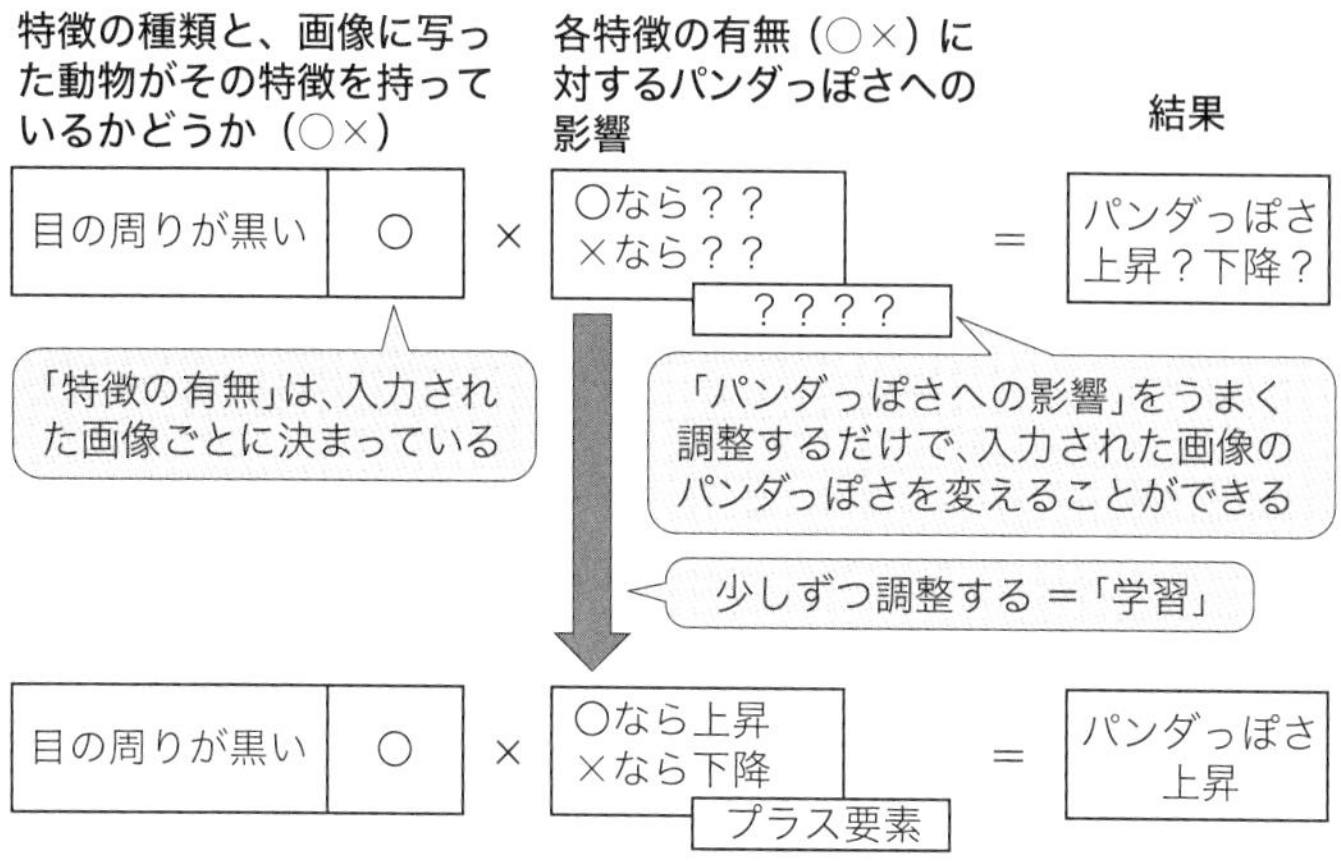


けることなのです（図1-6）。

　では、どうやって正しい「パンダっぽさへの影響」を見つけるのでしょうか。実は驚くほどシンプルな方法で見つけています。まず、「パンダっぽさへの影響」を勝手な値に決めます。すると当然ながら、うまく判定できない画像がたくさん出てきます。そこで、うまく判定できなかった画像に対して、「うまく判定できるように、『パンダっぽさへの影響』をほんのちょっとずつ調整する」のです。

　たとえば、パンダの画像を入力したのにパンダっぽさが低いと計算されてしまったとします。これはつまり、「パンダっぽさへの影響」がうまく設定できていない、ということです。そこで、パンダっぽさが上昇する方向へと「パンダっぽさへの影響」の数値を全体的に少しだけ調整するのです。

「そうすると、今まで正しくパンダっぽさが計算できていた他の画像で、正しく計算できなくなるのでは？」と思われる方もいらっしゃることでしょう。その通りです。ではそのときどうするかというと、「すべての画像について、正しくパンダっぽさが計算できるようになるまで、根気よく調整し続ける」のです。人間がやろうとしたら、とても大変な作業です。しかしAIがやるので、その点は問題ありません。AIなら文句も言わず、黙々とやり続けてくれます。

ちなみに、いくら続けてもなかなかうまく学習できない場合はどうするのでしょうか？　答えはとても単純です。もう一度最初からやりなおすのです。調整の仕方などを少し変えれば、今度はうまくいくかもしれないからです。このような気の遠くなる作業を繰り返して、学習を行っているのです。

以上がニューロンとその学習方法です。ディープラーニングはニューロンの集まりでできていると述べました。よって、基本的な考え方は同じなのですが、ディープラーニングでは膨大な数のニューロンを扱っているという点が大きく異なります。つまりディープラーニングでは、膨大にあるニューロン全部を少しずつ調整していくのです。とんでもなく大変な作業であることが感じられるでしょう。

ではなぜ、ディープラーニングでは膨大な数のニューロンを扱うのでしょうか。それは、「特徴を人間が考えなくてもいい」という利点が生まれるからです。

パンダっぽさの例で説明しましょう。パンダっぽさを推定する際には、パンダとの類似性を判断する要素として「目の周りが黒い」「白色と黒色が占める割合が多い」といった特徴を用いていました。従来はこれらをＡＩ設計者が作っていたのです。

特徴を人間が設計する場合、常識も加味して考えることができるので、高い性能を実現しやすくなります。一方で、人間が設計できる数には限界があります。特に画像認識の場合、あらゆる特徴を列挙したら、優に数万種類はあるでしょう。これを人間が設計するのは簡単ではありません。

これに対しディープラーニングは、特徴を人間が設計しなくても学習できるのです。これは、ディープラーニングが数多くのニューロンの集まりでできていることと、大きく関係しています。そもそもニューロンは、それ一つで「パンダであるか」という判断ができました。したがって、「目の周りが黒いか」といったような、「ある特徴を持っているか」という判断もまた、ニューロン一つでできると考えられます（厳密には、一つのニューロンで判断できることには限界があります）。

そうだとしたら、ＡＩに学習させる中で、「目の周りが黒いか」という特徴を判断するニューロンが、自動的にうまいこと作られたりするのではないか、と思えてきます。そこで、図1-7に示したような形でニューロンを組み合わせてみます。これは、特徴を判定する部分をニューロンに置き換えて代わりにやってもらおう、という形になっています。

置き換えたニューロンへの入力には画像そのものの情報（どの位置がどんな色なのか）を与えます。こうすることで、第1層と表記した範囲にあるニューロンが「目の周りが黒い」特徴の有無を判

**図 1-7　特徴判断部分のニューロンへの置き換え**

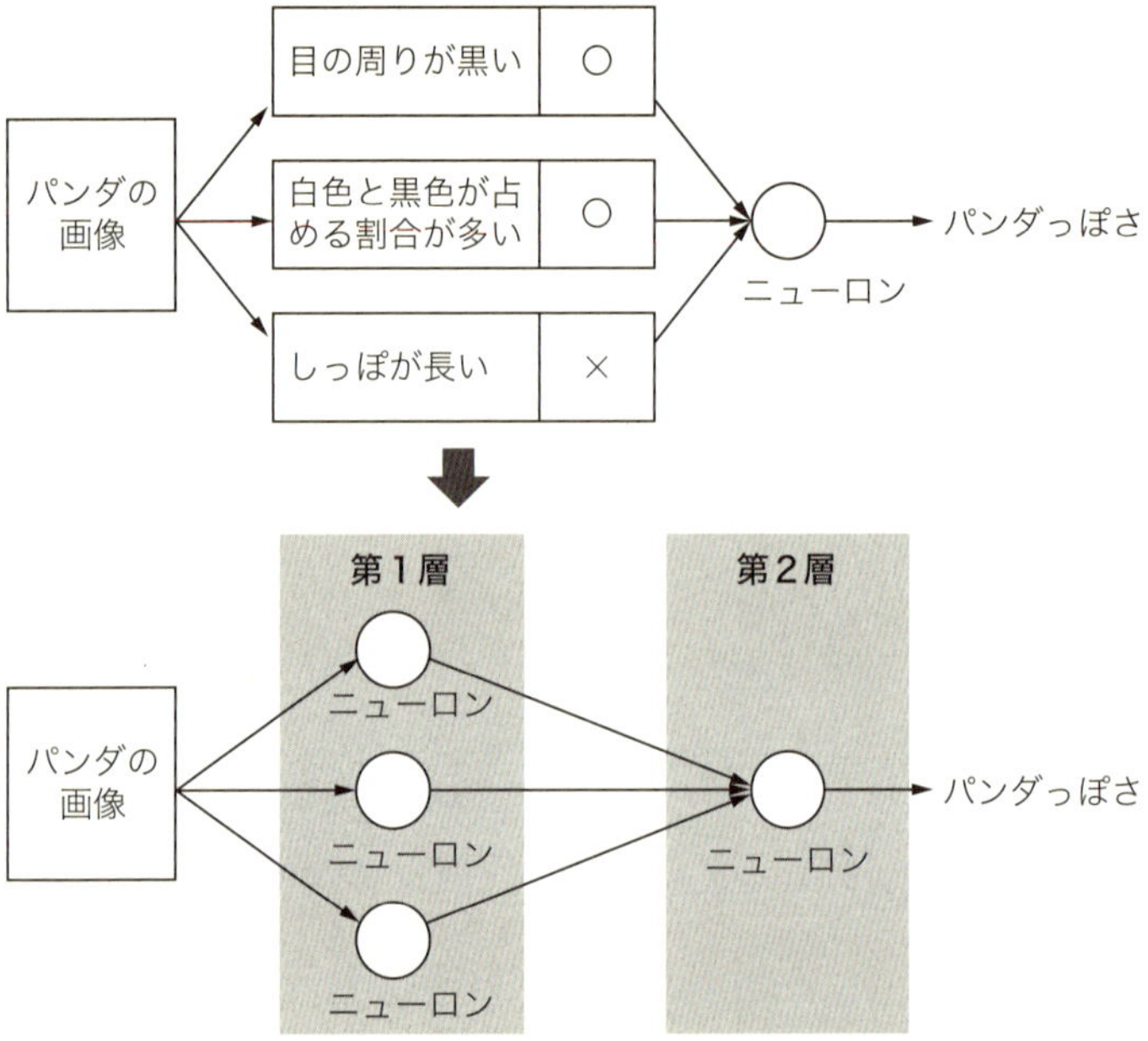

断し、その判断結果を第2層にあるニューロンが受け取り、(第1層のニューロンが見つけた)特徴を用いて(第2層のニューロンが)「パンダっぽさ」を判断してくれるようになる、かもしれません。「そんな都合良くいくわけがない」と思った方も多いでしょう。しかし、そんな都合の良いことが実際にできたのです。そこには、ニューロンの配置の仕方が大きく関わっています。

ディープラーニングではニューロンを層構造に配置して、「第1層にあるニューロンの出力は、第2層の入力にしか使わない」と限定しています。こうすると、第1層にあるニューロンの役割は、第2層のサポートに限定されます。第2層では「パンダっぽさ」を判断するのですから、第1層はそのために必要なこと、つまり「目の周りが黒いか」といった特徴を見出すようになるだろう、と期待できます。

「第1層にあるニューロンの出力は、第2層の入力にしか使わない」という限定は、「第2層のサポートをすることに集中する」ということですから、まさしく「思考集中」です。AI設計者はニューロンの配置の仕方をもって「思考集中」を組み込んでいるのです。

そしてこの配置の仕方は、「第1層のニューロンの役割を限定して、パンダを見分ける特徴を見出すことに集中させよう」というAI設計者の描いた「構想」のもとに生み出されている、といえます。ディープラーニングではこのように「描いた構想に基づいてニューロンを配置」することで「思考集中」を組み込み、描いた構想どおりの結果を得るというやり方がよく用いられています。当然本書でも、各所でこの考え方が出てきます。

「描いた構想に基づいてニューロンを配置」すれば、ディープラーニングがその構想通りになってくれる、というのはなんだか都合のいい話ではないかと思われるかもしれません。しかし人間の世界でも、似たようなことは起こっています。たとえば小さな子供が歩いて階段を降りようとする際、教えなくても手すりにつかまりながら降りるようになるでしょう。安全に階段を降りることを学んでいく中で、手すりをつかんだほうが安全だと気付くからです。

つまり、「つかまって降りる」ことを期待して手すりを配置しただけで、安全に降りることを学習しようとしている子供は、構想通りの使い方をするようになったわけです。ディープラーニングもまた子供と同じように学習する存在なのですから、「描いた構想通り」の結果にたどり着いたとしても不思議ではありませんよね。

「きっとこうなるだろう」という構想を基にニューロンをつないでいくという様は、さながら工作で遊んでいるかのような印象を受けるでしょう。実際のところディープラーニングは、さまざまな部品を使って工作することにとてもよく似ています。「最強ＡＩ」について知る際にも、そんな気持ちで臨んでもらえれば、理解もしやすいのではないかと思います。

ちなみに、ニューロンなどを構想に基づいてつなげたその配置のことを**モデル**といいます。よって、「描いた構想に基づいてニューロンを配置」することは「描いた構想に基づいてモデルを構成」することだと言い換えることができます。ディープラーニングではニューロン以外の部品も用いるので、以降は後者の表現を使って説明していくことにします。

なお、先の例で示したモデルはニューロンが2層構造（第1層と第2層）となっています。実際は、2層程度であれば従来技術の範囲内です。これを何十、何百、何千という層にして学習するのがディープラーニングなのです。そのような膨大な層の中にある各ニューロンを一つずつ細かく調整して膨大な数の特徴を発見し、それらをうまく組み合わせることで人間を超える高い性能を発揮しているのです。いかにＡＩが途方もないことをしているかが、お分かりいただけたかと思います。

**POINT**

- ディープラーニングはニューロンを並べた層を、何層にも重ねたものである
- 下の層のニューロンで特徴を見出し、その出力を次の層に入力してより複雑な判断を行う
- 「描いた構想に基づいてモデルを構成」することで、期待した結果を得やすくしている

## ディープラーニングの詳細

ディープラーニングの基本的な考え方は以上なのですが、これだけでは「最強ＡＩ」について理解していくには不十分です。そこで、もう少しだけ深堀していくことにしましょう。まず、ディープラーニングの（教師あり学習における）基本的な手順についてまとめてみましょう。

1. ニューロンをたくさんつなげてモデルを作る
2. 問題集にある問題（画像）を入力として与えて、出力を求める
3. 求めた出力と問題の正解（画像に映った物体の名前）が合っているかを調べる
4. 合っていないなら、合う結果になるようにモデルを調整する
5. 納得する性能になるまで手順2に戻って繰り返す

手順1〜4を図で表すと図1-8のようなイメージとなります。まずは少し、この図から流れの大枠を把握しておきましょう。

まず、ニューロンを組み合わせてAIの土台を作ります（手順1）。パンダの画像を見分けるAIの例でいえば、まず入力として画像を入れられるように構成します。そこからニューロンを多層につなげていき、最後の層のニューロンからの出力を、最終的な出力（パンダっぽさの推測結果）とみなします。もちろん、この段階では「描いた構想に基づいてモデルを構成」しただけですので、モデルの中にある「パンダっぽさへの影響」はランダム（適当）に設定されています。

モデルを構成したら、問題集にある問題（図の例ではパンダの画像）を入力して、出力（パンダっぽさ60%）を計算します。まだ学習は一切していませんが、適当に設定された「パンダっぽさへの影響」を使えば、出力を計算することはできます。もちろん、こうして得られた出力（推測結果）

は、本当の「パンダっぽさ」とはまったく無関係な値になっています。

次に、計算した推測結果を正解と照らし合わせて、どれだけズレがあるかを調べます（手順3）。図の例でいうと、正解はパンダなので「パンダっぽさ100％」となってくれることが理想です。しかし、推測結果は60％ですから、「正解とは40％もズレがある」ということになります。

ここで正解とのズレの大きさを調べているのは、調整する際の優先順位をつけるためです。つまり、「正解とのズレが大きい画像を優先して調整する」としたいわけです。

どの画像を優先して調整するべきかが分かったところで、その方針にしたがって実際に調整を行います（手順4）。これによって出力が調整され、より正解に近い出力（推測結果）へと近づきます。この手順2～4の流れが、ディープラーニングにおける（1回分の）学習となります。

ディープラーニングは少しずつ調整を繰り返していくため、1回の調整ではズレはたいして解消されません。そこで、手順2～4という学習の流れを何度も繰り返して、納得のいく性能になるまで調整を繰り返すのです（手順5）。これが、ディープラーニングにおける学習の全容です。

さてそれでは、この手順にそってさらに詳しく説明をしていくことにしましょう。

## 手順1●ニューロンをたくさんつなげてモデルを作る

まず、ニューロンを組み合わせてディープラーニングの土台となるモデルを作ります。このモデルを使って学習させることで、画像を認識したり、言語を理解したりできるようになります。

ニューロンは適当につなげるのではなく、「描いた構想に基づいて」つなげます。ディープラーニングでは、「特徴を人間が考えず、自動的に作成してくれることを期待する」という「構想」のもとに、「あるニューロンが判断した結果（特徴）を使って、次のニューロンが判断する」という形でつなげます。つまり、層を重ねる形でつなげるのが基本となります。

基本的なディープラーニングのモデルは、図1-8の手順1のような構成になります。一番左が入力であり、一番右が出力です。画像認識の例でいえば、入力は画像となります。入力された情報は隣接する層のニューロンへと入り、そのニューロンの出力が次の層の入力となります。これを繰り返すことで、最終的な（一番右の）出力が得られます。

各層のニューロンは、「一つ前の層にあるニューロンの出力すべて」を入力としています。たとえば第2層のニューロンは、どれをとっても第1層の各ニューロンの出力とつながっていますよね。こういったつながり方をしている層のことを**全結合層**といいます。

この図では簡略的に表現していますが、第1層にあるニューロンは入力画像全体とつながっています。よって、第1層もまた全結合層となります。全結合層は、入力として与えられた情報すべて（一つ前の層にある全ニューロン、もしくは入力画像全体）とつながっている層、というわけです。デ

**図1-8** ディープラーニングの基本的な手順

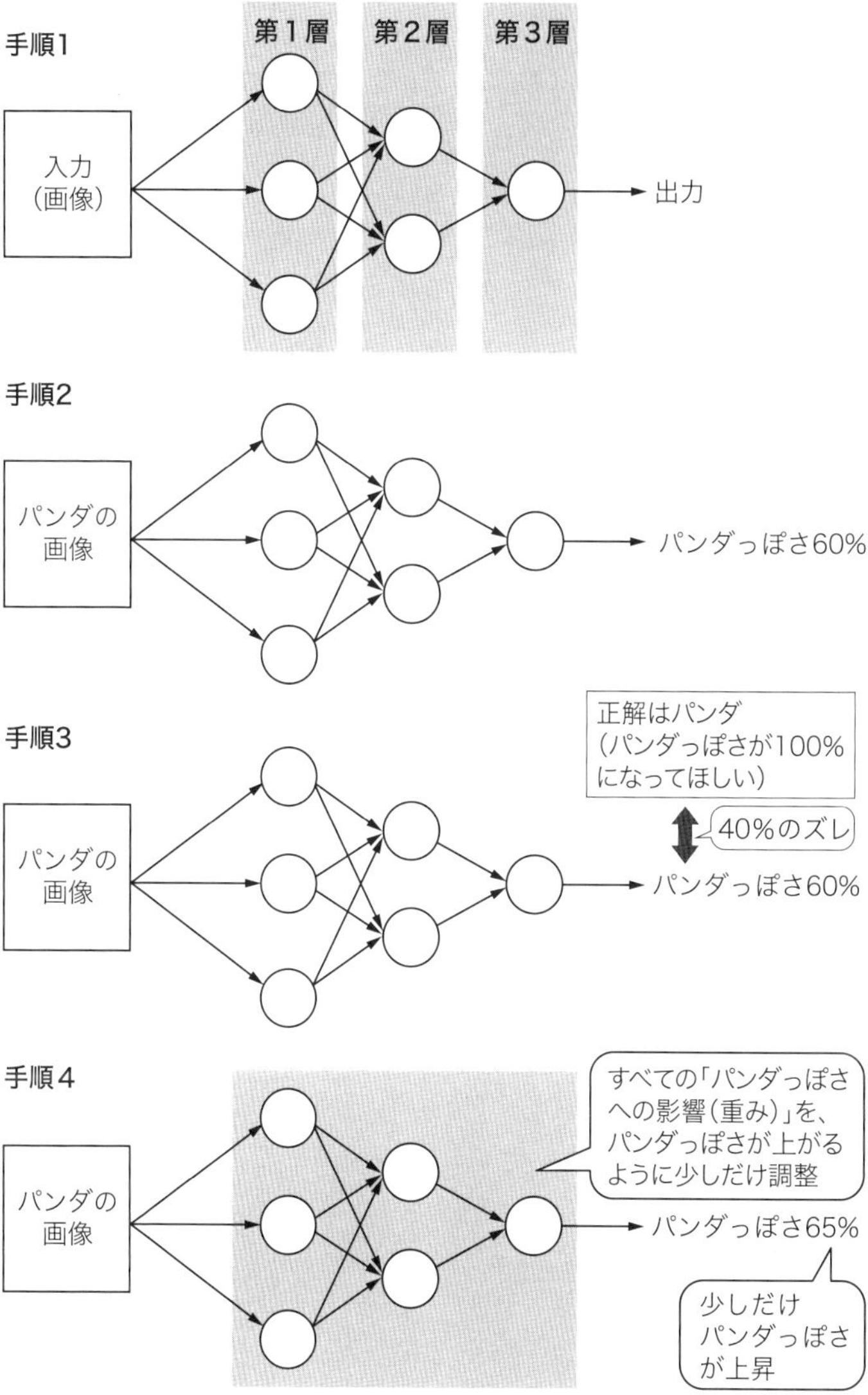

ィープラーニングでは、全結合層がもっとも基本的な部品となります。

余談ですが、図の例では出力（右）に近づくにしたがって層に含まれるニューロンの個数が少なくなっていきます。つまり、層を経るごとに（入力された情報を）集約して全体を小さくとりまとめていく、という構成になっています。画像系ＡＩではこのようなモデル構成にすることが多いです。画像に映った物体を見分けようとしたなら、小さな範囲を細かく必死に見るより、画像全体をざっくりと眺める方がいいですよね。そこで、（細かい範囲の）情報を集約して、全体を小さくとりまとめたうえで判断する、という「構想」のもとにモデルを構成しているのです。

### 手順２●問題集にある問題（画像）を入力として与えて、出力を求める

モデルが構成できれば、入力を与えて対応する出力（推測結果）を求めることができます。今回の例でいえば、画像を入力することで、出力「パンダっぽさ」が得られます。

「ディープラーニングの基本的な考え方」ですでに触れたように、出力は、入力された情報（目の周りが黒いか、など）と、その情報に対応する要素（パンダっぽさへの影響）との掛け合わせで形作られています。ディープラーニングにおける学習とは、この要素（パンダっぽさへの影響）を適切に調整することでした。このような、学習で調整される要素のことを**重み**といいます。

さてここで、入力と重みから出力を求める流れについて、具体的な表現を使って確認しておきましょう。題材として前節でも例にとった、パンダっぽさを推測するニューロンの話を用います。

パンダっぽさを推測するニューロンは次のような形になっていましたね（図1-5参照）。

パンダっぽさ＝「目の周りが黒い」特徴があることによるパンダっぽさ＋
「白色と黒色が占める割合が多い」特徴があることによるパンダっぽさ＋
「しっぽが長い」特徴がないことによるパンダっぽさ

そして、「『目の周りが黒い』特徴があることによるパンダっぽさ」は、「（目の周りが黒いという特徴があることによる）パンダっぽさへの影響」の二つから計算されている、とお話ししました。前者が「入力」にあたり、後者が「重み」にあたります。

このように、ディープラーニングでは一つの入力に対し、対となる重みが一つ用意されています。

では、この二つの要素（入力と重み）からどう計算するのかというと、実は単純に「掛け算」をしています。「（目の周りが黒いという）特徴の有無」は「目の周りのうち黒色が占める割合が100％」といった数値で表現されているとお話ししましたよね。そして重みも数値で表現されているので、単純に「掛け算」することができるのです。仮に重みが0・1だったとしてみましょう。すると、「『目の周りが黒い』特徴があることによるパンダっぽさ」は、次のように計算されます。

100％　×　0・1　＝　10％

（目の周りが黒いという）
『特徴の有無』　　　　重み

つまり、「『目の周りが黒い』特徴があることによるパンダっぽさ」は10％、ということになります。これと同様に、「『白色と黒色が占める割合が多い』特徴があることによるパンダっぽさ」や「『しっぽが長い』特徴がない（つまり、しっぽが短い）ことによるパンダっぽさ」も計算できます。その結果が、ここではそれぞれ、30％、20％だったと仮定しましょう。

さてこのとき、（最終的な、つまりは推測結果としての）「パンダっぽさ」はこれら三つの合計、つまり「足し算」で計算されます。それぞれの特徴ごとに推測された「パンダっぽさ」を総合して（足し合わせて）、「パンダっぽさ」を推測しよう、というわけです。今回の例でいえば、「パンダっぽさ」は次のように計算されます。

10％　＋　30％　＋　20％　＝　60％

（目の周りが黒い）（白色と黒色が占める割合が多い）（しっぽが短い）

こうして、「入力された画像のパンダっぽさは60％である」という推測結果が得られているのです（実際には、パンダっぽさが100％を超えないようにする、といった細かい調整の話があるのですが、ここでは簡潔に説明しています）。

## ◎掛け算と足し算

このように、ディープラーニングは基本的に「掛け算」と「足し算」で構成されています。まず、入力と重みを「掛け算」して、「各特徴があることによるパンダっぽさ」を計算します。そしてそれらを合計、つまり「足し算」して、最終的な「パンダっぽさ」を得るわけです。「掛け算」した結果を「足し算」する、何ともシンプルな構造ですよね。最先端技術を担うディープラーニングも、ひも解いてみればとても簡単な計算方法を使っているのです。

ここで一つ重要なポイントがあります。「掛け算」した結果を「足し算」する際には「0がとても重要な役割を持っている」という点です。0はどんな数値に掛けても答えは0です。つまり、入力か重みのどちらかが0であれば、「掛け算」の結果は0になります。よって、もう片方が0でなかったとしても、「掛け算」すれば0、つまり「なかったこと」になってしまうのです。

では、その「掛け算」の結果を「足し算」して出力を得る際はどうでしょうか。0は何に「足し算」しても変化が起こりません。3に0を足しても3のままですし、5に0を足しても5のままです。やはりここでも「なかったこと」として扱われるわけです。

このように、入力や重みを0にすると、そこにあったはずの情報を「なかったこと」にする効果があります。このため、ディープラーニングでは0をどう扱うかが重要となります。

### ◎ニューロンが行う計算の意味

各ニューロンで行っている『掛け算』した結果を『足し算』する」という計算は、数学の世界では**行列計算**といいます。行列計算は、「掛け算」と「足し算」で構成された簡単なものです。ではここでもう少し踏み込んで、「行列計算が何をしているのか」ということをイメージで理解してみましょう。

「行列計算」がしていることを一言でいえば「見方を変える」ことだと表現できます。行列計算はいろいろな場所に登場しますが、特によく使われているのがコンピュータグラフィックス（CG）です。そこで「見方を変える」際に使われているのです。

今、コンピュータグラフィックスは映画などでもよく使われています。まるで現実世界のような景色が、仮想的に再現されているのを目にしている方も多いでしょう。

コンピュータグラフィックスでは、現実世界で人が体験することをコンピュータ上で計算して再現しています。たとえば図1-9のように、正面に木が見える状況でそのまま顔の向きだけを左に向けると、正面にあった木は右方向に移動していくように見えますよね。こういった「視点を変える（見方を変える）」際に起こる現象（木が右方向に移動して見える）も計算で実現しているのですが、この際に行われているのが行列計算なのです。

**図1-9　顔の向きと見える景色の関係**

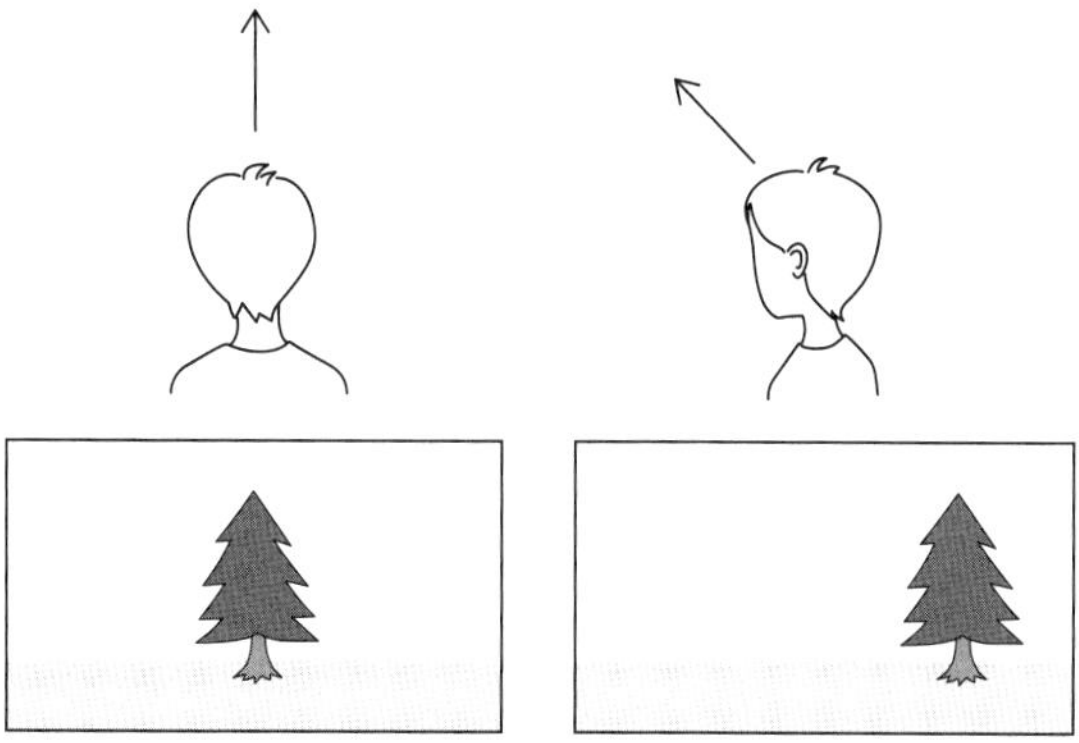


　このとき、「（顔を左に向ける前の）木の見える位置」と「顔を左に向ける行為」とを行列計算することで、「（顔を左に向けた後の）木の見える位置」が得られる、という関係性になっています。ニューロンでも同じように、「（ニューロンを通す前の）入力」と「重み」とを行列計算することで、「（ニューロンを通した後の）出力」が得られる、という関係性があります。この関係性をまとめると、図1-10のようになります。
　ここで、ニューロンでいう「重み」は、コンピュータグラフィックス（CG）でいうところの「顔を左に向ける行為」に対応しています。「顔を左に向ける行為」は、いわば視点を変える、見方を変えるという行為です。つまり、行列計算は「見方を変える」という意味合いを持っているわけです。ニューロンで行っているのは、入力された情報の「見方を変えて」新しい観点を見出して

**図1-10　CGでの視点変更とニューロンの処理の対応関係**

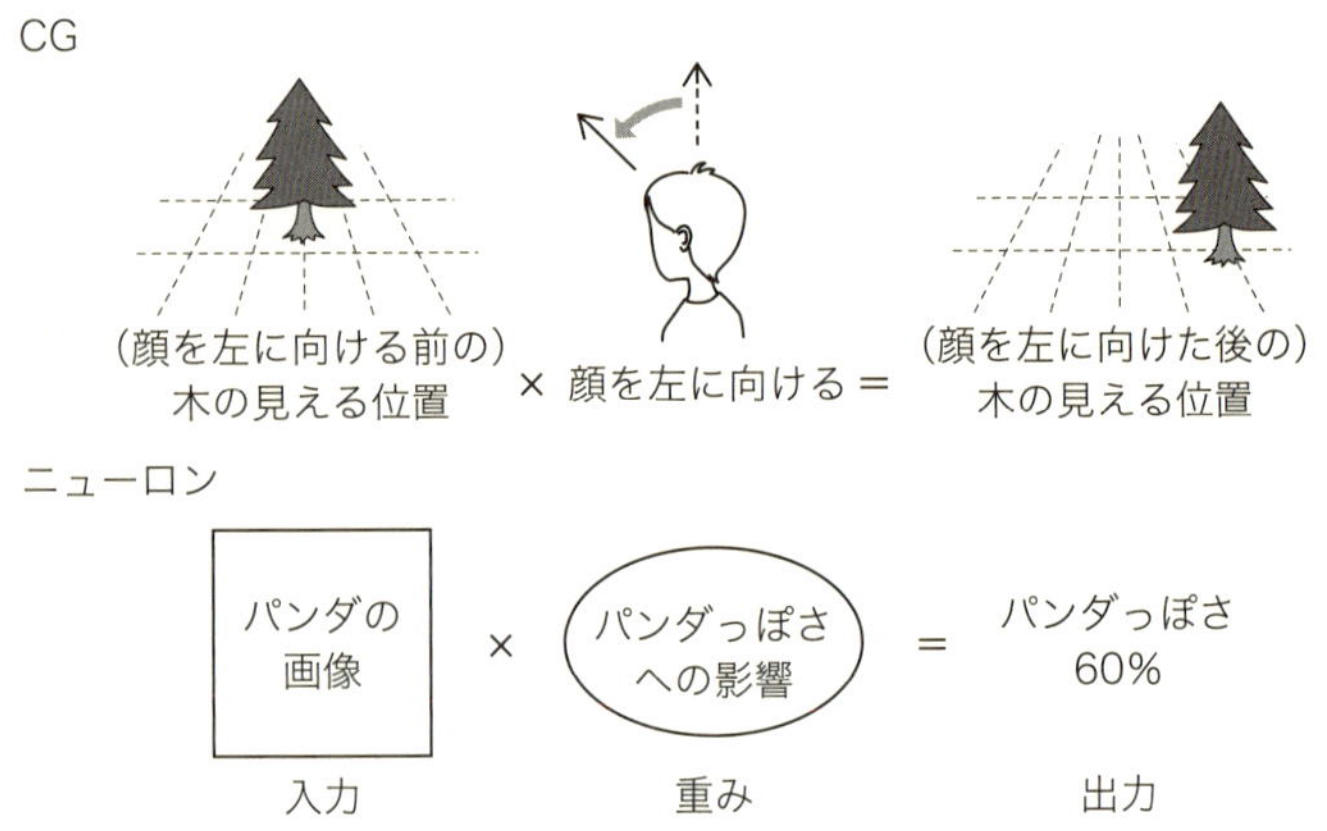


出力する、ということなのです。

　こう捉えると、ニューロンで行われることの実態が理解しやすくなります。たとえば、ニューロンはあくまで「入力」の見方を変えているだけなので、入力に含まれていない新しい情報を見出しているわけではない、ということがお分かりいただけるでしょう。

## ◎見方を変えることに加えるもうひと手間

　実はニューロンでは行列計算だけでなく、もうひと手間加えています。そのひと手間が何なのかについて触れる前に、そもそもなぜひと手間加えなければいけないのかについて説明しましょう。それは、行列計算が「見方を変える」ことである、という事実から理解することができます。

　ディープラーニングはニューロンを多層につ

**図1-11　視点変更する回数の違いと見える景色の関係**

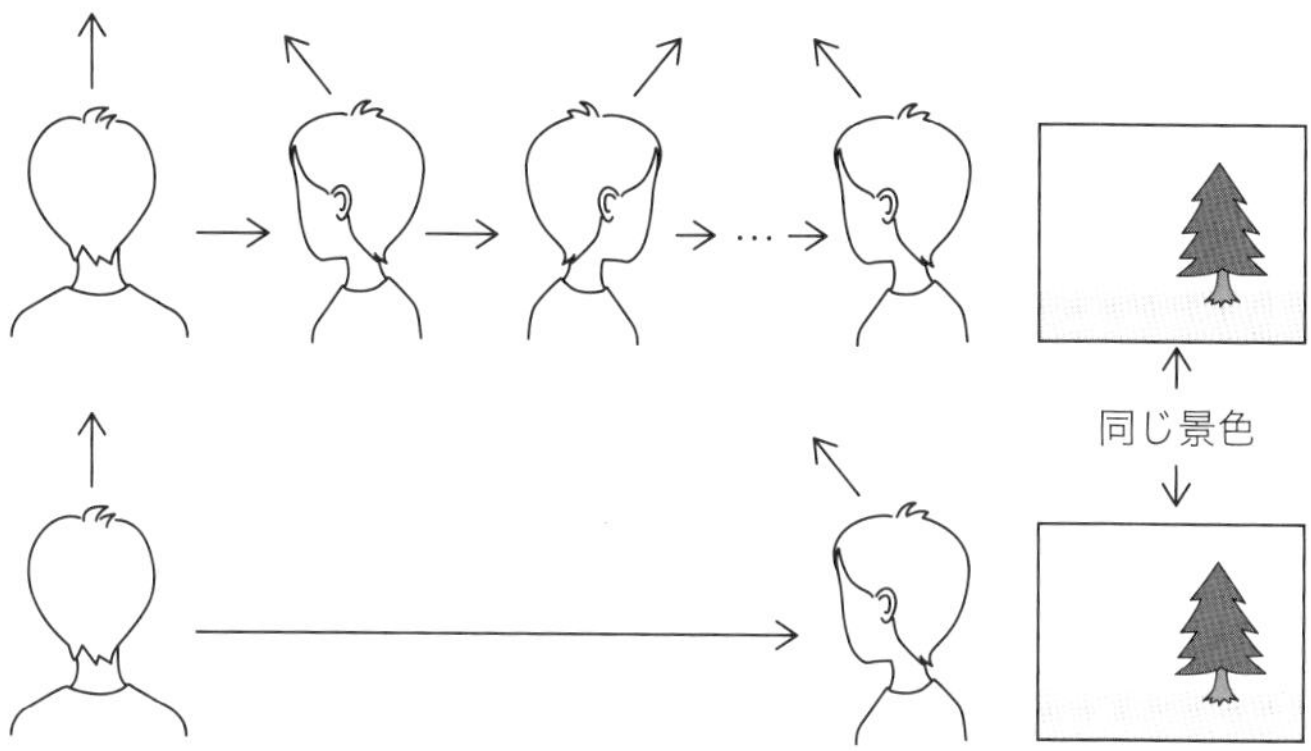


なぐ方法でした。各ニューロンでは入力の「見方を変えた」結果を出力しています。それを次の層のニューロンが入力として使うことで、さらに「見方を変えた」結果が出力されていきます。つまり、ニューロンを多層につなぐということは、何度も「見方を変える」ことに相当します。

しかし、これはあまり意味のないことだと分かります。（コンピュータグラフィックスが仮想的に再現する対象である）現実世界で視点を変える例で考えてみましょう。何度も「見方を変える」ということは、顔を左に向けた後、右に向けて下に向けて前に向けて……そして最後に左に向ける、といったことになるでしょう。しかしその結果として見える景色は、図1-11に示すように（いろいろ視点を変えたりせず）最初から単に顔を左に向けたときと同じです。つまり、見方をいろいろ変えたという過程には何の意味もなくなってしまいます。

ではどうすれば、何度も見方を変えることに意味を持たせられるのでしょうか。それをひも解くためには、そもそもなぜ見方を変えようとしたのかを考える必要があります。人が見方を変えていろいろ調べるのは、見つけたい何かがあるからでしょう。現実世界の例でいえば、そこに何があるかを知りたくて辺りを見回すでしょうし、ニューロンの例でいえば、入力された画像の中から、「目の周りが黒いか」「しっぽが長いか」といった特徴を見出したいわけです。

つまり見方を変えるのは、目に映るたくさんの情報の中から「注目すべき何かを見出したい」ため、ということになります。そしてそれこそが、ニューロンで行われているひと手間なのです。

このひと手間を加えるもののことを、専門用語では**活性化関数（伝播関数）**といいます。活性化関数にはいろいろな種類がありますが、ディープラーニングでよく用いられるのは**ReLU（レルー）**というものです。これは、「（見出した特徴に）一定以上の『強さ』があるならそのまま残すけれど、そうでなければ、なかったことにしてしまう（出力を0にしてしまう）」というものです。

「目の周りが黒いか」という特徴は、「目の周りのうち黒色が占める割合が100％」といった形で数値になっているとお話ししました。この数値がもし「5％」であったとしたら、「目の周りが黒い」ことは（入力された画像において）たいして目立つ特徴ではない、ということになります。このように、特徴として「強さ」がないのであれば（0％として扱うことで）消してしまい、注目すべき目立つ特徴だけを残していこう、ということをReLUはしているのです。[注▼1]

ここで、0という値には「なかったこと」にする効果があったことを思い出してください。0

にするということは、そのニューロンから見出された（たいして目立っていない）特徴を、文字通り「なかったこと」にしているわけです。

まとめますと、ニューロンはまず行列計算で「見方を変えて」、入力の中から新しい特徴を見出します。そして活性化関数で「強く見出された特徴だけを残す」のです。

こうして得られた結果を次の層のニューロンへと入力すると、そのニューロンは「下の層の各ニューロンが見出した特徴を組み合わせて考える」ことができます。すると「物体の表と裏」のように、同時に見ることができないような二つの視点も、いっぺんに考慮できるようになります。そこからさらに見方を変えてより複雑な特徴を見出す、という一連の流れを繰り返すことで、最終的な判定（画像に映っているのがパンダであるかどうか、など）が見出せるようになるわけです。

ちなみにReLUが各特徴における「一定以上の『強さ』」をどう評価しているかというと、単純に「値が大きいほど（特徴として）強い」とみなして、「（ある値よりも）大きな値だけを残す」ようにしています。もちろん、これはあくまで「人間が描いた構想」であって、本当に「値が大きいほど強い」となってくれるのかは、学習してみないと分かりません。しかし前にも説明したように、「描いた構想に基づいてモデルを構成」して、期待通りの結果を得るということの考え方こそが、ディープラーニングにおいて重要なのです。

**POINT**

- 基本的に、ニューロンでの一つの入力に対し、対となる重みが一つ用意されている
- 入力と重みは「掛け算」によって組み合わされ、その結果の「足し算」で出力が得られる
- ディープラーニングでは、0は「なかったこと」にする効果がある
- ニューロンは入力された情報を、重みによって「見方を変えた」うえで出力している
- ReLUは、見方を変えたときに「強く見出された特徴だけを」残す
- ReLUの導入により、「値が大きいほど特徴が強い」という結果になることが期待できる

## 手順3●求めた出力と問題の正解（画像に映った物体の名前）が合っているかを調べる

手順2で計算した出力（推測結果）は、正解とかけ離れた結果となっていることでしょう。そこで、正解と合致するように「重みを調整」していきます。「重みを調整」するには、まず「今の出力（推測結果）は、正解とどのくらいズレがあるのか」を知らなくてはなりません。そのためには、出力と正解との間の「ズレ」を測るものさしが必要です。

これは「正解をどう定めるか」という話ですので、「目標設計：何が正解かを定める力」を活用しなくてはなりません。AIはこの力を持っていませんので、人間があらかじめ定める必要があります。人間が定める「正解とのズレ」を測るものさしのことを**損失関数**といいます。

ここで、コンピュータは基本的に数値計算ですべてを処理していたことを思い出してください。

よって、損失関数が導き出す「正解とのズレ」の大きさもまた数値で表現されます。この数値は小さければ小さいほど、「正解とのズレ」が小さい、つまり出力（推測結果）が正解に近いという関係となっています。

なお、「正解とのズレ」は、問題集にあるすべての問題に対して計算します。ある特定の問題だけ「正解とのズレ」がなくなっても、他の問題で「正解とのズレ」が大きくなるようでは困りますよね。よって、すべての問題における「正解とのズレ」を小さくする必要があります。

つまり、『すべての問題における「正解とのズレ」の合計』を小さくすることが、学習の目的となります。以降では単に「正解とのズレ」と表現しますが、実際には複数の問題における「正解とのズレの合計」であることに留意しておいてください。

## 手順4●合っていないなら、合う結果になるようにモデルを調整する

この手順では、「重み」を調整して、「正解とのズレ」が小さくなる（損失関数が導き出す数値が小さくなる）ようにします。これが、ディープラーニングにおける学習です。

これがどのように行われるのかについて、詳しく見ていきましょう。まず、ディープラーニングの場合、「重み」はたくさん存在します（一つのニューロンの中にも複数あります）。そして厄介なことに、どこかの重みが変われば、連動して他のニューロンの出力も変わってしまいます（図1-12の上図）。つまり、理想的には「すべての重みを一斉に考慮して、バランスをとりながら調整」し

**図 1-12** 重みの固定化

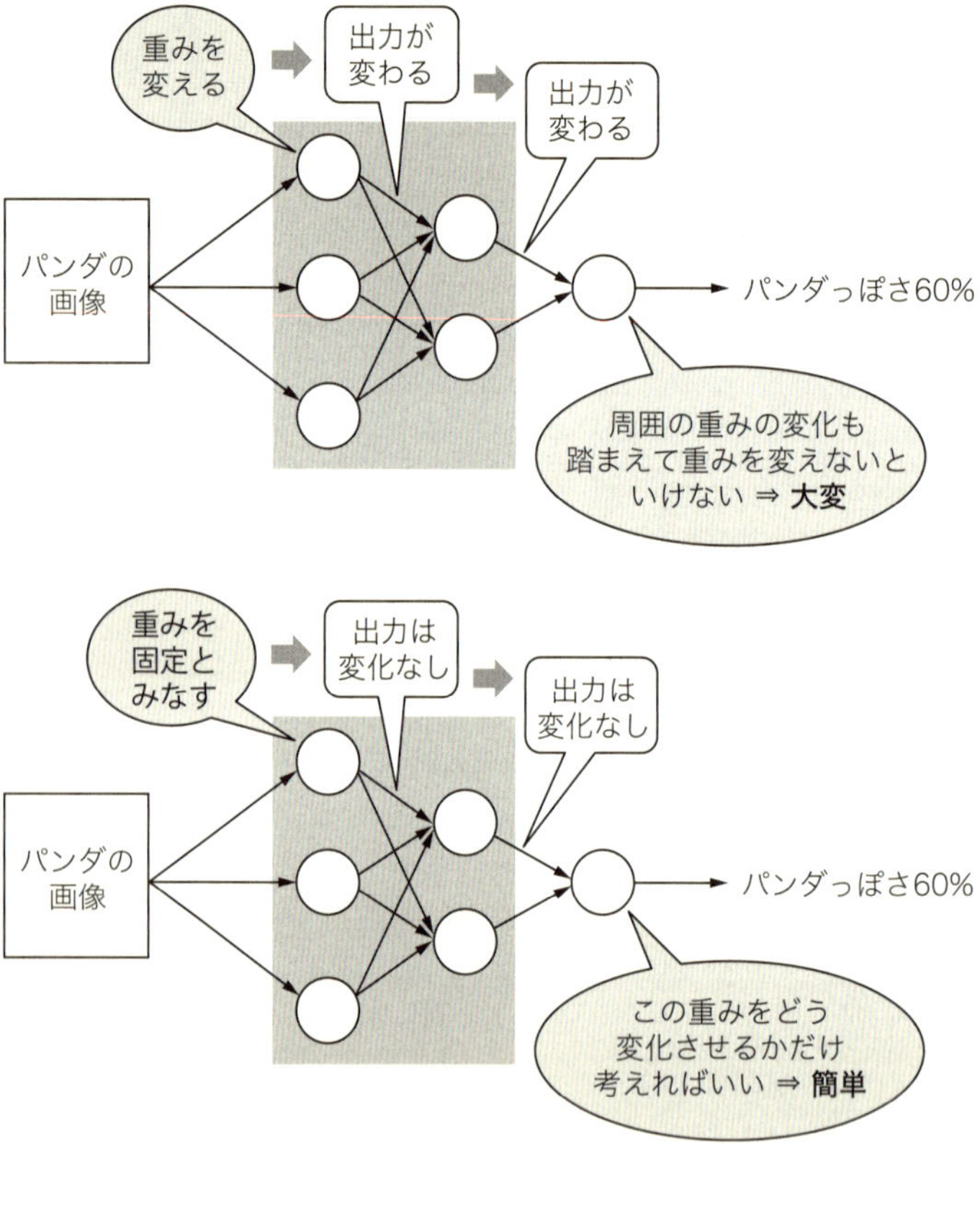
重みを変える
出力が変わる
出力が変わる
パンダの画像
パンダっぽさ60%
周囲の重みの変化も踏まえて重みを変えないといけない ⇒ 大変
重みを固定とみなす
出力は変化なし
出力は変化なし
パンダの画像
パンダっぽさ60%
この重みをどう変化させるかだけ考えればいい ⇒ 簡単

なくてはならないのですが、それはとても大変なことです。

そこで、ある重みを調整する際に、他の「重み」についてはあたかも「調整できない（固定されている）」とみなすことで、問題をシンプルに捉えます（図1-12の下図）。調整したい重みのことだけに「思考集中」して考えれば、どう調整すべきかが分かりやすくなる、というわけです。

この割り切った考え方に基づいて、まずはすべての重み一つひとつの調整方針を決定します。そしてすべての重みの調整方針が決まったら、それにしたがってすべての重みをいっぺんに変更するのです。

「バランスをまったく考えていない、こんな大雑把な変更の仕方で本当にうまく学習できるの？」と思う方もいらっしゃるでしょう。実はその通りで、そう簡単にはいかないのが実情です。ですので、少しずつ時間をかけて何度も調整を繰り返していくのです。何度も繰り返せば、いつか正しい重みにたどり着けるはず、というわけです。

さて、それでは次に、重みの調整方針をどうやって決めるのか、について説明していきましょう。調整で必要となる観点は次の二つです。

1. 重みを今の数値より増やすべきか・減らすべきか
2. どのくらいの幅で増やすべきか（もしくは減らすべきか）

**図 1-13** 重みの値と「正解とのズレ」との関係

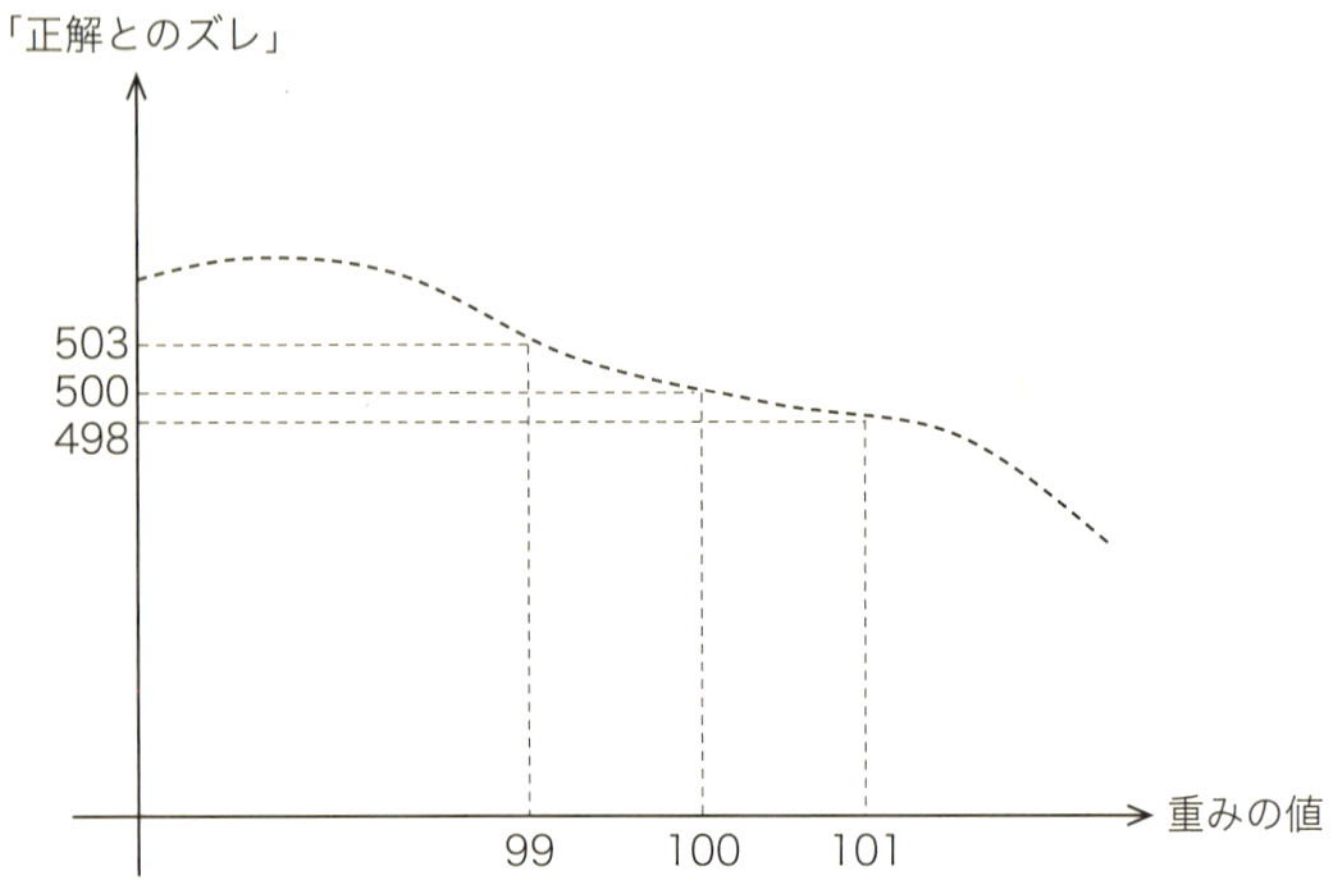


具体的な例で示した方が分かりやすいでしょうから、(調整したい)重みの今の数値が「100」で、このときの「正解とのズレ」が「500」という値だったと仮定して考えてみます。この「正解とのズレ」を少しでも小さくするように、重みの数値「100」の修正を試みます。

重みの値を「101」へと増やしたり「99」へと減らしたりすれば、「正解とのズレ」も増えたり減ったりするでしょう。その関係性の例をグラフで表すと図1-13のようになります。横軸が重みの値であり、縦軸は損失関数が導き出す値、つまり「正解とのズレ」です。

図を見ると、重みの今の数値「100」のときに、「正解とのズレ」は500だと分かります。そこから重みの値を「101」に増やすと「正解とのズレ」が「498」に、重みの値を「99」に減らしたときは「503」になる、ということが読み取れます。

ところで、この図の（点線で示された）曲線はあたかも「傾斜がついた山の斜面」のように見えませんか？　そう考えるとしたら、今の現在地「100」から「101」へと動くということは、いわば「斜面をくだる」ことであるといえそうです。この移動によって「正解とのズレ」は「500」から「498」へと下がるわけですが、これは「斜面をくだること」で標高が500から498に下がった」と言い換えることができそうです。

逆に「100」から「99」へと動くということは「斜面を登る」ことになり、その結果、標高が「500」から「503」に上がる、と表現できます。

この捉え方でいうと、学習の目的である『「正解とのズレ」をできる限り減らしたい』ということは、「斜面をくだり続けて、（できるかぎり標高の低い）谷底へとたどり着きたい」と言い換えることができます。

図1-13では図に表している重みの値の範囲が狭いので、目指したい谷底の位置が分かりません。そこで、もっと範囲を広げて全景を捉えたものを図1-14に示しました。図において四角で囲んだ部分が図1-13で見ていた範囲です。そのはるか右の方に深い谷底があります。ここがもっとも「正解とのズレ」が小さい、つまり目指すべき場所です。

この谷底の位置が分かれば話は簡単なのですが、それは現実的ではありません。なぜならそれ

**図 1-14** 重みの調整範囲の全景

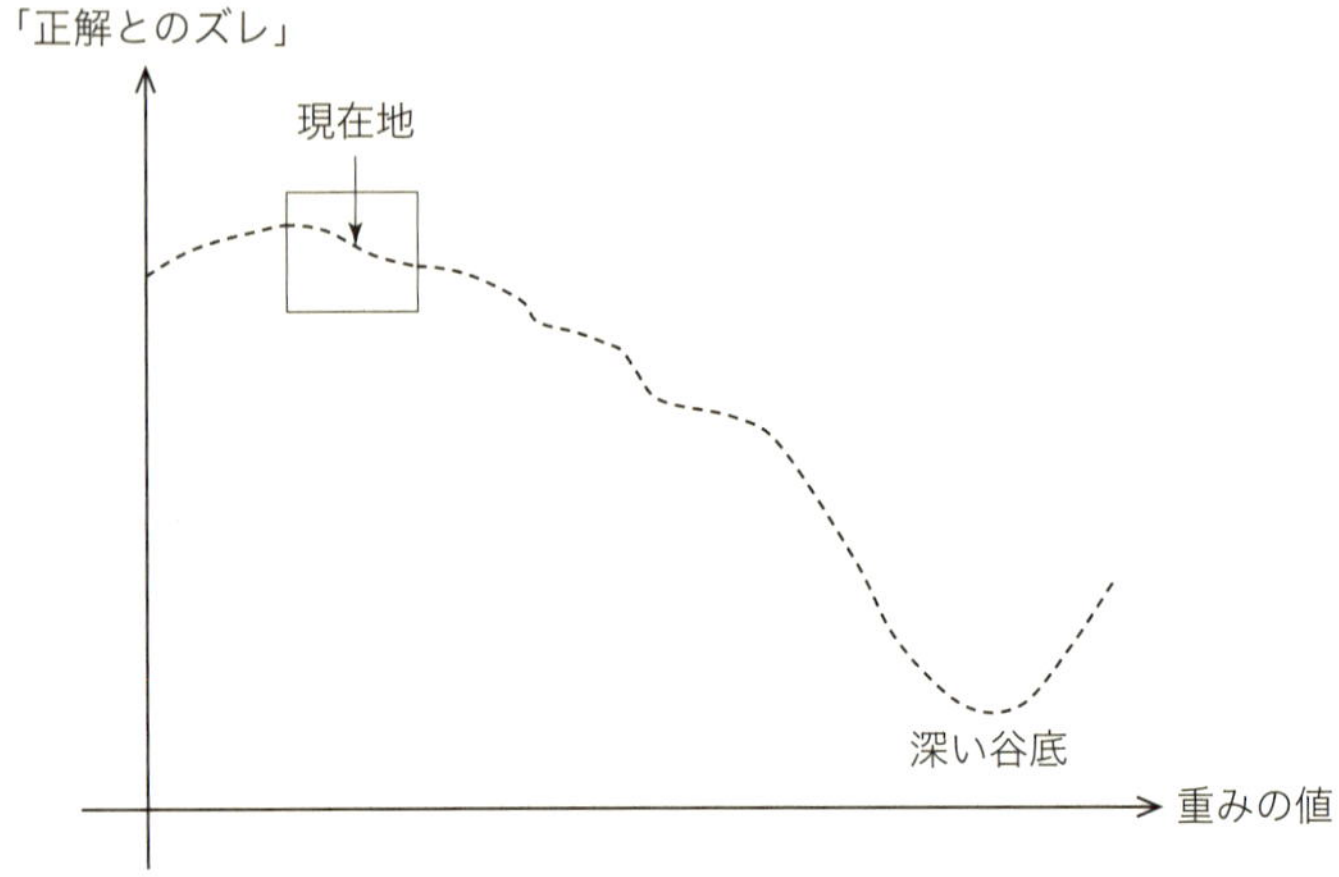


は、重みの値をいろいろ変えて「正解とのズレ」を調べつくす、ということです。重みの数が少ないなら可能ですが、ディープラーニングでは重みの数が膨大なため大変な作業となってしまいます。注▼2

もっと簡単な方法はないでしょうか。そもそも知りたいことは「重みの値を増やすべきか、減らすべきか」、図でいえば「傾斜をくだる（右に進む）べきか、登る（左に進む）べきか」ということだけです。谷底は低い場所にありますから、当然ながら今いる位置よりも低いでしょう。ならば、「傾斜をくだる方に進めば、谷底へ近づけそう」と思えますよね。

そこでディープラーニングでは、重みの調整方針を「傾斜をくだる（降りる）方向へと進む」としています。この方法なら、現在地における傾斜だけ分かれば、進むべき方向が

**図 1-15　学習率で調整される移動幅の大きさの違い**

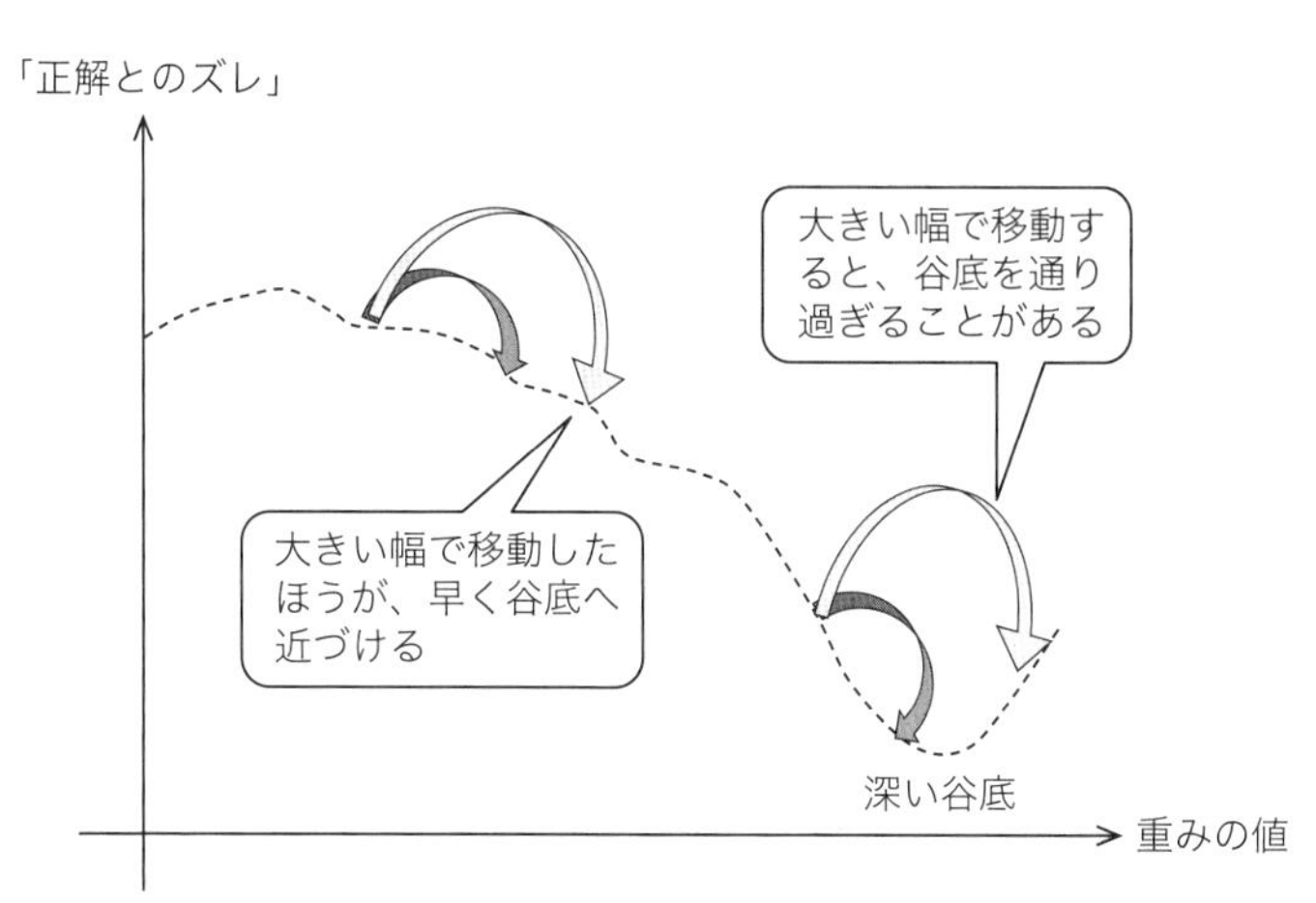
「正解とのズレ」
大きい幅で移動すると、谷底を通り過ぎることがある
大きい幅で移動したほうが、早く谷底へ近づける
深い谷底
重みの値

分かります。ちなみに、現在地における傾斜は計算によって求めることができます。その計算のことを**偏微分**といいます。[注▼3]

偏微分を使えば、調整で必要となる観点の一つ目「重みを今の数値より増やすべきか・減らすべきか」が分かります。では二つ目「どのくらいの幅で増やすべきか（減らすべきか）」についてはどうでしょうか。

最適な幅の大きさは学習する課題によっても変わるため、明確に最良といえる設定方法はありません。そのため、ＡＩ設計者が学習する前にあらかじめ幅を設定しておくことが一般的となっています。これを調整する値のことを、**学習率**といいます。学習率を大きくするほど、1回に動かす幅が大きくなります。[注▼4]

学習率が大きいと学習がはやく進みやすくなりますが、逆に移動しすぎて谷底を通り過

**図 1-16　傾斜の違う二つの重み**

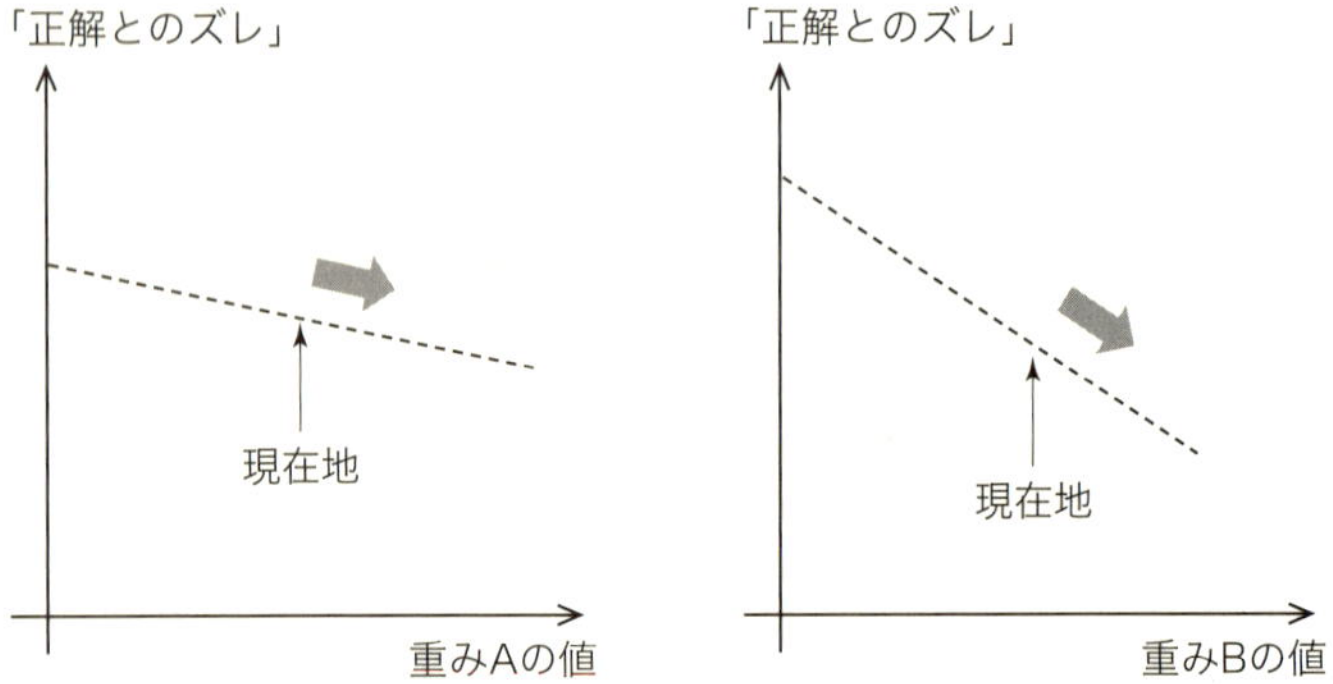


ぎてしまうことも多くなります（図1-15）。そのため、学習の初期は学習率を大きめに設定し、学習が進むに従って小さくすることで、最初は大きく移動し、谷底に近づきはじめたら小さく動く、といった工夫をしたりしています。

以上で、重みの調整方針が決定できました。たくさんある他の重みについても基本的に同じ考え方で調整の仕方を決定します。ただ複数の重みの調整を考える際には「どの重みを優先的に調整するべきか」という観点がでてきます。たとえば、二つの重みAとBとで傾斜が図1-16のように異なっていたとしましょう。どちらも重みの値を増やす方向に動かせば傾斜をくだることができますが、もし優先して動かすとしたらどちらでしょうか？

学習の目的は「正解とのズレ」を減らすことでした。ですので、できるかぎり早く傾斜をくだりたいところです。そう考えると、重みBの方を優先して

図1-17　深い谷底にたどりつけない例

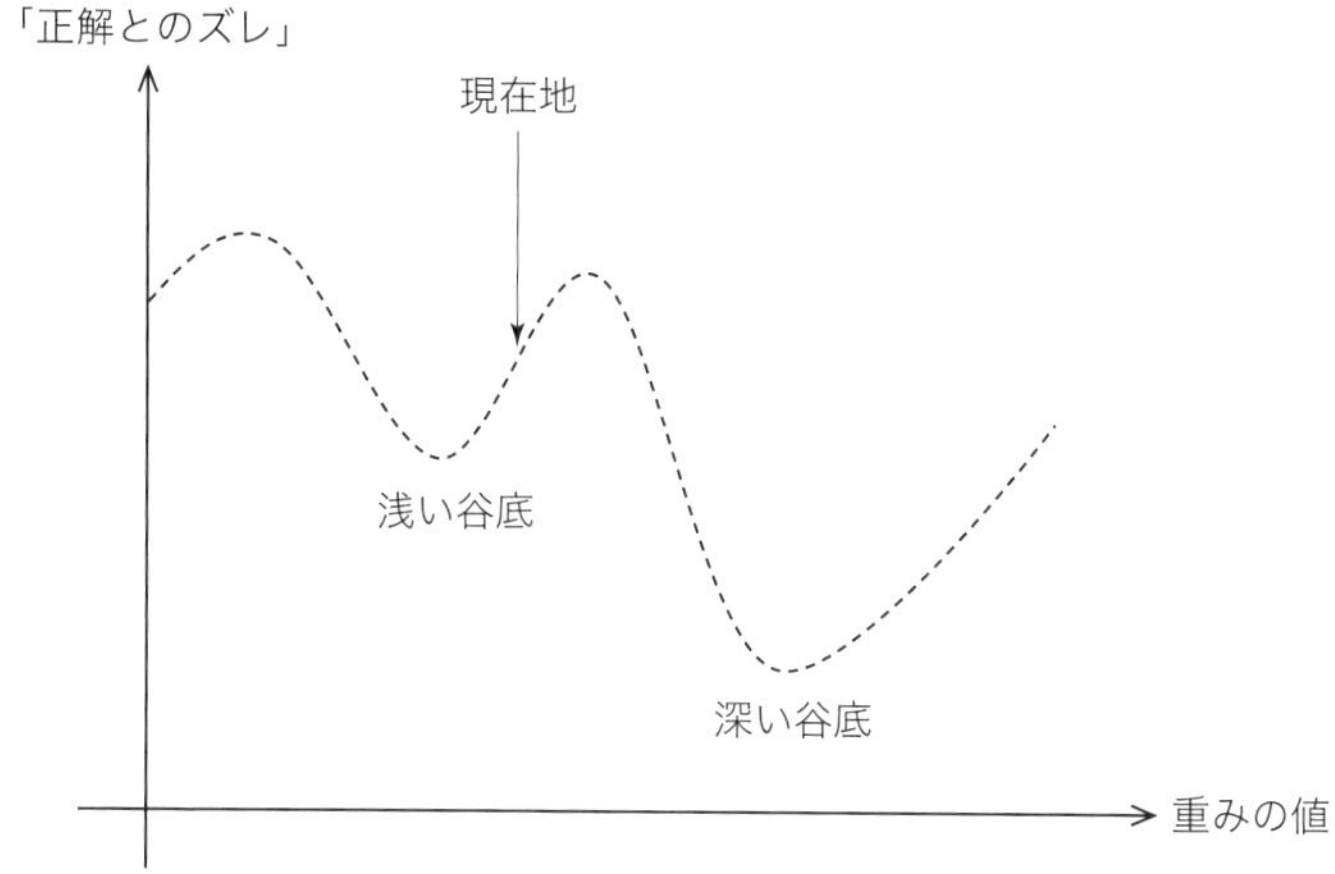


動かしたいですよね。

ディープラーニングでは、これを「重みを動かす幅」に反映しています。たとえば図の例で重みAの値を10増やすとした場合に、重みBのほうはそれより大きく、たとえば2倍して20増やす、とするわけです。これは、最も急な傾斜（勾配）をくだる（降下する）ことを優先しよう、という考え方だと表現できますので、**最急降下法（勾配降下法）**と呼ばれます。

最急降下法の考え方に基づいて、すべての重みの調整方法（方向と幅）を決定したら、一斉にすべての重みを調整します。これが1回分の学習です。これを何度も繰り返すことで、学習は進められていきます。

最急降下法はとてもシンプルな考え方ですが、本当に一番深い谷底にたどり着けるのでしょうか。残念ながら、そんな保証はありません。たとえば図1-17のような場合、現在地から少しずつくだり続けると浅い谷底の方に行き着いてしまうため、深い谷底へはたどり着けません。このように、ディープラーニングでは最初の位置によって、「正解とのズレ」があまり小さくならない、つまりうまく学習できないことがあります。

ではこの場合どうするかというと、また別の現在地を設定して学習しなおすのです。現在地が変われば、深い谷底にたどり着ける可能性がでてくるからです。

以降の研究によっていろいろな工夫は誕生しているのですが、それらは基本的に最急降下法の考え方を基礎としています。つまり、最も急な傾斜をくだる（降下する）方向へと少しずつ進んでいこう、こんなシンプルな考え方によって、ディープラーニングの学習は実現されているのです。

## 手順5●納得する性能になるまで手順2に戻って繰り返す

これまでに説明した手順2～4によって、ようやく重みの調整が1回行われます。当然ながら、1回だけでは学習はほとんど進みません。これを何度も繰り返していくことで、ディープラーニングは性能を高めていくのです。いかに途方もない作業であるか、より深く実感できたのではないかと思います。

さてここでは「どのタイミングで重みの調整を行うのか」について説明します。手順3において、学習は『すべての問題における「正解とのズレ」の合計』を下げることを目的としているとお話ししました。よって、すべての問題における「正解とのズレ」を計算したあとで調整するのが理想的です。

しかし、この方法はとても大変です。ディープラーニングでは何百万、何千万、場合によっては何億ものデータを扱うからです。そんな膨大な数の「正解とのズレ」を計算して、ようやく1回重みが調整できるようでは、途方もない時間がかかってしまいます。

そこで、全部ではなく一部分の問題についてだけ「正解とのズレ」を計算して、重みを調整するというのが一般的となっています。この学習方法のことを**確率的勾配降下法**といいます。注▼5

確率的勾配降下法は1回の重みの調整に一部分の問題しか使っていないため、理想的な学習方法とは言えないのですが、そもそも理想的な方法でやったとしても、前述したように一番深い谷底にたどり着ける保証はありません。時間をかけて正確にやるより、荒っぽくても素早く結果を得て、いろいろ試せるほうが効果的なのです。注▼6

**POINT**

- 「正解とのズレ」を小さくするために、傾斜をくだる方向へと重みを調整する
- 重みは一つひとつ調整する方向や幅を決めていき、全部決まった後で一斉に調整する
- 重みの調整は問題集の一部分だけで「正解とのズレ」をみて行う方が効率的である

ステップアップ

## 誤差逆伝播法（バックプロパゲーション）

他の文献などを見ると、「ディープラーニングの学習には**誤差逆伝播法（バックプロパゲーション）**が用いられる」と表現されていることがあります。実は誤差逆伝播法も、中身は最急降下法や確率的勾配降下法です。それでは何が違うのかというと、誤差逆伝播法は主として計算（偏微分）を効率的に行うテクニックを指す言葉なのです。

では、最急降下法のどこを効率化したのでしょうか。それを図1-18で説明していきましょう。最急降下法では、ニューロンAの重みを調整したいとき、調整によって最終的な出力がどう変わるのかを知る必要があります。そのためには、図1-18の上段で示したように、ニューロンAから最終的な出力へと到達するまでに経由するニューロンB、C、Dで、どんなことをしているかという情報を集める必要があります。そしてこれと同じ作業を、存在するすべてのニューロンにおいて実施しなければなりません。

ここで注目したいのは、（ニューロンAの出力がつながっている）一つ先のニューロンBでも同じ作業をしなければならない、という点です（図1-18中段）。そしてそのときに集める情報の中には、ニューロンAが集めたかった情報も多く含まれています（図1-18下段）。ならば、ニューロンBが

**図1-18** ニューロンが集めなければいけない情報の関係

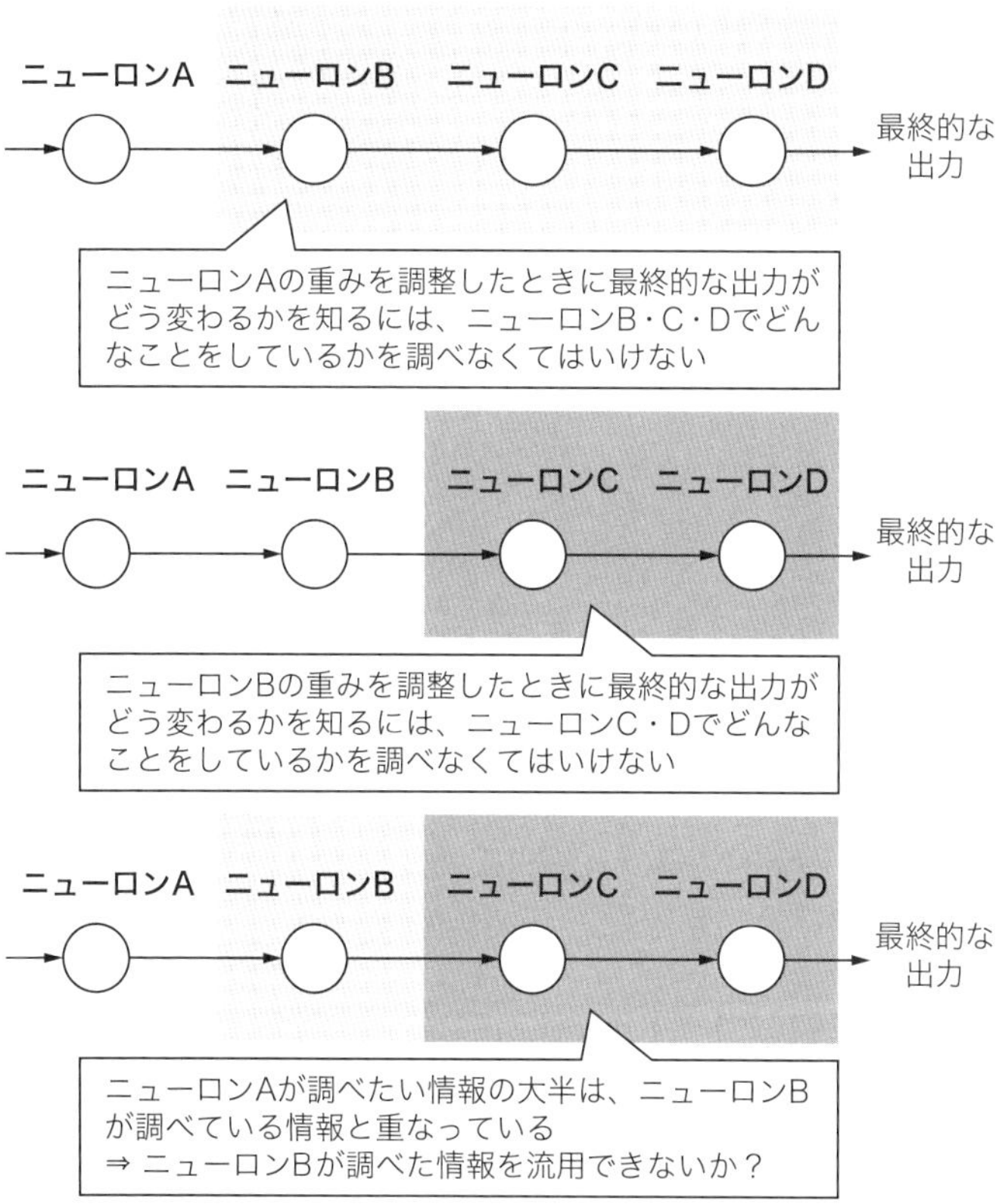

**図 1-19** 誤差逆伝播法

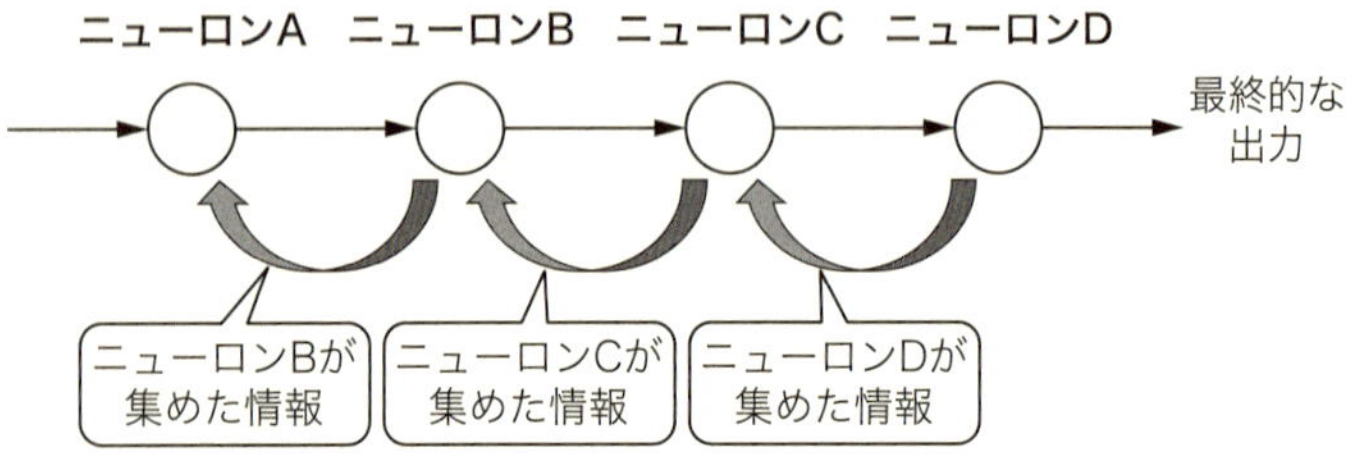


集めた情報（正確にはそれらを集約した値）を流用できれば、ニューロンAが情報を集める手間を減らせるわけです。

そしてこの考え方はニューロンAだけでなく、ニューロンB、Cでも使えます。つまり、図1-19に示すような感じで、ニューロンDが集めた情報をニューロンCに渡して流用すれば、ニューロンCは追加で少し情報を集めるだけで済みます。そしてさらにその集約された情報をニューロンBに渡し、さらに少し情報を付け加えたものをニューロンAに渡していく……、とすれば作業を効率化できる、というわけなのです。

この流れはあたかも、「正解とのズレ」（誤差）にまつわる情報が、逆方向（入力から出力へという一般的な流れとは逆向き）に伝わっていく（伝播していく）ように見えることから、誤差逆伝播法と呼ばれています。しかし、実際にやっている学習方法は最急降下法や確率的勾配降下法なのです。

ちなみに、誤差逆伝播法は「誤差逆伝搬法」と表記されることもあります。これは、「伝播（でんぱ）」を「伝搬（でんぱん）」と聞き違えたことから生じた誤用だといわれています。

ただし、分野によっては「電波（でんぱ）」との取り違えを防ぐために、わざと「伝搬（でんぱん）」を使っていることもあるようです。

ステップアップ

## 最急降下法に対する工夫

最急降下法（確率的勾配降下法）は最も基本的な考え方であって、傾斜のくだり方を工夫する方法は他にもいろいろ研究されています。ここでは、良く使われる二点の工夫、モーメンタムとAdamについてお話していきます。

ある重みについての調整方法を検討したときに、「前回の移動と同じ方向へと進む」という結果になった場合を考えてみましょう。このとき、おそらく状況としては図1-20のように、長い坂道をくだっている状況なのだと推測できます。そうだとすれば、おそらく谷底はまだまだ先でしょうから、もっと思い切って大きく進んでも良いのではないかと考えられます。この考え方にしたがって、進む幅を大きめに変える工夫のことを**モーメンタム**といいます。

ちなみに、モーメンタムとは「勢い」という意味です。自転車で坂道をくだり続けていれば、勢

**図 1-20** モーメンタムのイメージ

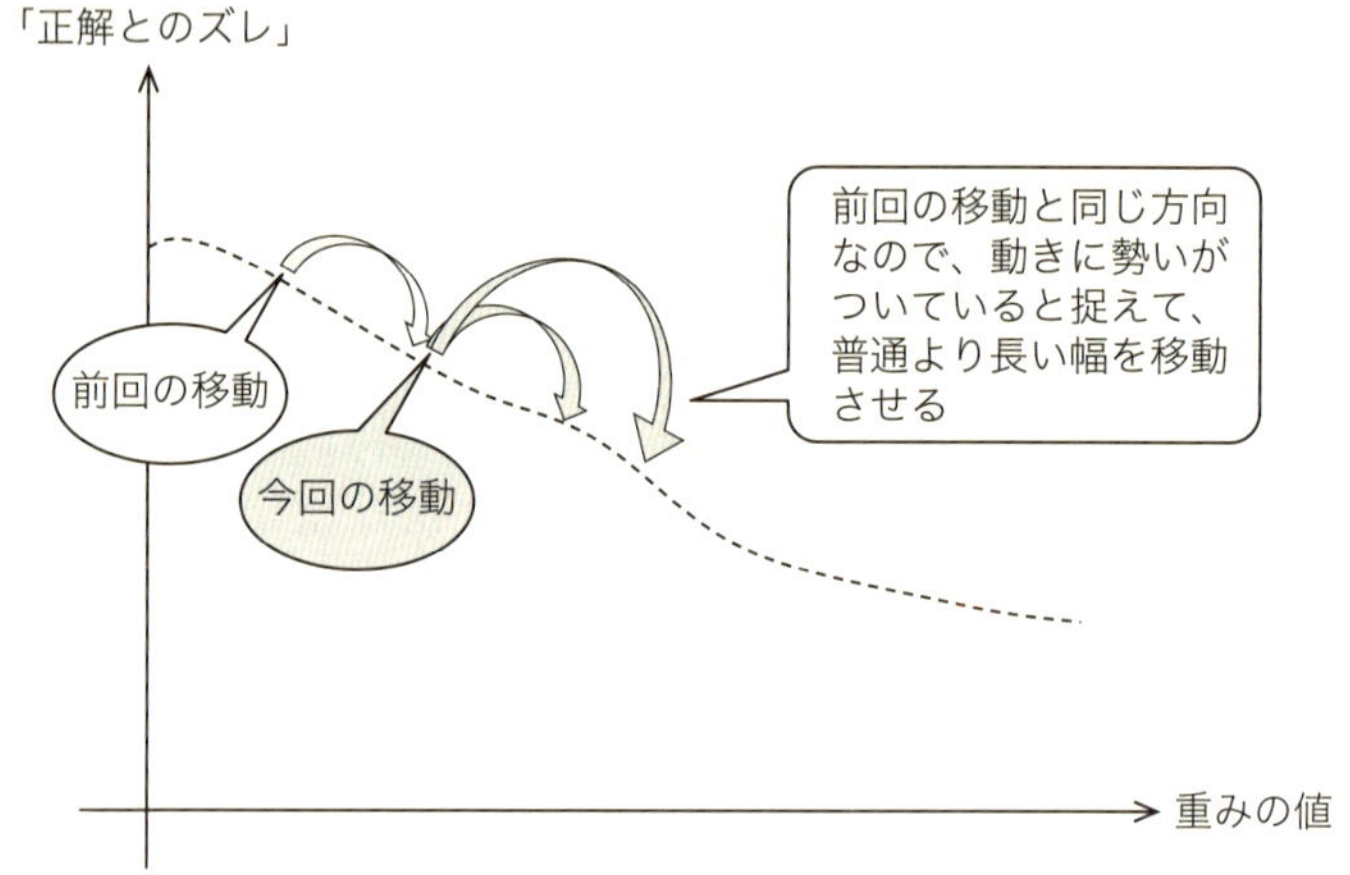

「正解とのズレ」
前回の移動と同じ方向なので、動きに勢いがついていると捉えて、普通より長い幅を移動させる
前回の移動
今回の移動
重みの値

いがついて速くなってきますよね。この現象を学習に応用しようと考えたわけです[注▼7]。

次はAdamについてです。手順4の「合っていないなら、合う結果になるようにモデルを調整する」の節で、学習率について触れました。その際、学習率が大きいと谷底を通り過ぎてしまうことがある、とお話ししましたね。基本的にディープラーニングの学習では、重みをある程度大きく動かさないと学習がなかなか終わりません。そのため、通り過ぎてしまうことはどうしてもあるのです。

すると図1-21の重みBのように、何度も谷底周辺を行ったり来たりして、なかなか谷底で止まれないことが起こりえます。ここで、最急降下法は最も急な傾斜を優先して調整していたことを思い出してくださ

**図1-21　無駄な重み調整の例**

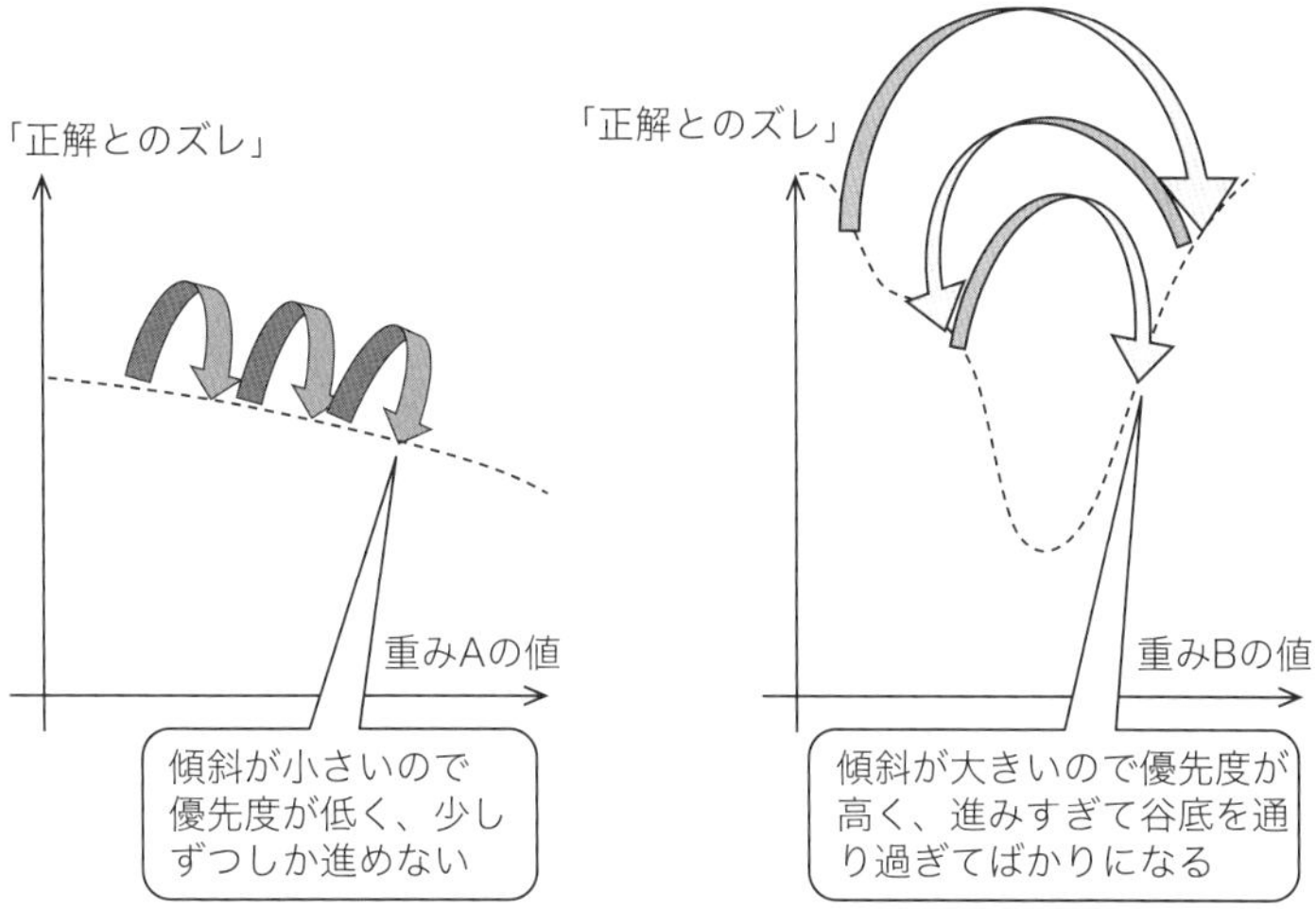
「正解とのズレ」
重みAの値
傾斜が小さいので優先度が低く、少しずつしか進めない
「正解とのズレ」
重みBの値
傾斜が大きいので優先度が高く、進みすぎて谷底を通り過ぎてばかりになる

い。つまり、重みBのような急な傾斜を持つ重みは、調整1回で動かす幅が大きくなります。その結果、何度も何度も谷底を通り過ぎ続けてしまうのです。その間、重みAのような傾斜が小さい重みはあまり動かないため、学習がうまく進まなくなってしまいます。

　このような無駄な調整をさせないようにする方法として、大きな移動幅で何度も行ったり来たりしている重みBのような重みについては、(傾斜がいかに急であっても)移動の幅を小さくする、という方法が考えられます。この考え方を取り入れたのが、**Adam**です。

　Adam以外にも、同じ考え方を取り入れた方法としてAdagradやRMSprop、AdaDeltaなどがあります。Ａｄａｍはこれらより後に生み出された手法であり、それまでの方法の良い所どりをしたような形になっています。そのため、近年の学習によく使われています。[注8] ちなみに、２章のＲｅｓＮｅｔと４章のＡｌｐｈａＺｅｒｏはモーメンタムを、３章のＢＥＲＴはＡｄａｍを用いています。

## まとめ

以上が、ディープラーニングの基本形です。この基本形だけで、ディープラーニングは実現できます。しかし「最強ＡＩ」を作るには、さらなる工夫が求められます。

工夫が必要となる最大の原因は全結合層にあります。全結合層は「入力として与えられた情報すべて」とつながっている層でした。ニューロンは一つの入力に対し、重みを一つ用意するため、入力が多いほど用意すべき重みの数も多くなります。さらにディープラーニングは層を何層にも重ねるので、調整しなくてはならない重みの数が膨大になり、うまく学習できなくなってしまうのです。いかにコンピュータが高速でも、無計画に重みを使うことは難しい、というわけです。

そこで「最強ＡＩ」は、全結合層で用いている重みの数を効率的に減らす工夫をしています。重みは「見方を変える」ために用いていたことを思い出してください。つまり、重みの数を効率的に減らすということは、「見方の変え方」の範囲をうまく絞る、ということです。これはいうなれば、「思考集中：考えるべきことを捉える力」を人間が駆使することで、ＡＩが考えるべきこと（見方の変え方）の範囲を減らしているのです。

もちろん、駆使するのは「思考集中」だけではありません。「動機：解決すべき課題を定める力」「目標設計：何が正解かを定める力」「発見：正解へとつながる要素を見つける力」についても人間が適切にＡＩへと工夫して組み込むことで、「最強ＡＩ」は生み出されています。

たとえば、2章で説明するＲｅｓＮｅｔは「思考集中」に新しいアイディアを加えたことで「最強ＡＩ」となりました。一方で3章のＢＥＲＴや4章のＡｌｐｈａＺｅｒｏは「動機」や「目標設計」にアイディアを加えることで「最強ＡＩ」へと至っています。同じ「最強ＡＩ」でも、組み込まれたアイディアの性質は異なっています。

こうしたアイディアはＡＩ研究者の、つまりは人間の知性によって生み出されています。したがって、人間の知性を構成する4つの力の観点でひも解けば、これらの性質の違いもすっと理解できるわけです。具体的にどんなアイディアが加えられているのか、それは以降の章で一つずつ明らかにしていくことにしましょう。

ステップアップ

## ディープラーニングの学習において使われる用語

ここではステップアップとして、よく使われる三つの用語について触れておきます。

「納得する性能になるまで手順2に戻って繰り返す」の節において、問題集の一部分だけを使って重みを調整するという、確率的勾配降下法の話をしました。このとき、1回の重み調整を行うまでに使う問題の数のことを**バッチサイズ**といいます。

このとき1回の重み調整だけでは、問題集に含まれるすべての問題についての「正解とのズレ」は考慮できません。問題集に含まれるすべての問題について、一通り「正解とのズレ」を考慮できるまでに必要となる重みの調整回数のことを、**イテレーション数**といいます。

学習をイテレーション数の分だけ実行することは、いわば学習における一区切りとなります。この一区切りのことを**エポック**といいます。たとえば図1-22の例でいえば、バッチサイズは25、(二つのエポックに含まれる)イテレーション数は4となります。

ディープラーニングでは、どれだけ学習を長く行ったかを示す場合、エポックの数(エポック数)で考えるのが一般的です。1回のエポック中では、問題を小分けにしながら重みを何度も調整しているため、重みの調整回数はエポック数と一致しないことに留意しましょう。

図 1-22　バッチサイズ、イテレーション、エポックの関係

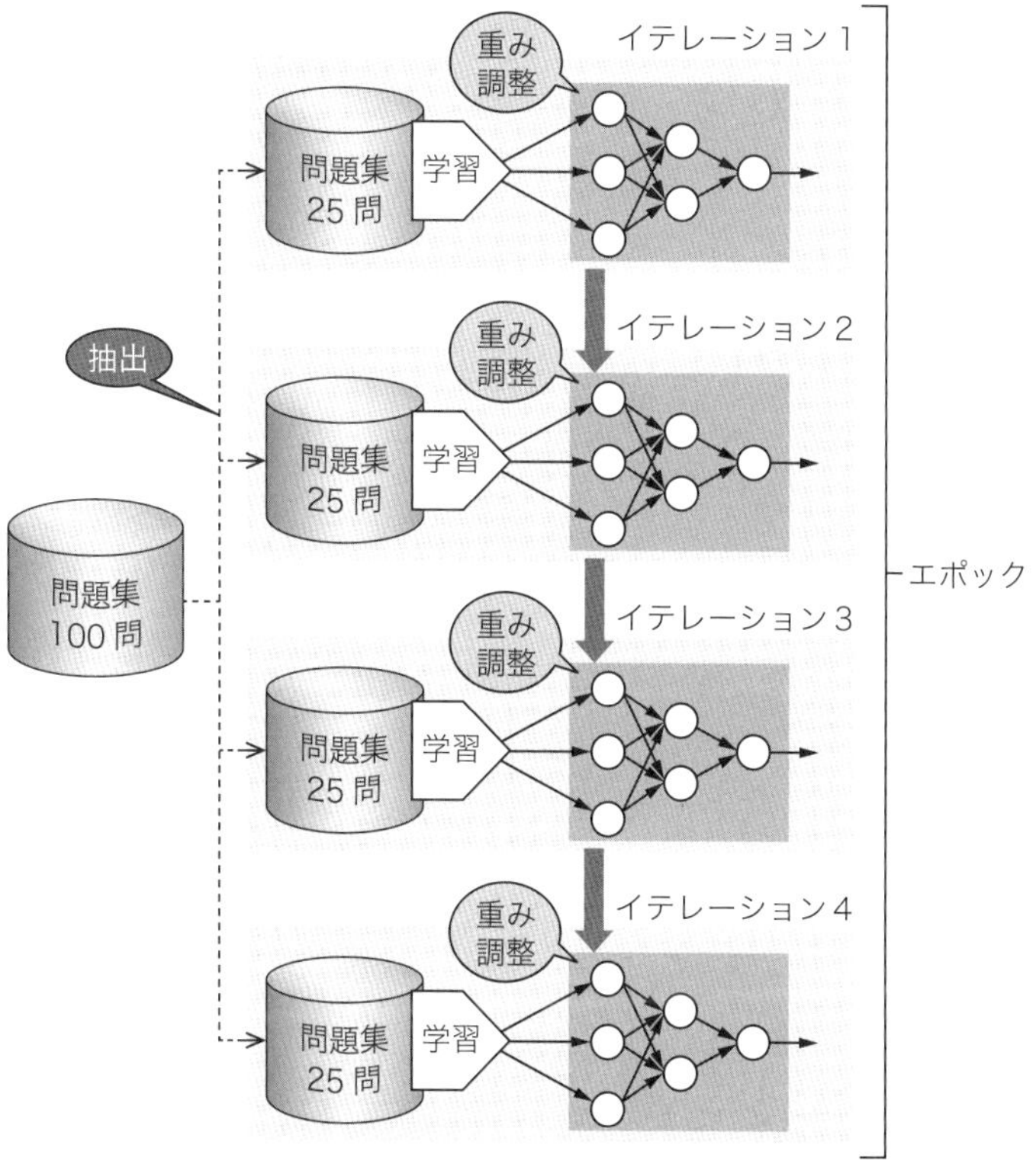

# 2章 ResNet（レズネット）

## 導入

画像系はディープラーニングがよく活用されている分野です。中でも特に活躍しているのが、画像に映った物体を認識して、その名称を回答してくれるＡＩ（画像認識ＡＩ）です。最近では、写真に撮った花の名前を教えてくれるＡＩなどが身近に現れています。

画像認識ＡＩは、２０１５年に人間を超える性能へと到達しましたが、その年に提唱された有名なＡＩの一つがＲｅｓＮｅｔです[1]。近年ではさらに優れたＡＩが現れていますが、ＲｅｓＮｅｔはそれらの基礎として活用されています。

本章では、画像認識ＡＩの性能を引き上げただけでなく、その後の画像認識ＡＩに多大な影響を与えたＲｅｓＮｅｔを画像系の「最強ＡＩ」と捉え、詳しく説明していきます。

## 実態

ＲｅｓＮｅｔは教師あり学習で作られています。つまり、問題集をあらかじめ大量に用意して、問題集に正しく答えられるように学習することで作られています。そしてもちろん、ディープラーニングを技術の中核としています。この関係性を図に表すと、図２-１のような形になっています。ディープラーニングによる（教師あり学習の）基本的な学習方法は、すでに前章で触れた通りですが、「最強ＡＩ」では、ＡＩ設計者がさらに頭をひねってアイディアを加えています。

ただし、「最強ＡＩ」はＡＩ研究者たちによる長い積み重ねの果てに誕生したものなので、「最強ＡＩ」の大半は既存のアイディアで形作られています。そこに一つの新しいアイディアが加わって「最強ＡＩ」となっているのです。ＲｅｓＮｅｔでは「思考集中」

**図 2-1** ResNetの関係図

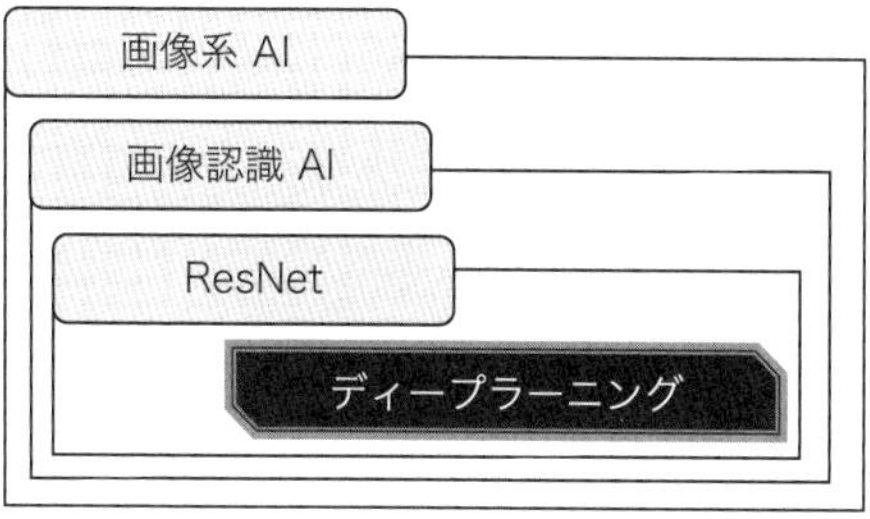

の一部に新しいアイディアが組み込まれていて、それ以外の部分は既存のアイディアで構成されています。

以降では、そうした既存のアイディアについても網羅しながら、かつＲｅｓＮｅｔを「最強ＡＩ」たらしめたアイディアがどんな発想なのかについて、４つの力の観点に沿って解き明かしていくことにしましょう。

## 「動機」の実態

ＡＩには「動機：解決すべき課題を定める力」がありません。よって、ＡＩ設計者が設計する必要があります。なお、「動機」の部分にＲｅｓＮｅｔ独自のアイディアは組み込まれていません。そのため、既存の画像認識ＡＩと同じ考え方を用いています。

では画像認識ＡＩでは、「動機」をどう定めているのでしょうか。言葉で説明すると「画像に映った物体の名称を答える」と簡潔に表現できてしまうのですが、深く考えるといろいろな面が見えてきます。

まず、そもそも画像認識ＡＩはどうやって物体の名称を答えるのでしょうか？　１章で「パンダっぽさ」を答える画像認識ＡＩの例をお話ししました。しかしこれは「パンダか否か」を答えることしかできませんので、「画像に映った物体の名称を答える」には不十分です。

そこで図2-2に示すような形で、「パンダっぽさ」だけでなく、「イヌっぽさ」「ネコっぽさ」

**図 2-2　画像認識 AI のモデル構成**

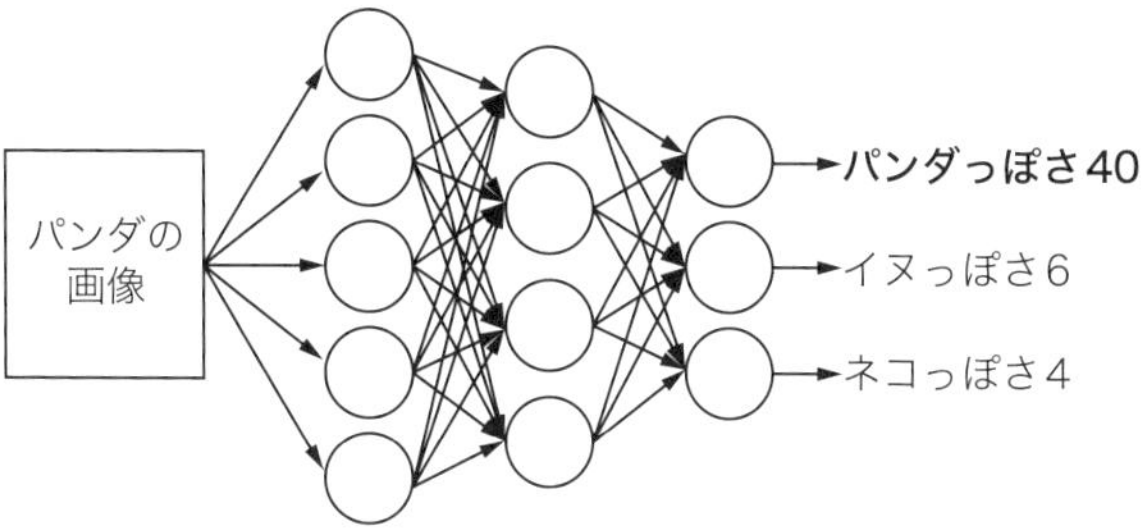


といったさまざまな物体と紐づけたニューロンを用意します。そして、(画像を入力したときに)出力された値が一番大きい、つまり「○○っぽさ」がもっとも高いニューロンを推測結果とするのです。図2-2の例でいえば、「パンダっぽさ」が最も大きいので、入力画像に映っているのは「パンダ」であると推測するわけです。

この構成から、ＡＩの限界も見えてきます。たとえば、「ニューロンで用意した答え」以外は答えられません。物体と紐づけたニューロンは、「教師あり学習」のために用意した問題集に含まれる「正解」の数だけ用意します。逆にいえば、このとき用意されなかった回答をすることはできないのです。

たとえば、今までに見たことのない物体を見たとき、人間なら「見たことがない」「知らない」といった経験に照らし合わせた回答をしたり、「見たことはないけど、何かの道具じゃないかな」といった類推をしたりできるでしょう。しかし、ＡＩではあくまで「事前に用意された回答」の中からしか答えることができません。よって、「パンダ（の可能性が高い）」といった回答しかできないのです。

これは掲げている課題や正解が人間と異なっていることが大きな原因となっています。人間は物体を認識する際、「物体の特性や、他の物体との違いを理解」しようとしていると考えられます。「特性を理解」すれば「道具」や「動物」といったグループが把握できますし、「他の物体との違いを理解」すれば、それが「見たことのないもの」であると判断することもできます。

しかし、画像認識AIは「画像に映った物体の名称を答える」ことを課題としているため、「道具」や「動物」、「見たことがない」といった回答は（問題集に登録されていない限り）できません。

より人間が掲げる課題に近い設定ができればいいのですが、それに合わせた問題集を作ることは容易ではありません。特にディープラーニングを用いる場合は、膨大な問題集が必要になるのが一般的です。AIは「思考集中：考えるべきことを捉える力」が苦手なため、量を用意しなければうまく学習できないからです。画像認識AIが活躍しているのは、これまでに多くのAI研究者が題材として扱ってきたために、大量の問題集がすでにできあがっている、ということが大きいのです。

ここでもう少し、画像認識AIによる推測結果について説明しておきましょう。画像認識AIは（数あるニューロンの中で）もっとも大きな値を出力するニューロンを推測結果とします。つまり、「他のニューロンから出力された値と比べて」大きな値であるかどうかが重要となります。

**図 2-3　ソフトマックスによる割合の算出**

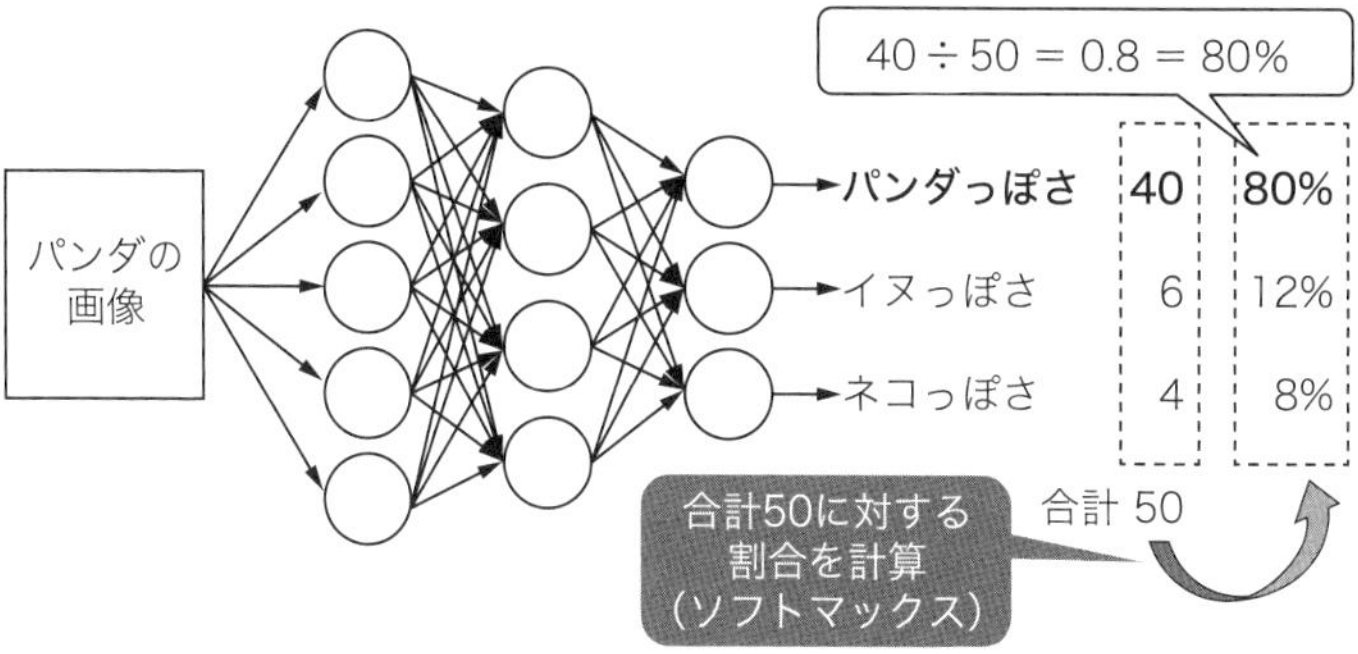


そこで、画像認識ＡＩは「全出力の合計に対する割合」を推測結果としています。図2-3の例を使って具体的にみてみましょう。図において、「全出力の合計」は三つの出力「パンダっぽさ」「イヌっぽさ」「ネコっぽさ」の合計、つまり40＋6＋4＝50です。

これに対し「パンダっぽさ」は40なので、「全出力の合計」50に対して80％を占めています。この割合を画像認識ＡＩの推測結果としているのです。これは他の選択肢についても同様に計算します。つまり、「パンダが80％、イヌが12％、ネコが8％」と推測するのです。

このように、出力を割合に変換する処理のことを**ソフトマックス**といいます。ソフトマックスは画像認識ＡＩだけでなく、言語系ＡＩやゲーム系ＡＩでもよく用いられています[注▼9]。

この割合は確率として解釈すると理解しやすくな

**図 2-4** 基本的なディープラーニングの構造

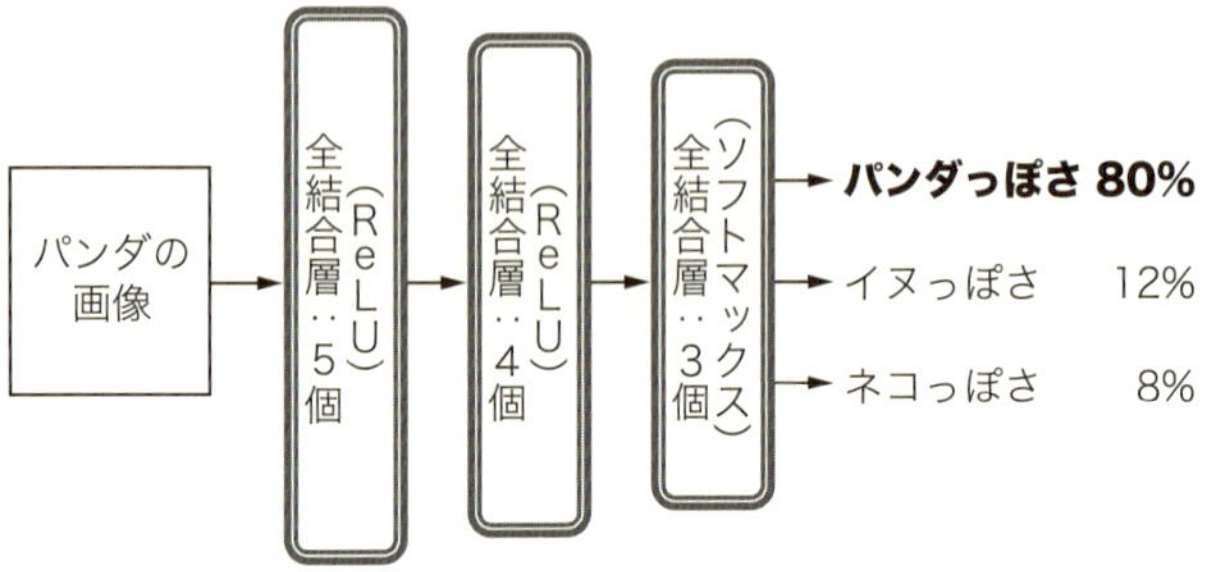


ります。図2-3の場合でいえば、「パンダである確率が80%、イヌである確率が12%、ネコである確率が8%」と捉えるわけです。

推測結果を確率として捉えることは実用面でも利点があります。入力として与えられた画像に、動物しか映っていないということはあまりないでしょう。草や木が背景に映りこんでいることも多いはずです。ひょっとしたら逆に「草」や「木」の方が正解なのでは、なんて懸念もおこり得ます。そうした場合でも確率を使えば「パンダである確率が85%、草である確率が10%、木である確率が5%」といったように、正解となりえそうな候補もあわせて表現できるのです。[注▼10]

最後に、本書で用いる表現方法を整理しておきましょう。図2-3ではニューロンを一つひとつ描いていますが、ディープラーニングで用いるニューロンの数は膨大なので、すべてを描くのは大変です。そこで、図2-4のように簡略化して表現することにします。

ここで、ReLU（強く見出された特徴だけを残す処理）やソフトマックス（出力を割合に変換する処理）はニューロン（全結合層）と一緒に用いることが多いため、図2-4のようにカッコ書きで併記することにします。この図がいわゆる、「基本的な」ディープラーニングの構造となります（「基本的な」と表現したのは、一般的にはさらに多くの全結合層を重ねるからです）。

## 「目標設計」の実態

AIには「目標設計：何が正解かを定める力」もないため、どうなれば正解（うまく学習できた）とするのかをAI自身が決めることはできません。よって、人間が設計する必要があります。この「目標設計」もまた、ResNet独自のアイディアは組み込まれていないため、画像認識AI全般の話となります。

図2-4の場合、入力されているのはパンダの画像でした。したがって理想的には「パンダである確率が100%、イヌである確率が0%、ネコである確率が0%」という推測結果にしたいところです。では現在の「パンダである確率が80%、イヌである確率が12%、ネコである確率が8%」という推測結果は、どう直せばいいのでしょうか。

これを考えるためには、まずどれだけズレてしまっているのか、つまり「正解とのズレ」を測るものさしが必要です。それほどズレがないのであれば、他の画像に対するズレを優先して修正した方がいいからです。

では、どんなものさしを使えばいいのでしょうか。画像認識ＡＩでは、「二つの確率（推測結果と正解）のズレ」を測る必要があります。この場合、一般的には**交差エントロピー**というものさしがよく用いられます。ただし、交差エントロピーはあくまで一般的なものさしであって、最善の方法というわけではありません。扱う課題によっては正しい判定ができないのです。

自動運転の例で考えてみましょう。自動運転において画像認識は重要な要素です。前方に見えるものが何なのかを把握できなければ、安全に運転することができません。しかし、このケースで交差エントロピーを使う際には配慮が必要です。なぜなら、交差エントロピーは「どんな間違え方でも、等しくダメである」と評価しているためです。

自動運転においては、間違え方にも良し悪しがあります。たとえば、新聞紙（に映っている人の写真）を人と間違えることと、その逆（人を新聞紙と間違える）ことには大きな隔たりがあります。前者の場合、新聞紙を人だと思っているわけですから、自動運転車はその新聞紙を避けたり、ぶつかりそうであれば停止したりするでしょう。これらは、時間のロスこそ生まれますが、大した問題にはなりません。

しかし、後者の場合は大きな問題となります。人を新聞紙と勘違いしているのですから、たいして気にも留めず車を運転させてしまう可能性があるからです。この場合、人にぶつかってしまう危険性が出てきます。

人間であれば、（そもそも新聞紙を人間と見間違うこと自体まずありませんが）、人間である可能性が否定できないのなら、無理な運転はせず徐行したり止まったりするでしょう。これは、そもそも人間の想定している課題が「車を安全に運転するために必要なことを認識する」ということであって、AIが掲げている課題「画像に映った物体の名称を答える」とは大きく違っていることも関係していると考えられます。

そのため、画像認識AIを実際に運用する場合は、こういった観点も踏まえて考えなくてはなりません。AIは「動機：解決すべき課題を定める力」や「目標設計：何が正解かを定める力」がないので、AI設計者が正しく調整しなくてはならないのです。

## ◎過学習と正則化

「正解とのズレ」を測る際、単純に「推測結果と正解とのズレ」だけを考えなければならないわけではありません。それ以外の観点も考慮することで、さらに性能を高める工夫も存在します。ResNetでも「正解とのズレ」の測り方に工夫が加えられています。

その工夫は、教師あり学習において常に付きまとう大きな問題を解決するために導入されています。その問題とは「問題集を解く方法を学びすぎてしまうことがある」という点です。「それは、むしろ良いことではないの？」と思われるかもしれませんが、実は大問題なのです。

先ほどの図2-4の例で、理想的には「パンダである確率が100％、イヌである確率が0％、ネコである確率が0％」という推測結果にしたいとお話ししました。しかし厳密にいうとこれは正しくありません。「本当にＡＩにやらせたいこと」は、「問題集に完璧に正解すること」ではなく「新しい問題（画像）に正しく答えられること」です。問題集はすでに正解が分かっているのですから、それに答えられるようになっても嬉しくなどありませんよね。新しい問題を解けるかどうかが大切なわけです。

「問題集に完璧に正解できるようになれば、新しい問題にも答えられるようになるのでは？」と思うでしょう。残念ながら、そうとは限らないのです。人間が作った問題集が、学習する上で理想的なものだとは限らないからです。

たとえば、「ネコ」を撮影した写真のうち数枚において、ガラス越しに撮影してしまったために照明がうっすらと写りこんでいたとします。他の写真には一切そういった写り込みがなかったとすれば、「うっすらと照明が写りこんでいるか」という特徴は、「ネコ」を見分ける手掛かりとなりえます。「照明が写りこんでいるなら、ネコである」と答えることができるわけです。

もちろん、照明が写りこんでいるのは「ネコ」の画像のうち、ほんの数枚です。たまたま撮影の仕方を間違っただけなのですから、そう多くはありません。したがって、「ネコ」を見分ける手掛かりとしてはとても弱いものです。「ネコ」を見分ける特徴は他にもたくさんあります。そのため、「照明が写りこんでいる」という特徴は、普通なら重要視はされません。

しかし、「問題集に完璧に正解すること」という目標が掲げられていたらどうでしょうか？この場合、問題集に全問正解するまで、使える特徴は積極的に取り入れていくことになります。

そうすると、「照明が写りこんでいるなら、ネコである」という方法も活用することになるでしょう。

こうして学習してしまった「照明が写りこんでいるなら、ネコである」という考え方は、当然ながら間違いです。これはあくまで、「学習に用いた問題集」でだけ使える方法です。この方法で「問題集に全問正解」できるようになっても、「新しい問題（画像）に正しく答えられる」ようになっていないのは明らかですよね。この現象は、問題集に対して過剰に正解しようとしすぎたことが原因で引き起こされています。そのため、この現象のことを**過学習**といいます。

過学習は人間でも起こりえます。たとえば、ある大学の入試で過去に出題された問題集を解いている中で、「ここ数年、この分野や題材からは出題されていないから、あまり勉強しなくてもいいかな」なんて考える人もいるでしょう。もちろんそれはあくまで、持っている「問題集」の中で通じる考え方であって、次回の入試でも起こるとは限りません。このように、過学習は人間でも陥る危険があります。

しかし、ディープラーニングは特に過学習を引き起こしやすいとされています。なぜなら、ディープラーニングは性能の高さゆえに「普通なら捉えられない特徴も捉えられる」からです。「照明がうっすら写りこんでいる」という特徴に気づかなければ、「照明が写りこんでいるなら、ネコである」という考え方もできません。性能が高いからこそ、過学習に悩まされやすいのです。

過学習を起こさないような、理想的な問題集が用意できるならそれが一番いいのですが、ディープラーニングで用意しなくてはならない問題集の量を考えたら、とても現実的な方法ではありません。では、過学習をさせないためにはどうすればいいのでしょうか。

一つは、「問題集をできる限りたくさん用意すること」です。「照明が写りこんでいる」という細かい特徴を使わなくても、「ネコ」かどうかを断言できるくらい学習できればいいわけです。また、問題集がたくさんあれば、「ネコ」以外にも「照明が写りこんでいる」写真が出てくるでしょう。そうなれば「照明が写りこんでいるなら、ネコである」という考え方も使えなくなります。

しかし、問題集をたくさん用意するのも簡単ではありません。その場合はどうすればいいのでしょうか。過学習は、問題集に対して過剰に正解しようとしすぎることが原因でした。もちろん、正解できる割合が増えることは本来なら望ましいことです。では何が問題だったかというと、「正解できる割合をほんの少し高める」ためだけに、「（照明が写りこんでいるという）重要ではない特徴を新しく見出してしまった」点です。

つまり、問題集に正解できる割合がさほど変わらないなら「特徴を新しく見出す」のをやめた方がいい、と考えられます。これを行う方法のことを**正則化**といいます。注▼11

ResNetでは正則化として、**荷重減衰**（**重み減衰**）が用いられています。注▼12 これは「重みが0から離れるほど、『正解とのズレ』が大きい」とみなす方法です。ディープラーニングでは重みが0のとき「なかったこと」になるとお話ししました。重みを使って見方を変えて特徴を見出しているのですから、重みが0ということは「特徴を見出さなかった」という意味になります。逆にいえば重みが0から離れた値になるほど、特徴を見出していることになります。

そこで、「重みが0から離れるほど、『正解とのズレ』が大きい」としておけば、特徴を多く見出すほど『正解とのズレ』が大きいことになりますので、不用意に新しい特徴を見出さないように抑制できる、というわけです。

余談ですが、正則化の考え方は「思考集中」とも深く関わっています。そもそも、「不用意に新しい特徴を見出さないように抑制する」という考え方は、言い換えれば「できる限りシンプルに考える」ということです。注▼13「思考集中」は考えるべきことを限定する力ですから、「思考集中」を駆使すれば必然的にシンプルな考え方にたどりつきます。つまり「思考集中」は正則化の考え方により、過学習を抑制して「新しい問題（画像）に正しく答えられること」にも効果があるのです。

## 「思考集中」の実態

ディープラーニングで調整しなければいけない「重み」の数はあまりに膨大です。いかにコンピュータが高速でも、図2-4で示したような「基本的な」構成では、なかなか性能を発揮できませんでした。

そこで、ディープラーニングの構成を工夫することで、うまく「重み」の数を減らそう、とい

**図2-5 ResNetの全体構成**

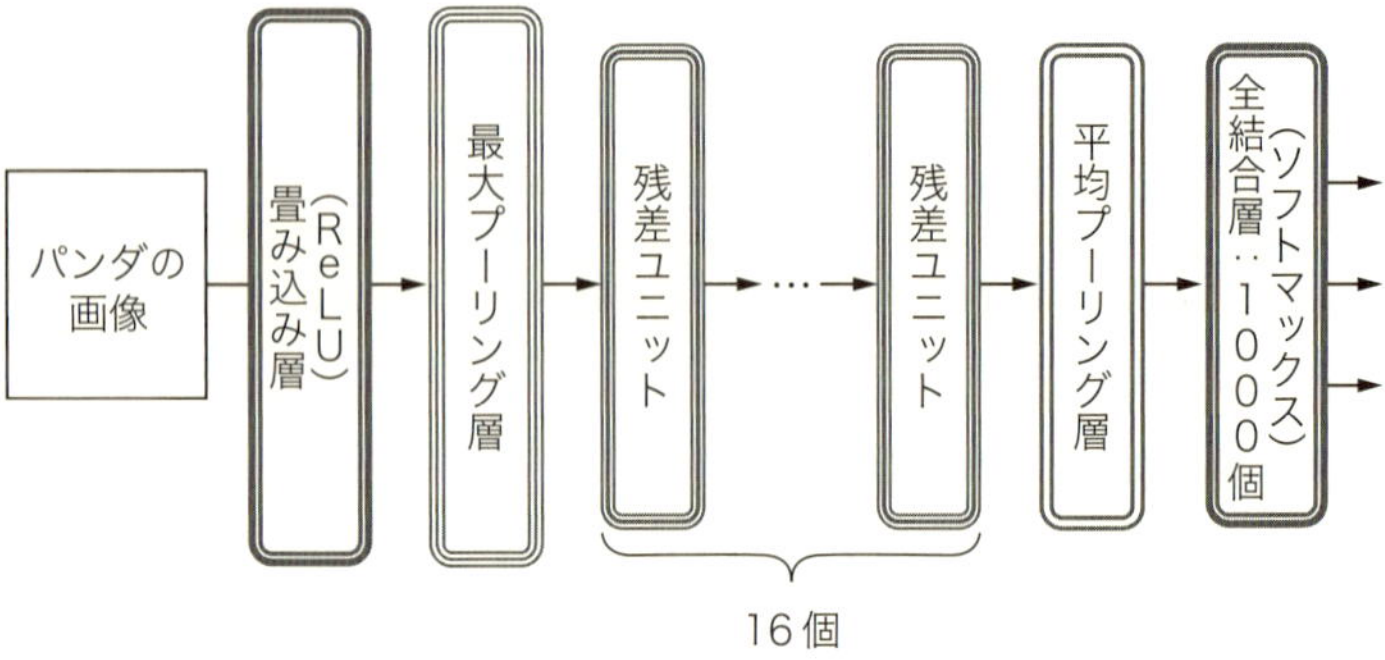


うことが研究されてきました。もちろん、何も考えずに適当に減らしても、うまくはいきません。そのため、人間が知性を駆使してアイディアを盛り込む、という方法が盛んに行われてきました。そうした工夫の集大成としてResNetは誕生しています。

まずはResNetの全体像をみてみましょう。それが図2-5です。図2-4と違い、全結合層が一か所しかなく、その代わりに畳み込み層、最大プーリング層、残差ユニット、平均プーリング層といった聞きなれない部品が現れています。特に残差ユニットは16個も重ねられています。この残差ユニットこそが、ResNetを「最強AI」に押し上げたアイディアであり、後世のAIにも多大な影響を与えています。事実、のちの3章、4章で説明する「最強AI」にも、この残差ユニットが使われているのです。

残差ユニットを含め、ResNetを構成する新たな部品がどういったものなのか、一つずつ順を追って説明

**図2-6　コンピュータが扱う画像**

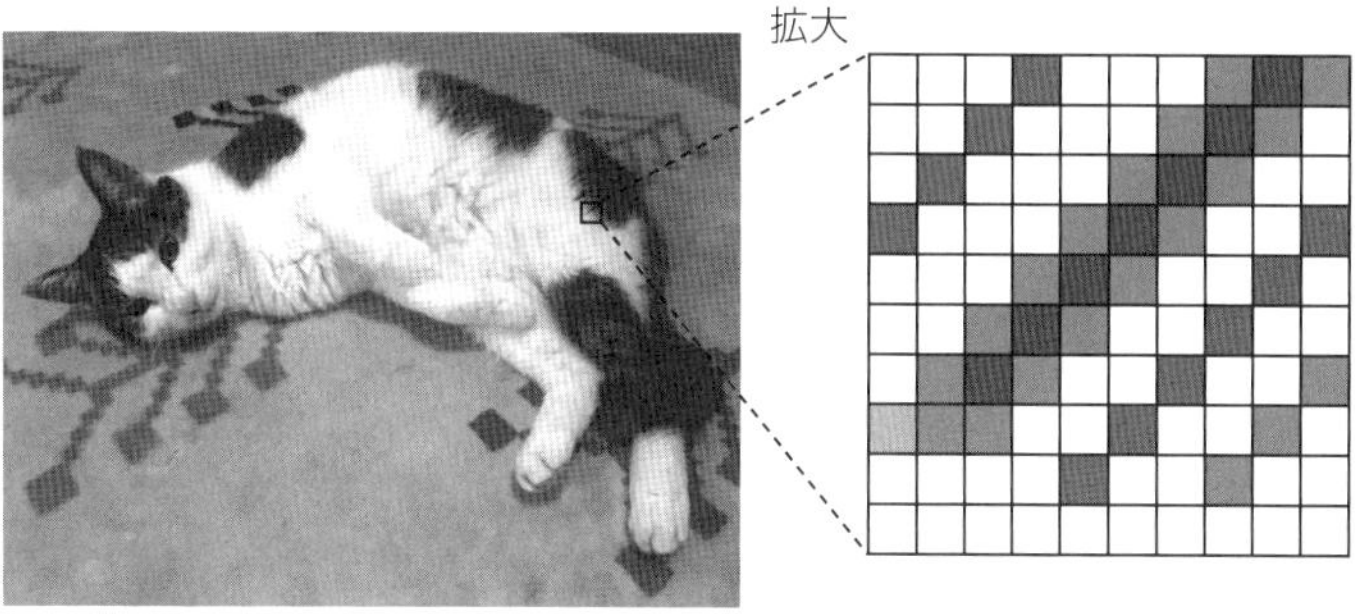


していくことにしましょう。

## ◎畳み込み層

ＲｅｓＮｅｔで最初に使われているのが、畳み込み層という部品です。これは画像系ＡＩ全般でよく使われています。なぜならこの部品は、人間が目で見た風景を理解する際に、脳内で行われている方法を取り入れた部品だからです。

前に説明したように、全結合層の各ニューロンは入力として与えられた情報すべて（一つ前にある層の全ニューロンの出力や、入力画像全体）とつながっています。これはつまり、「目に映るものすべて」をいっぺんに考慮していることに相当します。しかしこれは、とても大変なことなのです。

コンピュータが扱っている画像は、拡大すると図2-6のように格子状のマス目で形作られていて、それぞれのマスに一つの色が塗られています。[注▼14] このマス一つひとつが入力情報なのです。一枚の画像には、このマス目が数万〜数千万個くらい存在します。これらをいっぺんに考慮するのは、いかにコンピュータといえども大変です。

それなら「一度に考慮する範囲をごく一部分に絞ればいいのでは」と思えますよね。つまり、最初は画像の一部分を捉えるだけにとどめ、そこから得られた結果を後でとりまとめる、というやり方で全体を捉えれば、負担が少なくて済みそうです。

実は人間も、同じような「思考集中」をしているといわれています。たとえば学校の教室を見たときに、一枚の画像（学校の教室の風景）として捉えているのではなく、机や椅子、黒板があって、机と椅子がセットで置かれていて、それらが整然と並んでいて、その前に黒板が置かれている……というように、個々の物体を組み合わせて学校の教室という風景を捉えている、と感じるのではないでしょうか。実際のところ、人間の脳内の動きからも、個々の要素の組み合わせで目に映る景色を捉えていることが分かっています。

では、考慮する範囲をごく一部分に絞ってみましょう。まずは、一つのニューロンが担当する場所を決めてしまいます。図2-7左のように、一つのニューロンが担当する位置を、一つのマスに限定してしまうのです。いわば、そのマスの「担当者」を割り当てるわけです。

当然ながら、他のマスを担当するニューロンも必要となります。そこで図2-7右のように、すべてのマスに「担当者」を一つ割り当ててしまいます。各ニューロンには、自分が担当するマス目のことだけに「思考集中」してもらうのです。

図2-7　各マスの担当者を割り当てる

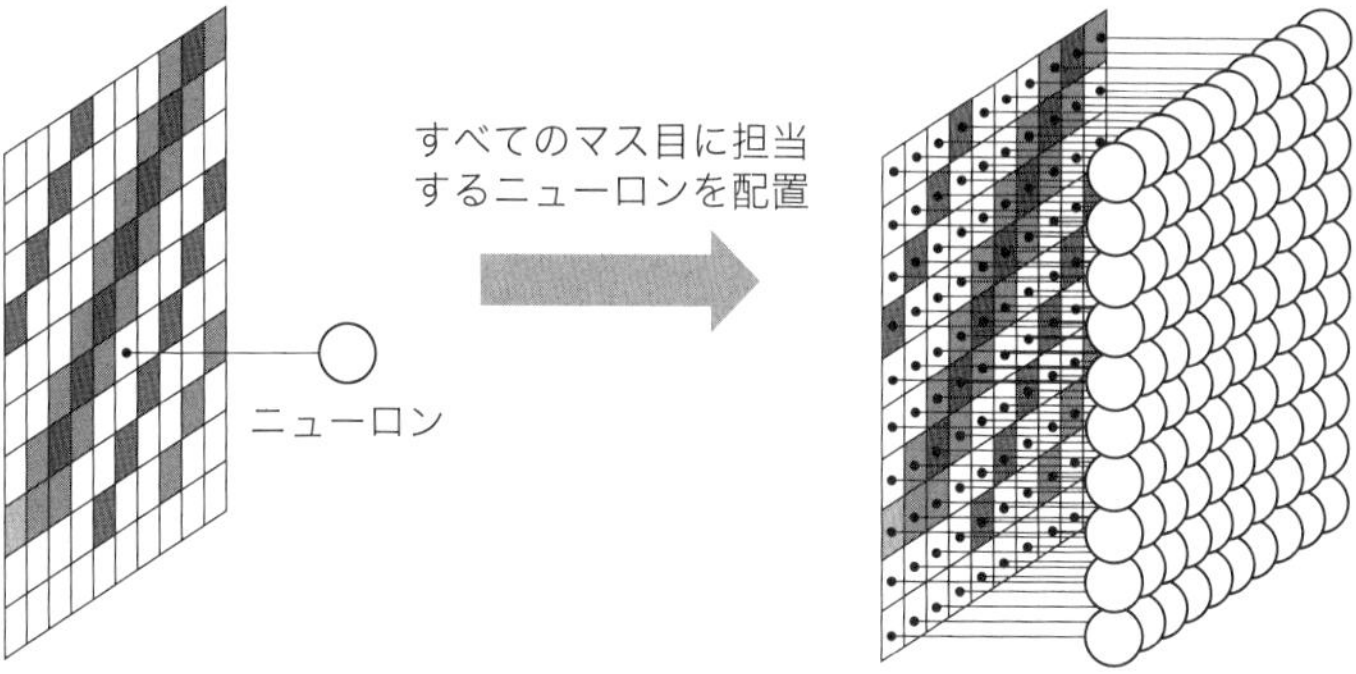


ただ、一マスというのは「点」ですので、そこだけ見ても色くらいしか判別できません（図2-8左）。画像に映った物体について知るためには、形状がどうなっているかも把握したいところですよね。そこで、図2-8右に示すように、ニューロンが担当するマスだけでなく、その周辺も合わせて観察させる（入力する）ようにしておきます。担当する場所の周辺も気にかけておきなさい、というわけです。こうすれば、「線」やその傾きなども分かるようになります。

　このように、担当するマスや観察する範囲を定めたニューロンの層のことを、**畳み込み層**といいます。畳み込み層において、ニューロンが観察する範囲（入力として扱う範囲）のことを**ウィンドウ**、そしてその大きさのことを**ウィンドウサイズ**といいます。[注15] ニューロンは、定められた窓（ウィンドウ）から見えることだけを観察する、というわけです。[注16] ちなみに図

**図2-8 周辺の状況も観察させる**

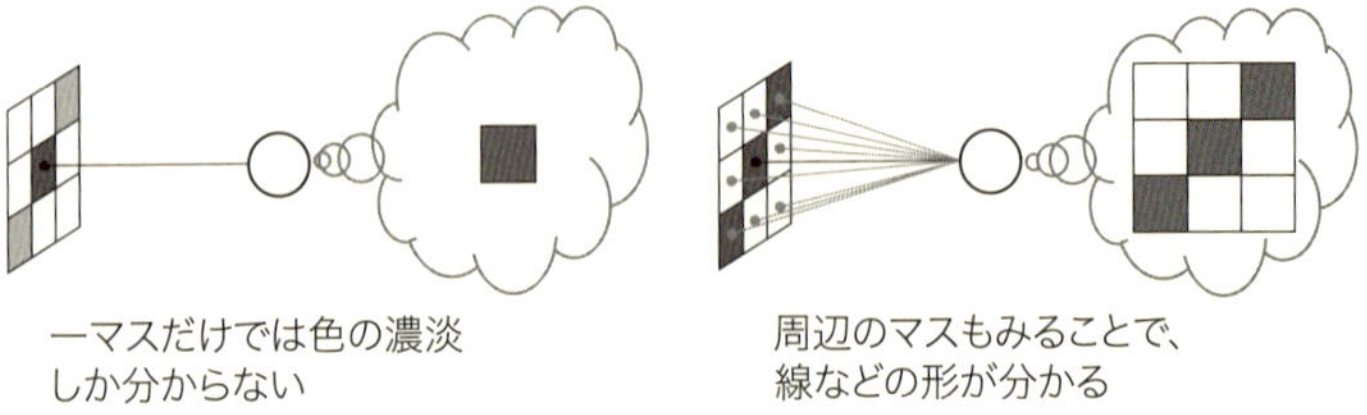

一マスだけでは色の濃淡
しか分からない
周辺のマスもみることで、
線などの形が分かる

2-8右の場合、ニューロンは縦3、横3の範囲を観察していますので「ウィンドウサイズは3×3」と表現します。

畳み込み層を使うと、各ニューロンがもつ「重み」の数をとても少なくできます。1章でお話ししたように、ニューロンは一つの入力に対して、対となる重みを一つ用意しなくてはならないため、画像を構成するマス目の数が多ければ多いほど、全結合層のニューロンが用いる「重み」の数は膨大になります。

これに対し、畳み込み層のニューロンが必要とする「重み」の数は、入力として扱う範囲、つまりウィンドウサイズによって決まります。ウィンドウサイズが3×3の場合、「重み」はたった9個程度でいいのです[注▼17]。

さて、ここで少し疑問に思われた方もいらっしゃるでしょう。「畳み込み層では、確かに一つのニューロンが持つ重みの数は少なくなったけれど、使うニューロンの数が多くなってしまったら意味がないのでは？」その通りです。畳み込み層では一マスごとに、「担当者」となるニューロンを配置しています。つまり、マス目の数が多いと、必要になるニューロンの数も膨大になってい

**図 2-9　重み共有を用いた、発見する特徴の共有**

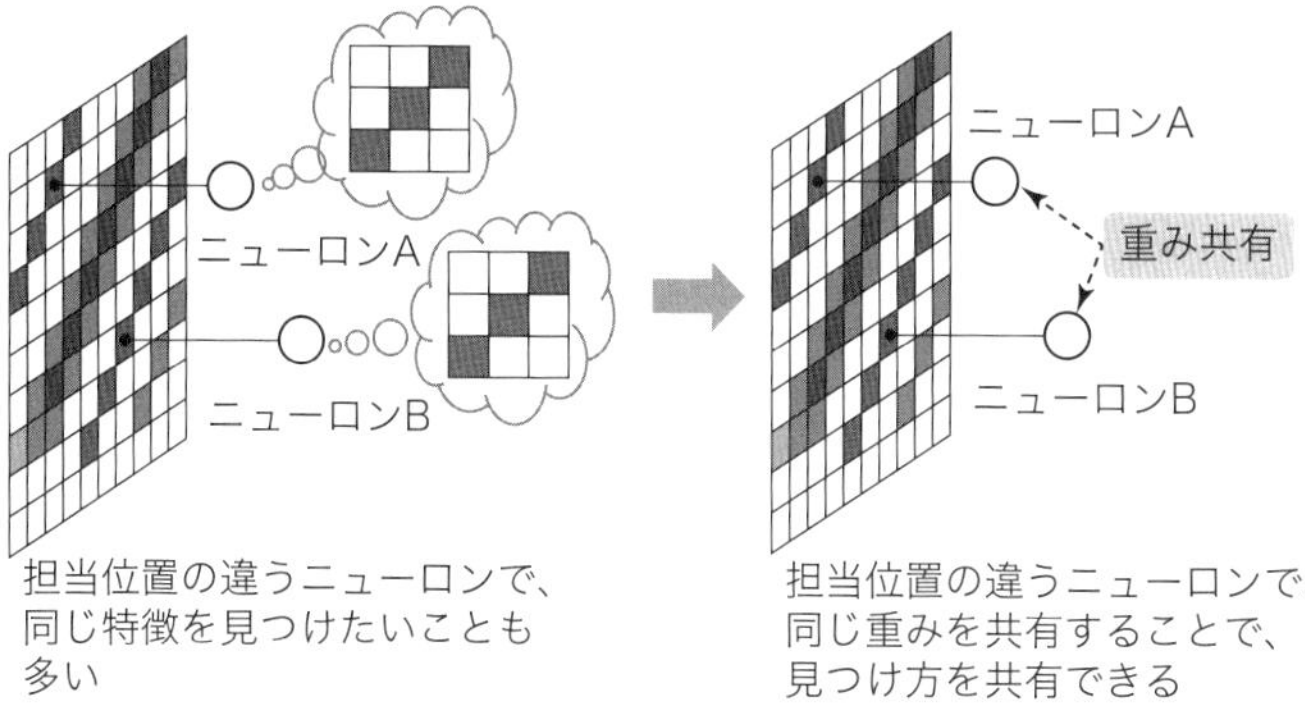
ニューロンA
ニューロンB
担当位置の違うニューロンで、同じ特徴を見つけたいことも多い
ニューロンA
重み共有
ニューロンB
担当位置の違うニューロンで、同じ重みを共有することで、見つけ方を共有できる

くのです。

しかし、だからといって「重み」までたくさん用意する必要があるでしょうか？　ここで重要なのは、畳み込み層はあくまで「入力として扱う範囲」を細かく分けたいだけで、「見つける特徴」まで分ける必要はないという点です。たとえば「斜めの線を見つける」ことは、画像の左上であっても右下であっても、等しく必要とされる観点でしょう。よって、「斜めの線を見つける」方法は、各「担当者」同士で「共有」されていた方が嬉しいわけです。

これを実現するためにはどうしたらいいのでしょうか。1章で触れたように、ニューロンは入力された情報を、「重み」によって「見方を変えた」うえで出力していました。したがって、各ニューロンが用いている「重み」を共有すれば、担当位置が異なるニューロンでも「見方の

**図2-10　畳み込み層の多層化**

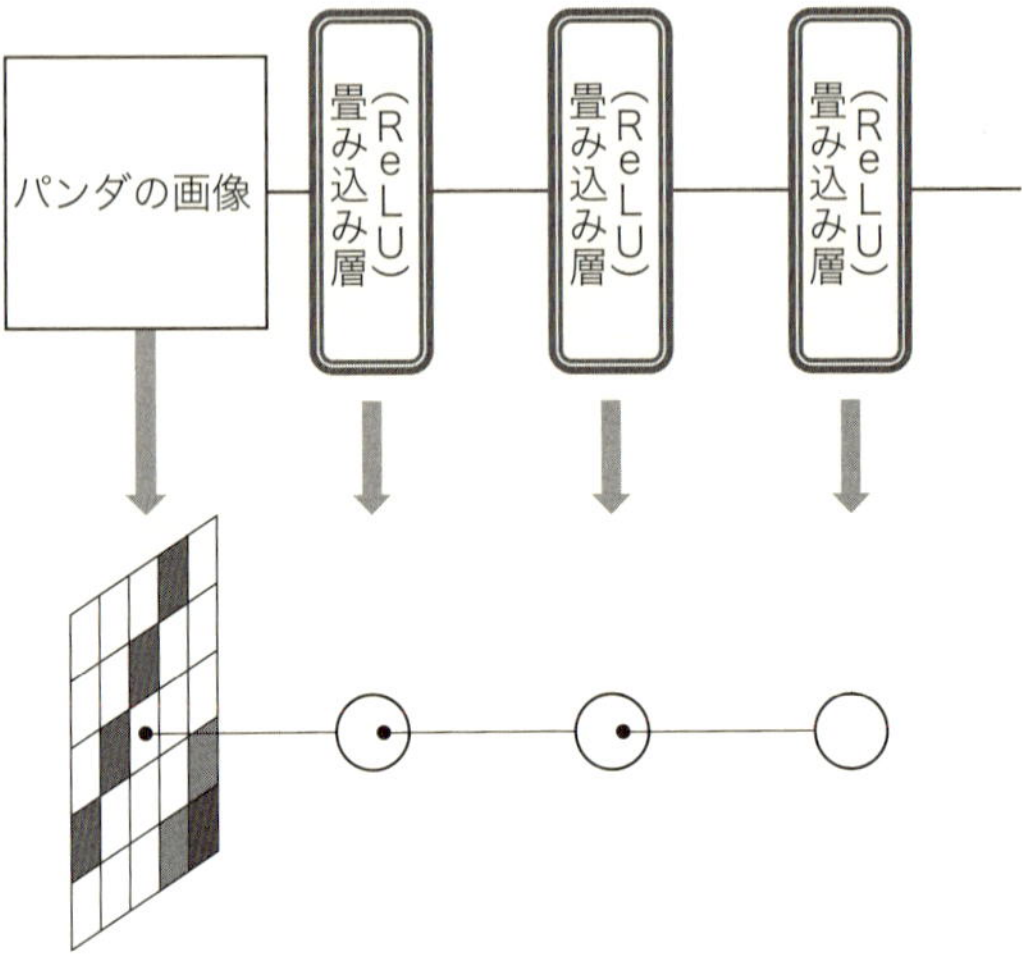


変え方」つまりは、特徴の見つけ方を共有できます。この方法を**重み共有**といいます（図2-9）。

重み共有をすれば、いくらニューロンを増やしても、使う重みの数は変わりません。つまり、マス目がどんなに多くても、ニューロン一つ分の「重み」しか必要にならないわけです。こうして、必要な「重み」の数を効率的に削減することができるのです。

ちなみに、畳み込み層は通常、図2-10のように何層にも重ねて用います。畳み込み層の出力を、次の畳み込み層の入力として用いるのです。こうして畳み込み層を重ねて作り上げるディープラーニングのことを、**畳み込みニューラルネットワーク（CNN）**といいます。ResNetも、畳み込みニューラルネットワークの一種です。

**図2-11 「平社員」と「上司」の見ている範囲の違い**

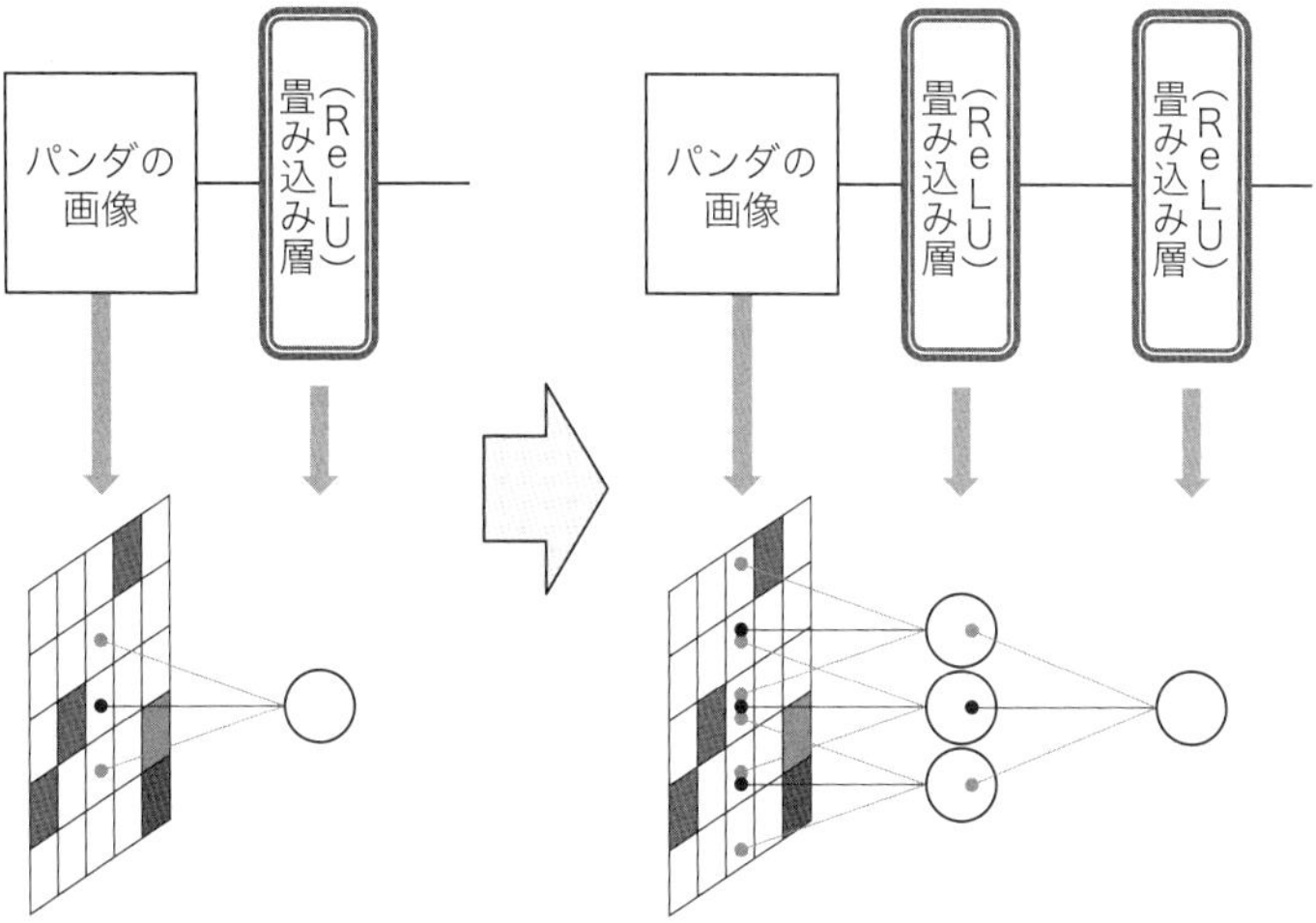


畳み込みニューラルネットワークは、あるマスを担当するニューロンの上に、さらにもう一つニューロンを重ねるという構成になっています。よって、両者が担当しているマスは同じなのですが、「考慮している」画像の範囲は異なります。なぜなら、上にあるニューロンは下のニューロンが「周囲を観察して見出した」結果を使っているからです。そのため図2-11に示したように、一つのニューロンが「考慮している」画像の範囲は、二つ目の層の方が広くなります（この図では、視覚的に分かりやすくするため、縦方向の観察範囲についてだけ示しています）。

上にあるニューロンは、「上司」だと捉えると分かりやすいでしょう。下の層で同じマスを担当している「平社員」からの報告はもちろんのこと、その周囲にいる他の「平社員」からの報告もチェックし、より広い範囲を考慮している存在、というわけです。そしてさらに畳み込み層を重ねれば、この「上司」を部下にもち、さらに広い範囲を考慮する「上司の上司」、いわば係長や部長が出てくるのです。

◎**畳み込み層の設定要素**

畳み込み層には、その性質を調整する項目が三つあります。一つ目は先ほどお話ししたウィンドウサイズです。これはいわば、「担当する場所以外のことをどれだけ観察するか」だといえます。一般的には3×3や5×5、7×7程度のサイズを用いることが多いです。

二つ目の項目は、(一つの畳み込み層の中で)同じマスを担当するニューロンの数です。これを**チャネル数**といいます。特徴は1種類とは限りません。斜めの線だけでなく、縦線、横線など、特徴は多種多様に存在します。それなのに、一つの位置を担当するニューロンが一つしかない(つまり、ある一つの特徴しか見つけられない)というのでは困ってしまいますよね。「何個分の特徴を捉えられるようにするのか」、それを調整するのがチャネル数なのです。

図2-12の例でいえば、チャネル数は4となります。つまり4つ分の特徴を見つけられるわけです(図に記載した特徴の具体例は、あくまで説明用の記述です。実際にどんな特徴を見つけられるかは、学習の結果次第です)。

ここで留意してほしいのは、チャネル数は「上司」の数ではないという点です。一つの畳み込

**図 2-12 チャネル数の意味**

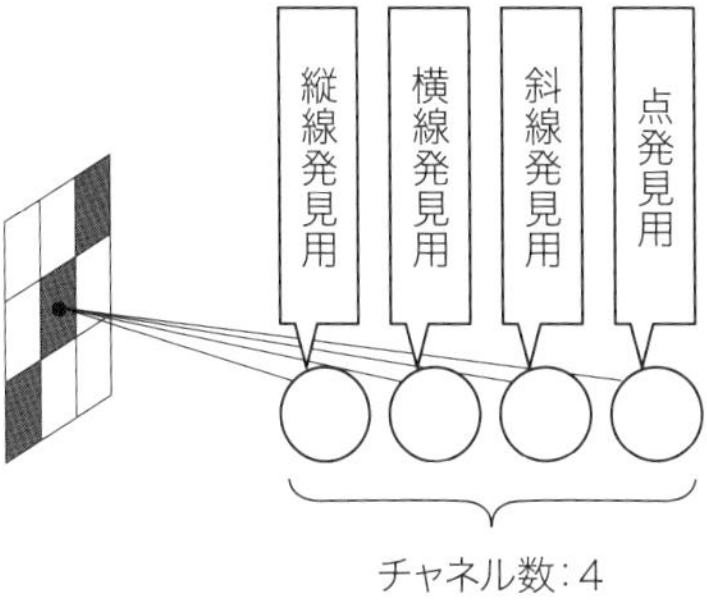


み層の中で、つまりは「同じ役職で」同じマスを担当しているニューロンの数なのです。「平社員」のチャネル数が4の場合、「平社員」とその「上司」の関係は図2-13下図のようになります。この場合「上司」は、「上司」と同じマスを担当しているすべての「平社員」の意見をとりまとめることになります。

畳み込みニューラルネットワークにおいては一般的に、図2-14のように層を重ねるほどチャネル数を多くします。先ほどお話ししたように層を重ねるほど、より広い範囲を考慮して特徴を見つけ出す「上司」が出てきますから、さらに数多くの特徴が発見できるようになっていきます。そこで、チャネル数を増やして（同じ役職の上司を増やして）対応しているわけです。

しかし、ここで留意すべき点があります。そもそも畳み込み層は「最初は画像の一部分を捉えるだけにとどめ、そこから得られた結果を後でとりまとめる」という構想で効率化しようとしていた点です。層を重ねるたびに「上司」の数（チャネル数）が増える一方では、とりまとめができているとは言い難いでしょう。

そこで、層を重ねていくにつれて（より役職の高い「上司」になるにつれて）「担当者を配置するマスの総数を減らす」ことがよ

**図 2-13** チャネル数と「平社員」の関係

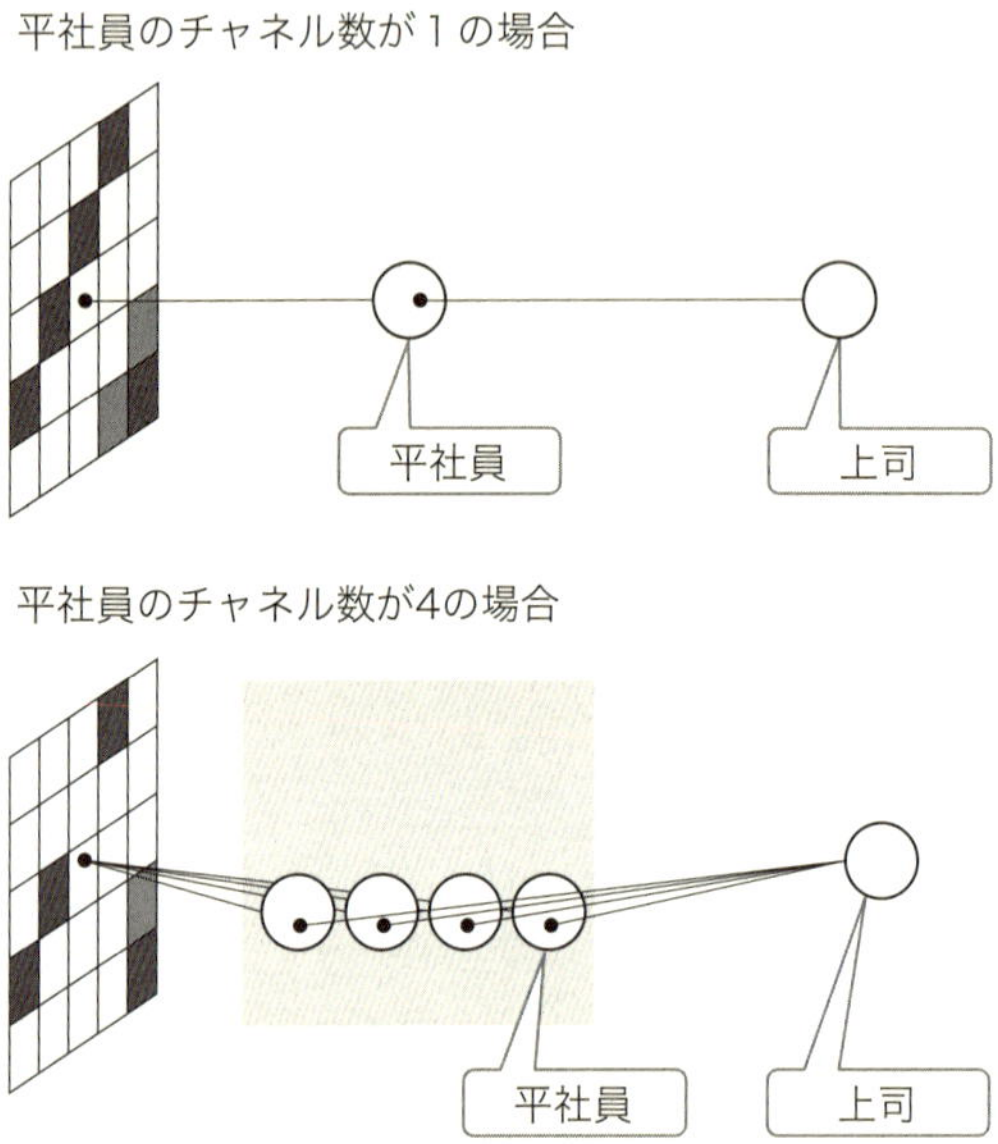


**図 2-14** 畳み込み層におけるチャネル数の設計例

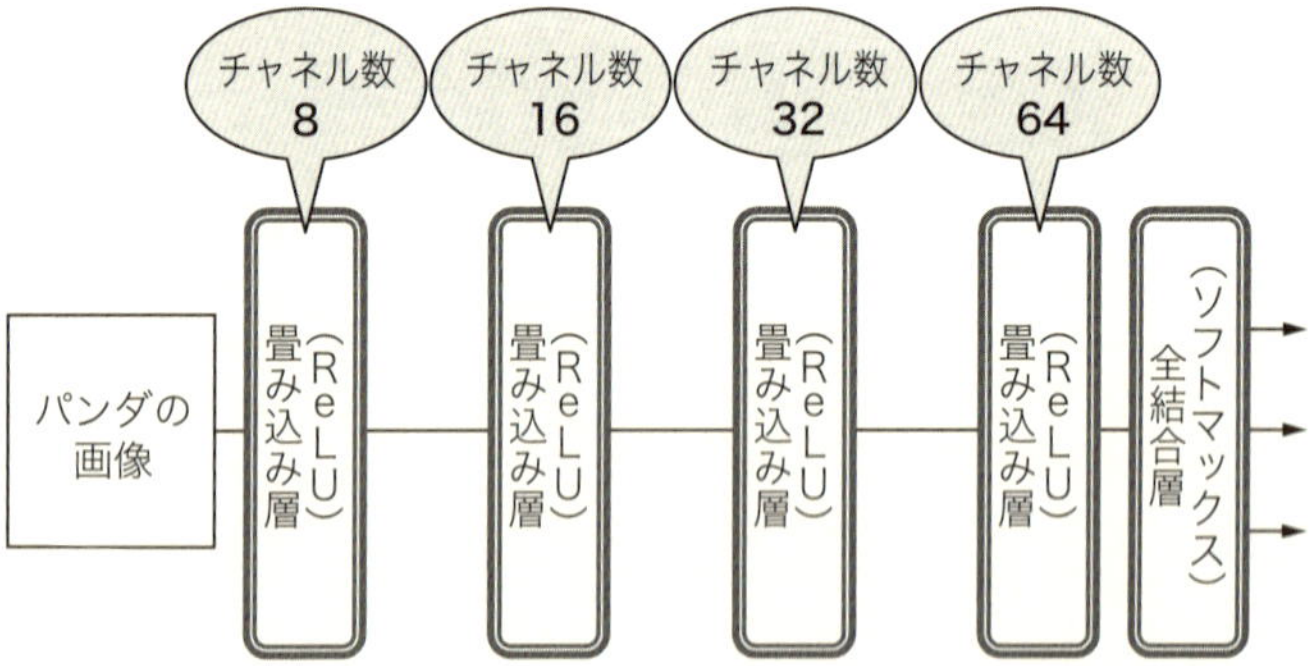

**図 2-15　ストライドと担当するニューロン数の関係**

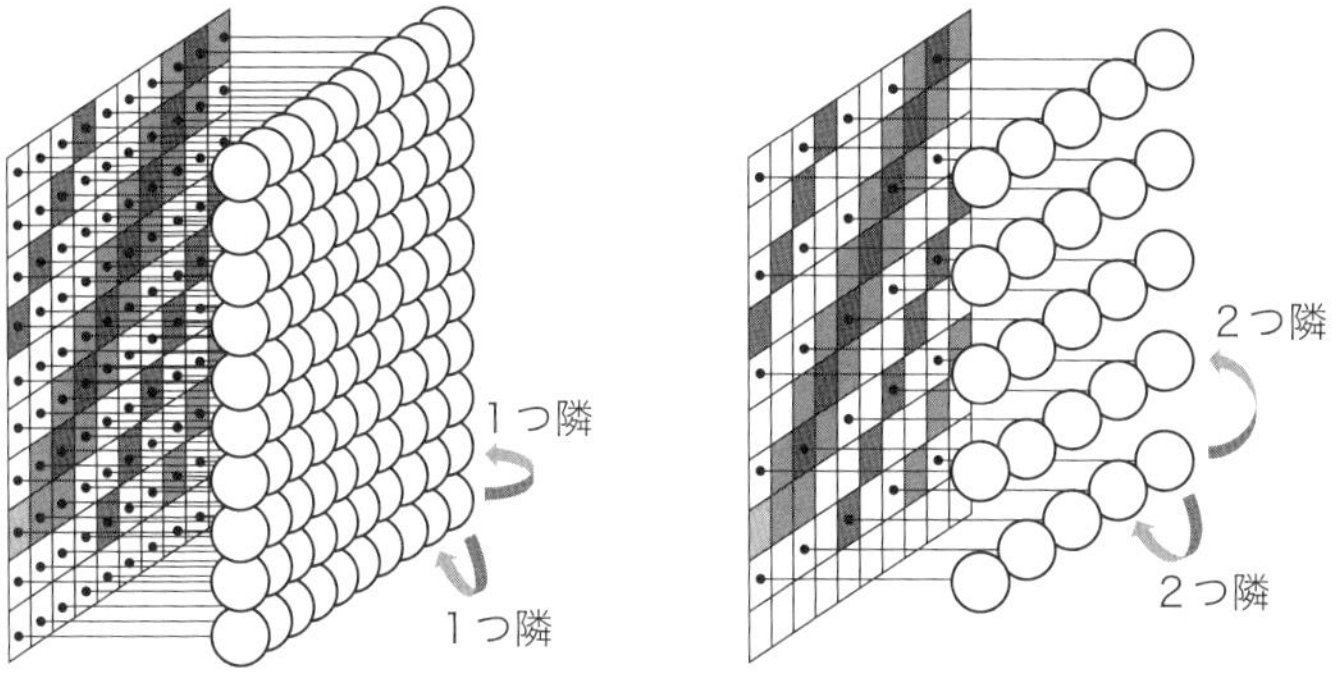


ストライド数：1　　ストライド数：2

く行われています。現実の会社でも、(平社員の)細かな担当範囲ごとに、それを直接担当する部長を別個に置いてはいないでしょう。それでは、担当範囲の数だけ部長が必要になってしまいます。

ふつうは、「いくつかの担当範囲を一人でとりまとめる部長がいる」という構造になっています。多くの情報をとりまとめて大きな会社を動かすためには、一人の上司が広い範囲を担当する、という構造が重要であるということなのでしょう。ディープラーニングも、その構造と同じ形になっているわけです。

畳み込み層では、「担当者を配置するマスの総数を減らす」という調整を、ニューロンが担当するマスの間隔（**ストライド**）を調整することで行っています。これまでの例では図2-15の左図のように、すべてのマスに担当するニューロンが配置されていました。この配置は、各ニューロンの1

マス隣を担当するニューロンが存在していることから、「ストライドが1」であると表現します。「ストライドが2」とした場合、図2-15の右に示すように、ニューロンが一つおきに（つまり、二つ隣の位置に）配置されることになります。当然ながら、ストライドが大きくなると配置されるニューロンの数は減少します。図2-15の例でいうと「ストライドが1」の場合では10×10＝100個あったニューロンが、「ストライドが2」の場合は5×5＝25個、つまり1／4に減っています。

図2-16に示したように、「ストライドが1」の場合、いくら層を重ねても、（層を構成する）ニューロンの数は変わりません。入力画像のマスと同じ数だけニューロンが用意されるからです。ResNetでは（一部の）畳み込み層のストライドを2に設定することで、図2-16下のようなイメージで、「上司」にあたるニューロン数を減らしています。具体的にどう設定しているか、という細かい話は後ほど説明することにしましょう。

### ◎最大プーリング層

前節での、ストライドを2に設定した畳み込み層の話において、「（ストライドの設定によって）担当がいなくなってしまったマス目の情報は、上の層にうまく引き継がれないのでは？」と思われた方もいるのではないでしょうか。ウィンドウサイズを3×3や5×5に設定しておけば、隣のマスを担当しているニューロン（上司）が、（ウィンドウ内にある）周囲の情報を観察して考慮に入れ

**図 2-16**　ストライド数とニューロン数の関係

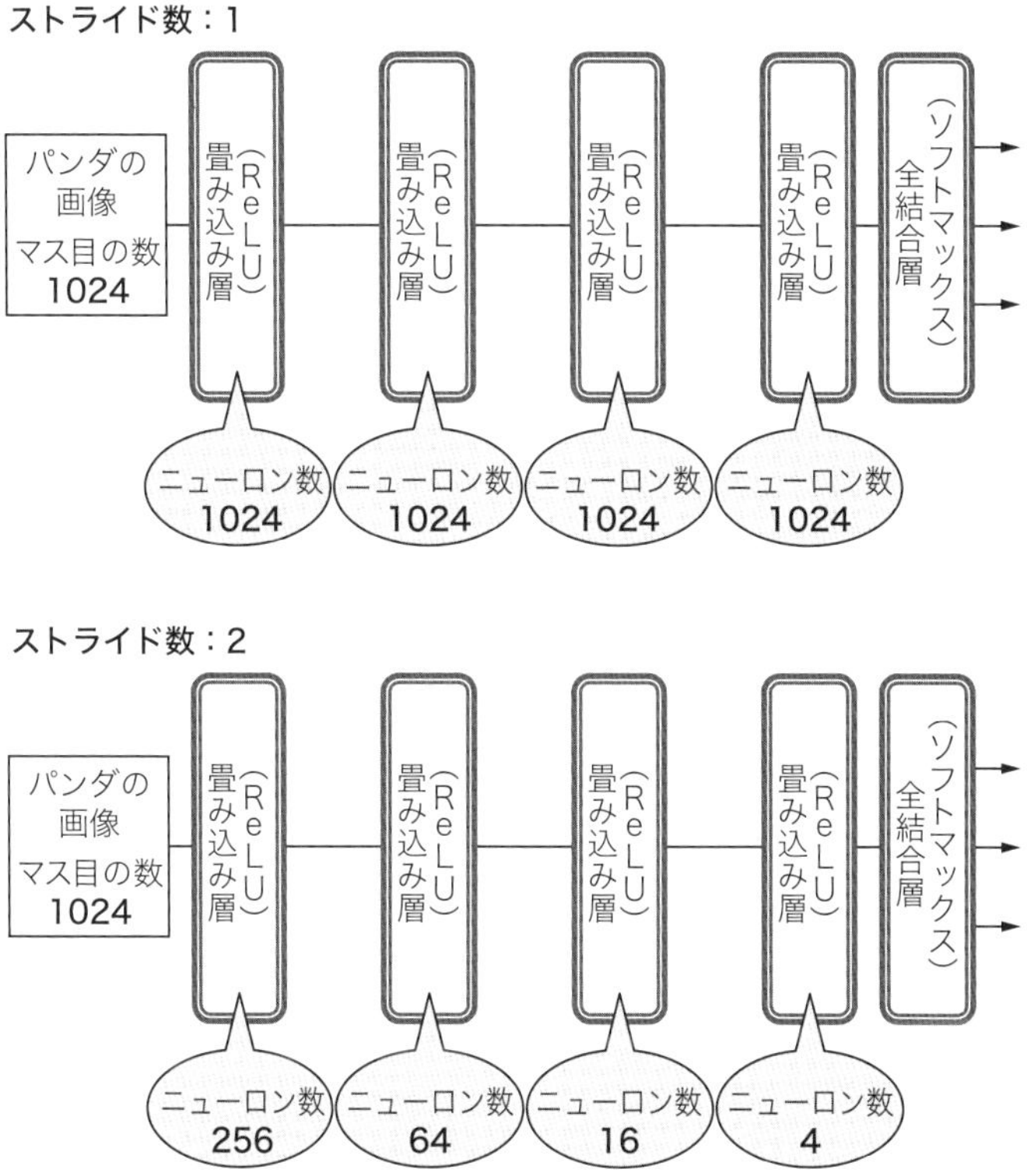

**図2-17** 十字を発見する畳み込み層の視覚化

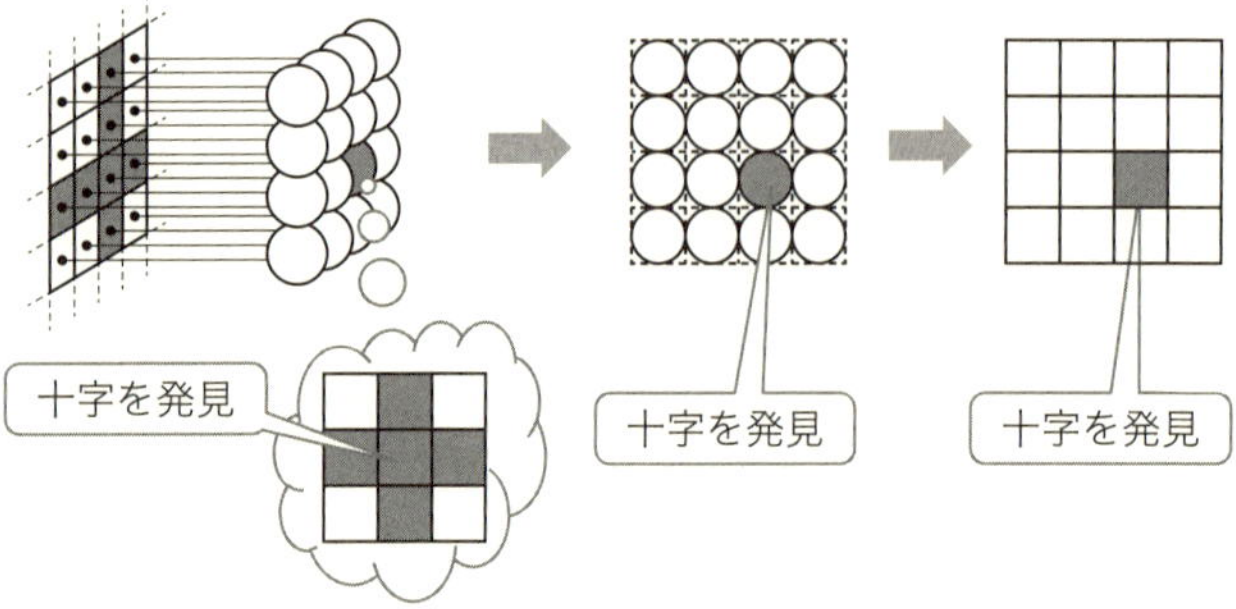


てくれます。したがって、まったく引き継がれないということはありません。しかし、明確に引継ぎをしているわけでもありません。

畳み込み層を使って情報をとりまとめるという方法は、ＲｅｓＮｅｔより以前のＡＩではあまり使われていませんでした。おそらくＲｅｓＮｅｔは数多くの層を重ねるために、簡単に情報をとりまとめられるこの方法を取り入れたのだと考えられます。ＲｅｓＮｅｔ以前のＡＩでは、別の方法が主に用いられていました。それが**最大プーリング層**です。

最大プーリング層は、もっと明確に各マス担当のニューロンの結果を引き継いでとりまとめる、ということをしています。それがどんな考え方なのかについて、例をあげてみてみましょう。

まず、説明に用いる表現を整理しておきます。図2-17左は、畳み込み層を構成するニューロンが並んでいる様子を表したものです。この図では画像から

「十字」という特徴を発見できるニューロンが並べられていて、黒く塗りつぶしたニューロン一つだけが「十字」を発見していることを意味しています。このときのニューロンの状況を、図2-17右で示した四角いマス目で表現することにします。

さて、この表現方法を使って「各マス担当のニューロンの結果を引き継いでとりまとめる」ことを考えてみましょう。図2-18には4種類のニューロンの状況が描かれています。いずれも右下の方にあるニューロンのいずれかが「十字」を発見していますが、発見しているニューロンの位置が微妙に異なっています。

しかし、この4種類にどれほどの違いがあるのでしょうか。何らかの文字や図形を見た際に、「線が交わる位置が微妙にずれている」なんてことを人間はあまり気にしていませんよね。実際、「大体どのあたりで交わっているか」が把握できればいい、ということの方が多いのです。

そこで図2-18の右のように、マス目を統合して大きなマスへと変更し、その大きなマスごとに（「十字」といった）特徴が見つかったかどうかを出力する、という形へと変えてみましょう。こうすると、右下の位置にある4つのニューロンの結果を集約して「右下のマス目あたりに十字を発見した」という情報へととりまとめることができます。こうして各マスで見つけた特徴を引き継いで集約しつつ、かつ微妙な位置の違いも吸収してくれるのが最大プーリング層なのです。

ちなみに、最大プーリング層において統合するマスの範囲のことも、ウィンドウサイズと言います。図2-18の例でいえば、2×2の範囲を統合して1マスにしようとしているので、「ウィン

**図 2-18** 十字を発見するニューロンの引継ぎ方法

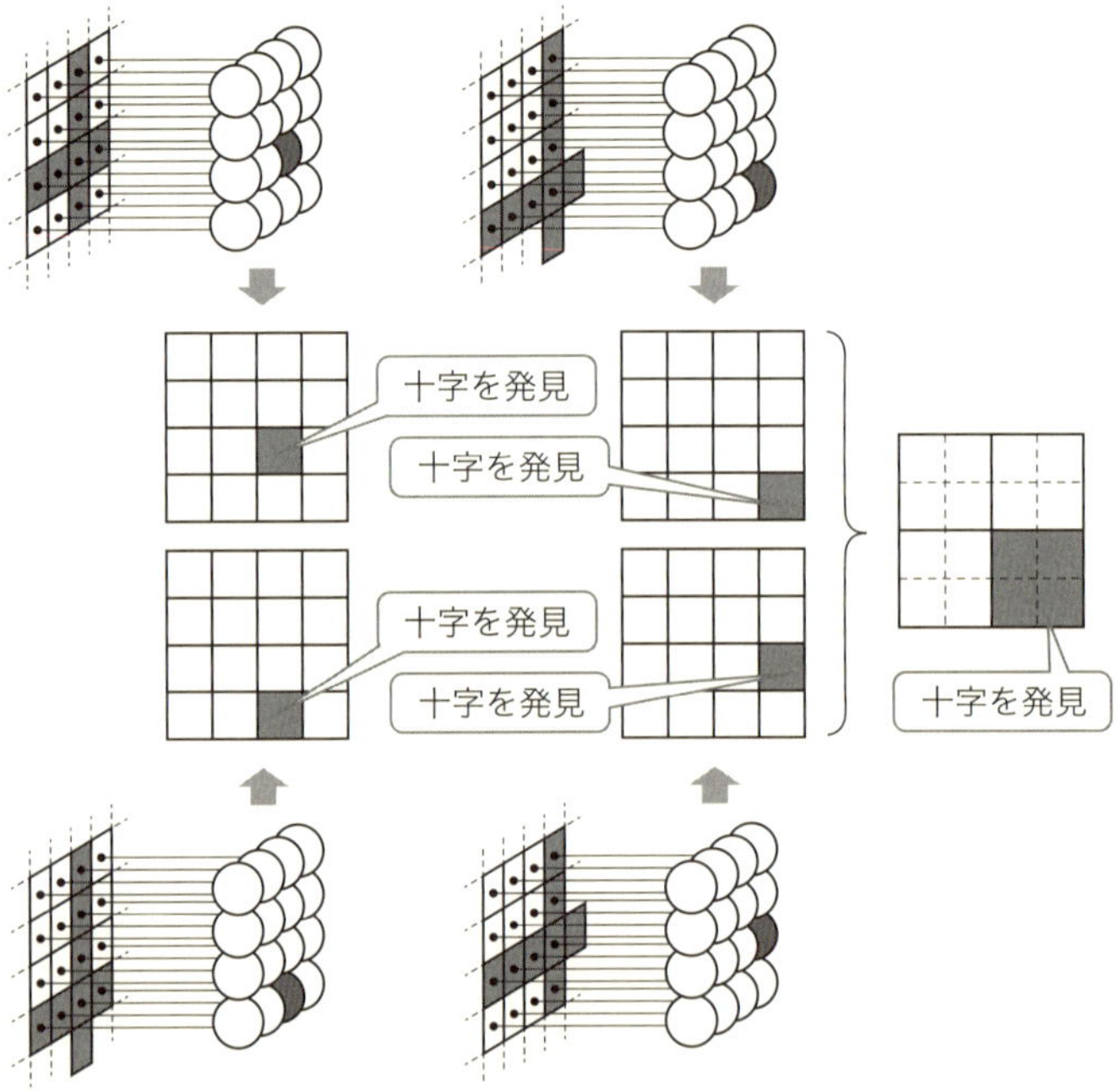

**図 2-19 最大プーリング層の処理例**

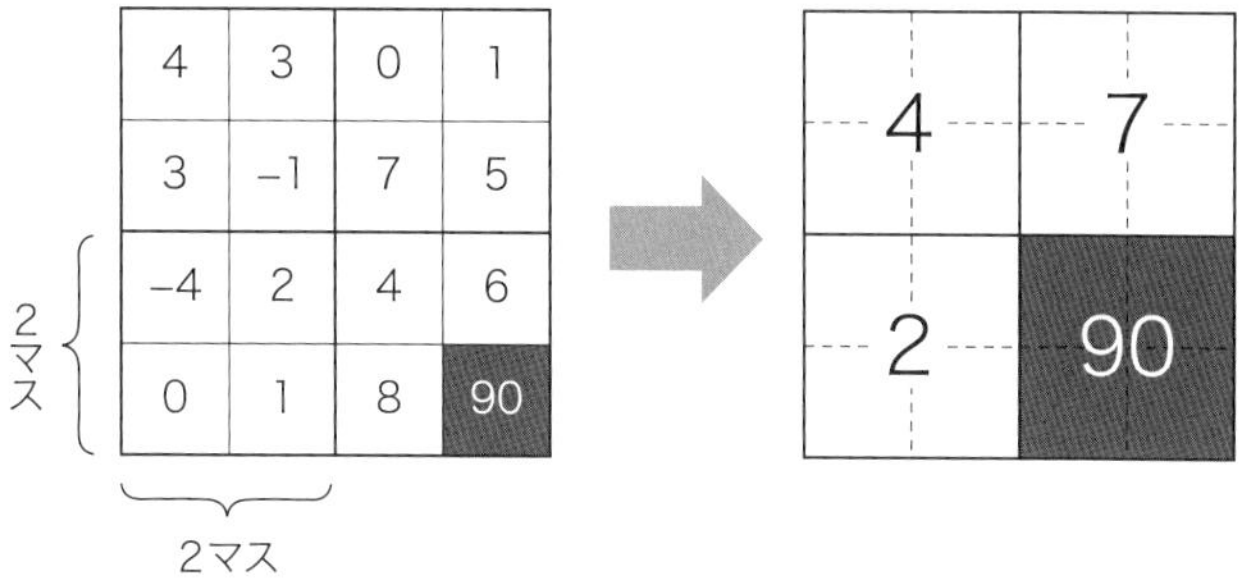


ドウサイズは2×2」ということになります。[注18]

さて、最大プーリング層は具体的にどう計算しているのでしょうか。実は図2-19のように、「統合するマスのうち、最大の値を残す」という、とても簡単な方法を使っています。1章のReLUの説明で触れたように、ディープラーニングでは「数値が大きいほど、特徴が強く現れている」とみなしています。そのため、ある特徴が見つかったかどうかをまとめたいなら「一番大きな数値」、つまり「一番強く特徴を捉えていた結果」を引き継げばいいよね、というわけです。

ResNetでは図2-5で示しているように、入力画像に対して一度畳み込み層をかけた後で1回だけ、最大プーリング層を使ってとりまとめを行っています。

### ◎残差ユニット

これまでに説明した内容は、ResNet以前に考え出されていた技術です。ResNetを「最強AI」の座へと押し上げたのは、これから説明する残差ユニットなのです。

それまでの画像認識ＡＩでも、畳み込み層や最大プーリング層を繰り返すことで高い性能を実現していましたが、それでも大きな問題点が残ったままでした。層を多く重ねて学習することが難しかったのです。畳み込みニューラルネットワークを使って「重み」の数を減らしてもなお、層を数十回重ねるのが精いっぱいで、それ以上に重ねると逆に性能が悪化するという問題に悩まされていたのです。

なんでそんなことが起こってしまうのでしょうか。それを知るためには、畳み込みニューラルネットワークで何が起きているのかをもう少し深く知る必要があります。

畳み込みニューラルネットワークで行われていることの例を図示化したのが図２-20です。図の中段にあるのが畳み込みニューラルネットワークの構成です。上段は各畳み込み層にある、あるマスを担当するニューロンが見ている（考慮している）画像範囲を、四角で囲んで示しています。前にも触れた通り、右の層に行くほど、つまりは「上司」になるほど、考慮する範囲は広がっていくため、より複雑な特徴を見出せるようになります。

この例を詳しくみていきましょう。まず一番左の層で「直線」があることを見出しています。そして発見した「直線」という特徴の強さ（度合）が数値で上の層に伝えられます（図の例では80となっています）。数値が大きいほど、特徴が強く見出されていることを意味します。

この情報は、同じ位置を担当する「上司」に伝達（報告）されます。そして上司は、この報告

**図 2-20　畳み込み層の処理の図示化**

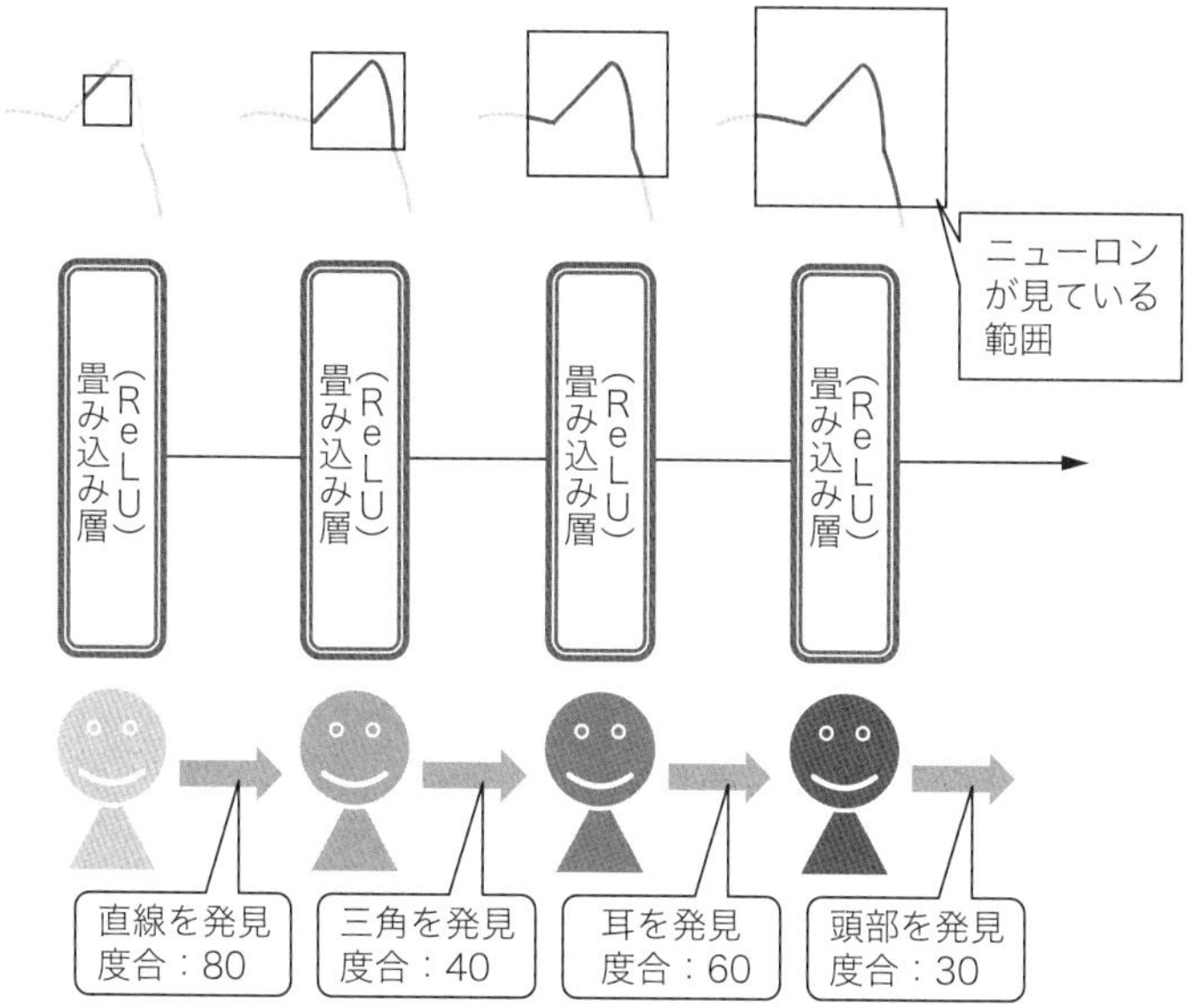


と（自身のウィンドウに含まれる）周囲の「部下」からの情報とを加味し、より広い視野で特徴を見出します。

この仕組みにより、上司が「より広い範囲で見ると、三角（の一部）が見出せるぞ」と気づき、そのことを報告された上司が、「さらにもっと広い範囲で見ると、耳みたいなものが見出せるな」と考え、さらにそのことを報告された上司が「報告を総合して考えると、これは（動物の）頭の部分なのではないか」という特徴を見出す、となっていくわけです。

部下から上司へと情報を集約

していく流れは、人間の世界にもある仕組みですから、とても自然だと思えます。しかし残念ながら、この仕組みこそがうまく学習できない原因となっているのです。

そもそもディープラーニングでの学習はどうやって行われていたのかを振り返ってみましょう。学習する前の段階では、ディープラーニングの推定結果と正解には大きなズレがあります。この「正解とのズレ」を小さくするように、少しずつ重みを調整するというのが、ディープラーニングにおける学習でした。つまり、「重みの値を変更したときに、正解とのズレが変化する」ことが必要不可欠となります。変化しなければ、いくら重みを調整しても「正解とのズレ」は小さくならないからです。

ところが実は、層をたくさん重ねると「正解とのズレ」が変化しない、という事態が起こりやすくなるのです。そこには、数多くの上司を経由しなければならない、という点が大きく関わっています。

上司は、部下たちから報告された内容をもとに、自分の上司に伝える内容を決定します。その際、部下からの報告をどう重視するかは、上司の裁量で決まってしまいます。もし上司がある部下からの報告をあまり重視してくれなかったとしたら、いくらその部下が（重みを調整して）報告する内容を変えても、最終的に一番上の人に伝わる内容が変わらず、「正解とのズレ」が変化しなくなってしまいます。

たとえば図2-21のように、仮に部下が直線を発見した度合を80から20も増やして100へと

図 2-21「平社員」と「上司」の意見変化の関係

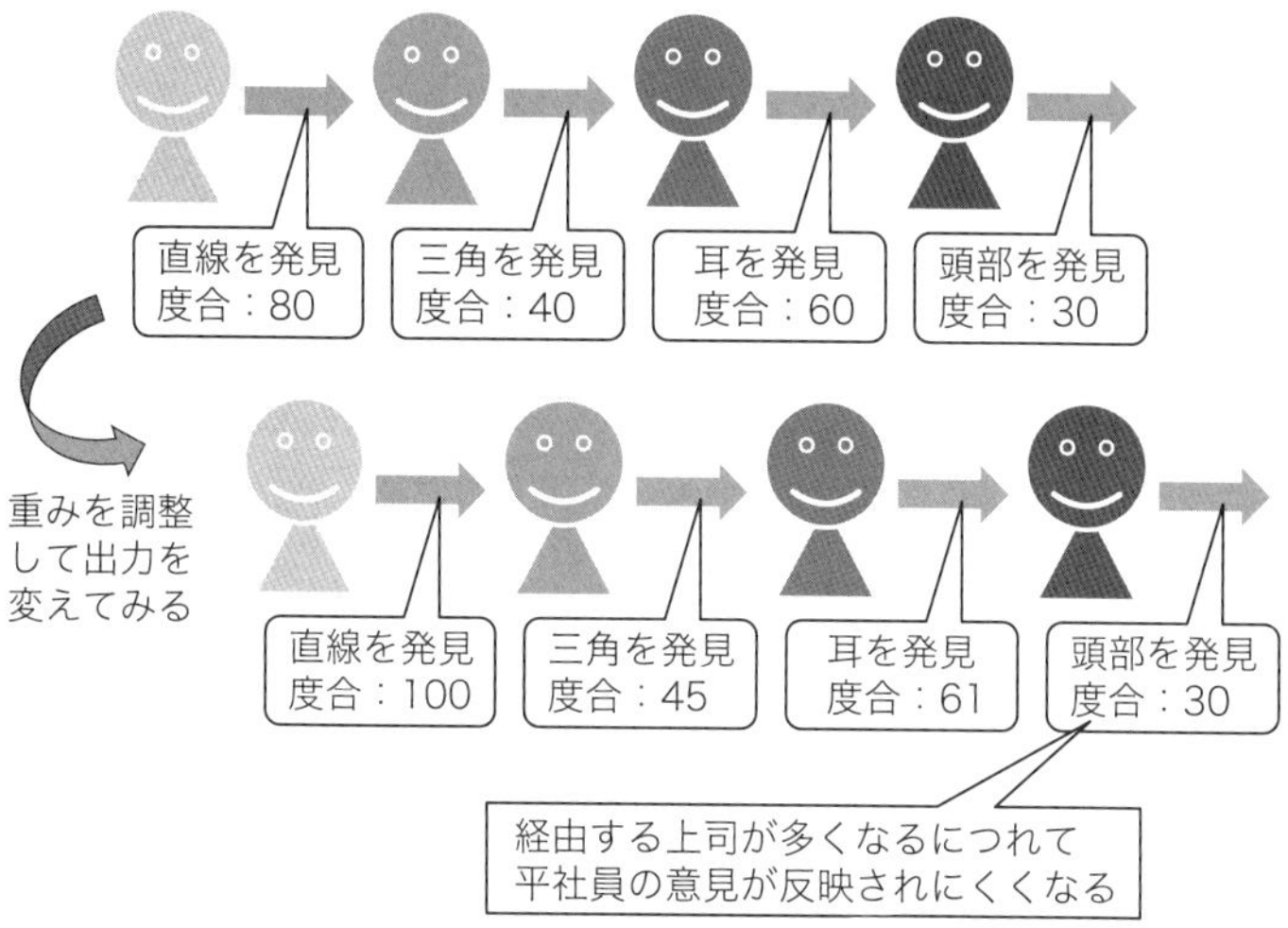


変えたとしても、上司が「頭部を発見した度合」が30のままで変わらない、なんてことが起こってしまうのです。

「それなら、上司が部下の言い分を軽視しないようにすればいいのでは？」と思うかもしれません。確かに、上司が3〜4人程度であればできるでしょう。しかし、ディープラーニングは層を大量に重ねる方法です。上司の数を50〜100、場合によっては1000人以上にまで増やそうという方法なのです。そんなに上司がいる状況で、末端にいる「平社員」の意見が正確に一番上に反映されるなんて、そんなこと無理ですよね。注▼19

このように、上司がたくさんいると、いち「平社員」の意見はほとんど影響を及ぼさなくなります。この場合、図2-

**図2-22　勾配消失問題**

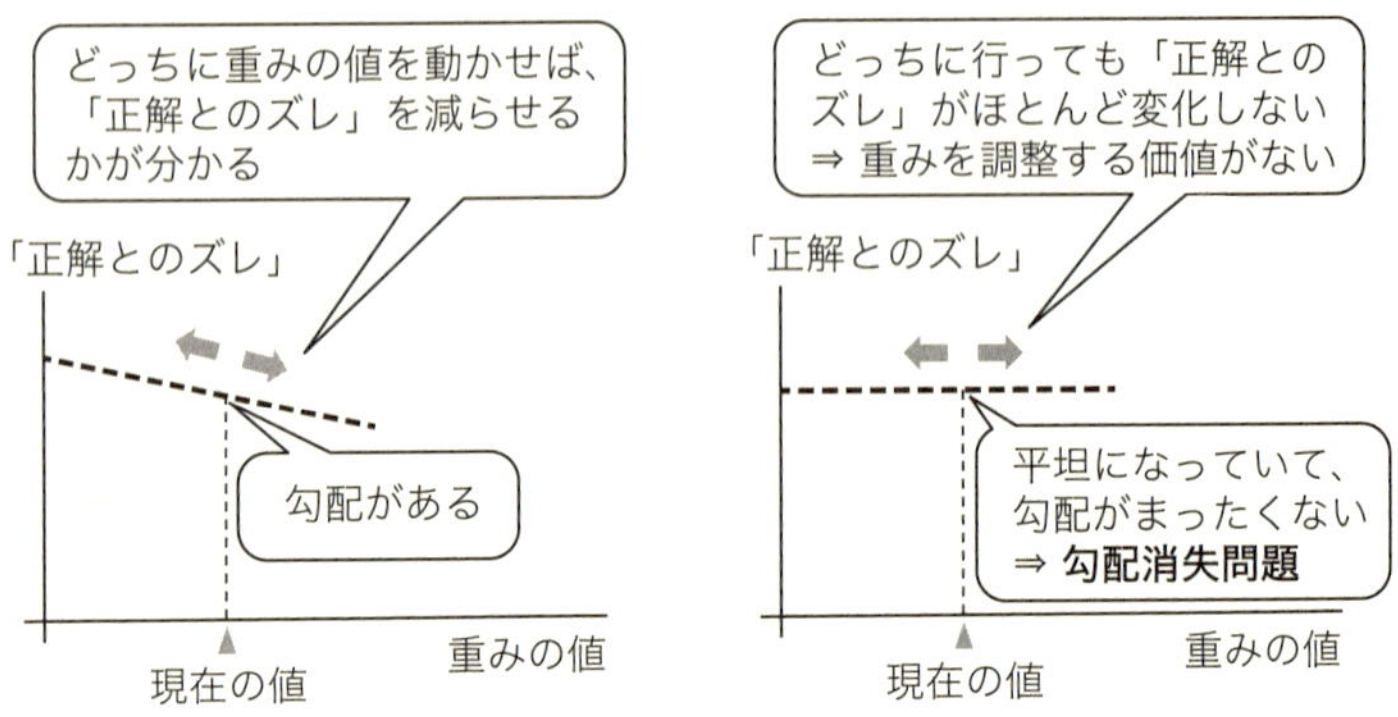

どっちに重みの値を動かせば、「正解とのズレ」を減らせるかが分かる
「正解とのズレ」
勾配がある
現在の値
重みの値
どっちに行っても「正解とのズレ」がほとんど変化しない ⇒ 重みを調整する価値がない
「正解とのズレ」
平坦になっていて、勾配がまったくない ⇒ **勾配消失問題**
現在の値
重みの値

22の右図のように、重み（意見）を変えても「正解とのズレ」がほとんど変化しなくなっています。すると、重みを変える意味がないので、「平社員」の学習がほとんど進まなくなってしまうのです。これは、学習が進むとき（図2-22の左図）と比べて勾配（傾斜）がなくなってしまっていることから、**勾配消失問題**と呼ばれています。

ではどうすればよいのでしょうか。問題は、「上司が自分の裁量で部下の意見をとりまとめ、判断結果だけを上に報告してしまう」点です。これでは部下が何を言っていたのかが上に伝わりません。そこでResNetでは、上司の役割を変更して「部下が出した意見に対し、自分の考えを付け加える」という形に制限（思考集中）したのです。この「上司が意見を付け加える」という構造を**残差ユニット**といいます。注▼20

具体的な例でみてみましょう。図2-23の上段が図2-20の例における上司たち（一番左の畳み込み層以外）

**図 2-23** 残差ユニット

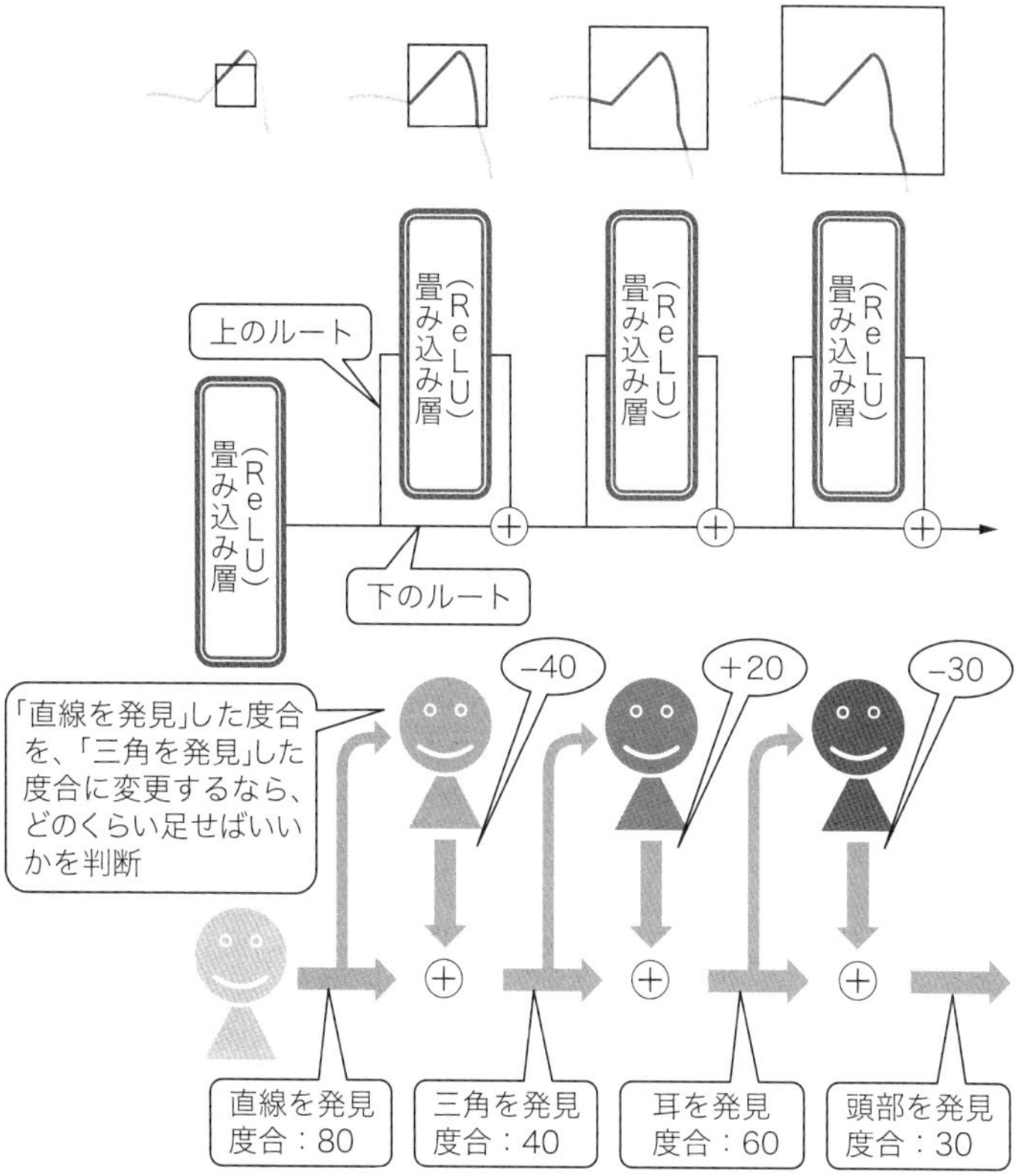
上のルート
(ReLU)
畳み込み層
(ReLU)
畳み込み層
(ReLU)
畳み込み層
(ReLU)
畳み込み層
下のルート
–40
+20
–30
「直線を発見」した度合を、「三角を発見」した度合に変更するなら、どのくらい足せばいいかを判断
直線を発見
度合：80
三角を発見
度合：40
耳を発見
度合：60
頭部を発見
度合：30

を残差ユニットに変更したものです。残差ユニットを使う場合、「平社員」(一番左の畳み込み層)の意見が、そのまま上層部へとつながっていることが分かります(図における下のルート)。

もちろん上司も遊んでいるわけではなく、部下の意見を聞いて(図における上のルート)新しい判断をしています。しかし、出した自分の意見でそっくり置き換えるのではなく、部下の意見に「プラス」する、という形をとっているのです

さてここで「プラス」というのは、言葉通り数値の足し算を行っています。たとえば図における一番左の(「平社員」のすぐ上の上司の)残差ユニットを例にとると、部下が「直線を発見した度合」として「80」を出力したのに対し、上司がその意見を踏まえて「－40」を出力しています。[注21]このとき、上に報告される「三角を発見した度合」は、上司の意見を部下の意見にプラスした結果である80＋(－40)＝40とするわけです。

さて、残差ユニットを使うことで、本当に平社員の意見は反映されるのでしょうか。ためしに、平社員の意見を(つまりは、平社員が用いている重みのいずれかを)変更してみた結果が図2-24です。

この図から見て取れるように、上司の意見はあくまでプラスされるだけですので、重みを調整することによって平社員の出力が仮に20上がったとした場合、「頭部を発見した度合」もまた、20上がることになります。つまり、平社員の意見変更が、そっくりそのまま上に反映されるのです。

もちろん正確には、部下の意見が変わることで上司の意見も変わりえるので、「そっくりその

図 2-24 残差ユニットを用いた場合の意見変化

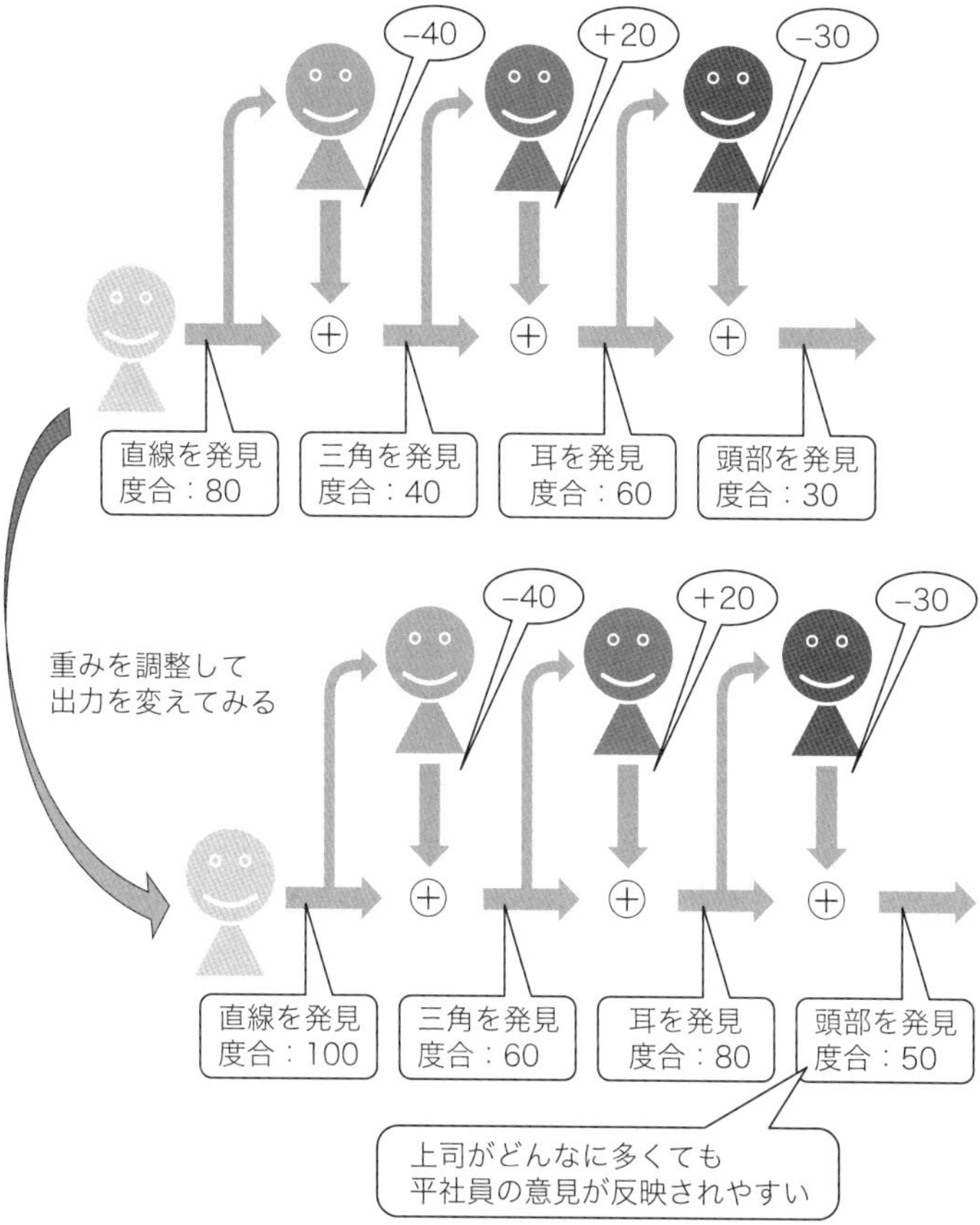

まま」反映されるとは限りません。ですが、少なくとも部下の意見が上に伝わりやすい、かなり風通しの良い構造になっていることは感じられるでしょう。風通しが良くなれば、部下もどうすればいいかが分かりやすくなります。実際に、ＲｅｓＮｅｔはこの仕組みを取り入れたことで、１５２層という膨大な層を持つディープラーニングの学習に成功し、当時の最高性能を達成しています。

◎平均プーリング

ＲｅｓＮｅｔは、残差ユニットを大量に重ねることで広い範囲の情報をどんどんとりまとめて複雑な特徴を見つけ出します。その結果、担当するマスを中心とした画像の一部分から「動物である」「人工物である」といった非常に高度な特徴や、あるいは図2-25の中央にあるように「ネコである」「木材である」といったとても具体的な特徴が見出せるようになっていきます。

ならばいよいよ、画像の一部分ではなく、画像全体として見出せる特徴の度合を得たいところですね。そのためには、「各マス担当のニューロンの結果を引き継いで一つに集約」したいわけですから、最大プーリング層を使えば良いように思います。しかし、画像全体の特徴へと集約する場合には、最大プーリング層は適していないのです。

なぜなのかを具体的に見てみましょう。図2-25の右上図が最大プーリングをした結果です。「ネコである」「木材である」そのどちらも度合が１００となっており、画像にはどちらも含まれ

**図2-25　最大プーリングと平均プーリングの差異**

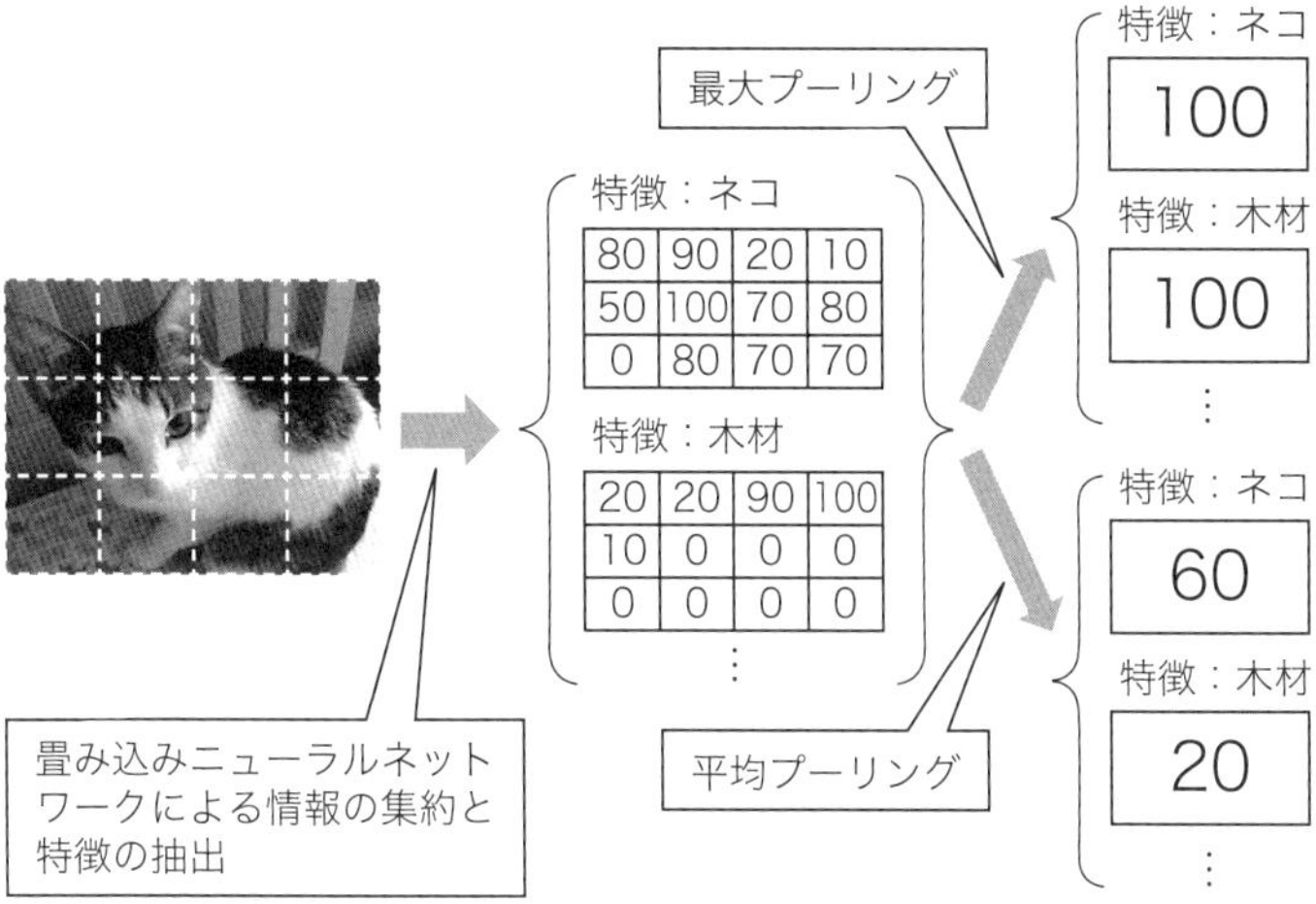


ていることが分かります。しかし、入力画像を見れば分かるように、木材は背景の片隅に少し見えるだけで、中心として映っているのはネコです。

　この画像を人間が見て、何が映っているのかと問われたら「ネコ」と答えることでしょう。しかし最大プーリング層では最大値を使っているため、「ある特徴が見出せるか」ということだけを取り出してしまいます。つまり、「画像の中で、どのくらいの範囲を占めているか」は考慮できないのです。

　ではどうすればいいでしょうか。ここで得たいことは画像全体において「平均的に見出せる特徴」が何か、だといえます。そうであれば、「最大値」ではなく「平均値」を使えばよさそうです。それが図2-25の右下で示した**平均プーリング層**の考え方です。平均プーリング層の結果をみると「木材である」度合が20なのに対し、ネコである度合は60と高くなっています。これによって、この画像に広く映っているのはネコである、と把握できるようになるわけです。

## ◎モデル構成の振り返り

ここまでで、ＲｅｓＮｅｔを構成する要素は説明し終えました。最後に、もう少し詳細にＲｅｓＮｅｔのモデル構成を振り返っていくことにしましょう。

ＲｅｓＮｅｔの詳細な構造は図2-26、図2-27のような形になっています。[注22] なお、ＲｅｓＮｅｔは層の総数によっていくつか種類がありますが、ここでは論文で主として説明されている（畳み込み層と全結合層の合計数が）34層のＲｅｓＮｅｔについて説明しています。より深い層のＲｅｓＮｅｔもありますが、さらに残差ユニットが増えているだけで、基本的な構成にはほとんど違いがありません。[注23]

まず画像を入力します。このモデル構成では画像のサイズ（画像を構成するマス目の構成）が２２４×２２４に指定されています。これ以外の画像のサイズを入力したい場合は、あらかじめ２２４×２２４の大きさに拡大・縮小しておく必要があります。

入力された画像は、まずストライド2の畳み込み層で１１２×１１２にサイズを減らします。こうして担当するニューロマンを置くマスの数を減らすのにあわせ、チャネル数（捉えられる特徴

**図 2-26**　ResNet の詳細なモデル構成

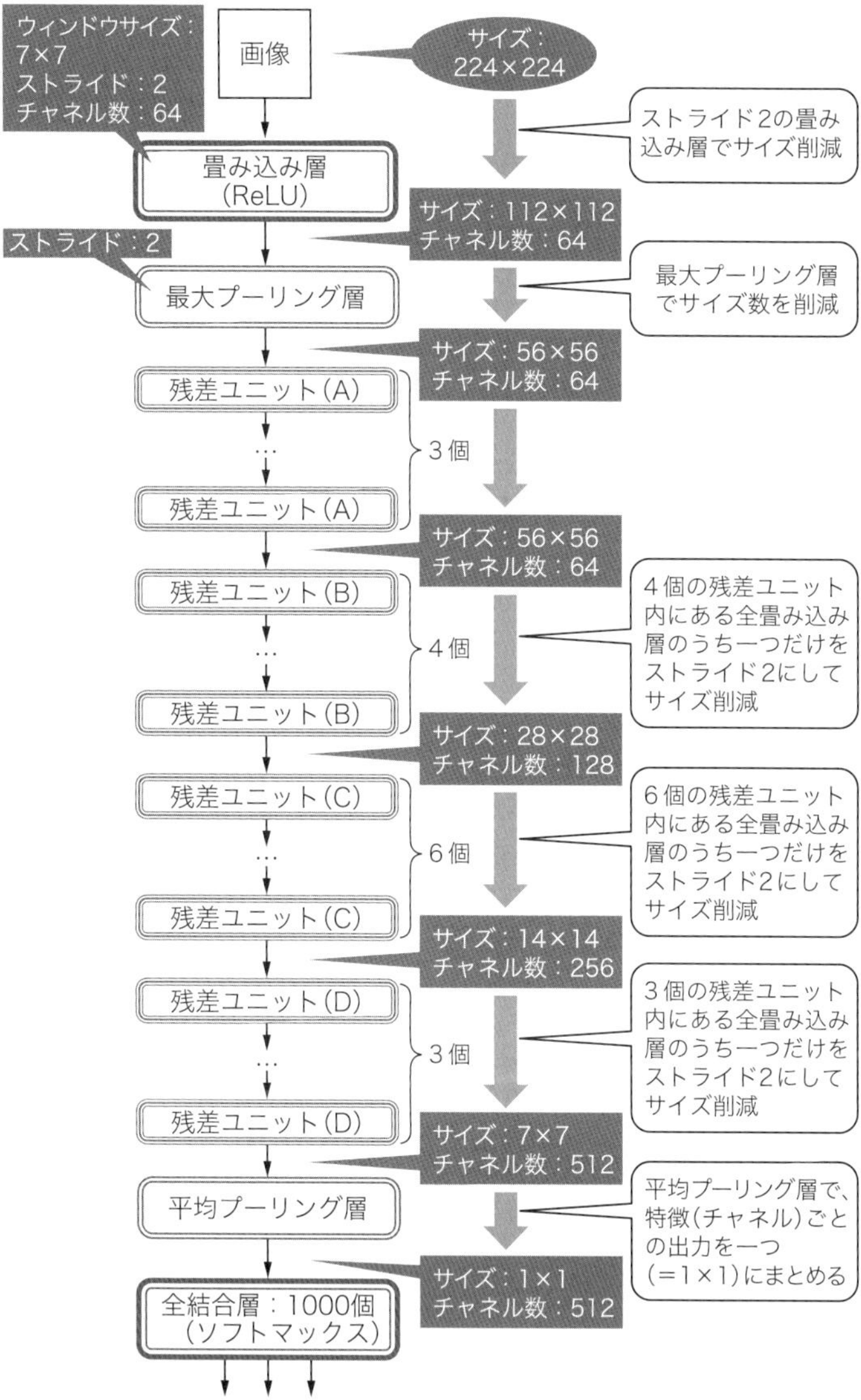

図2-27 残差ユニットの構成

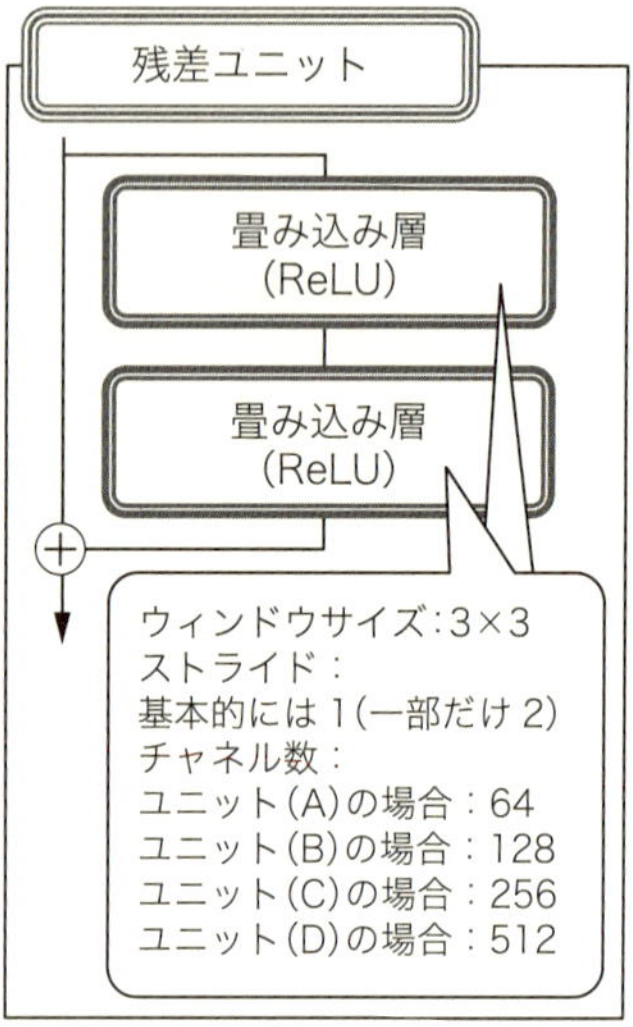


の種類数）も64に増やしておきます。[注24]

そしてその次に最大プーリング層を使う、という従来的なやり方で、しっかりと情報をとりまとめています。こうして「平社員」の意見をしっかりと作っておくわけです。

そしていよいよ残差ユニット、つまりは「上司」をたくさん並べていきます。残差ユニットの中身は畳み込み層ですので、ストライドやチャネル数の設定を適切に変えることで、図2-26にあるようにサイズを減らしつつ発見する特徴の種類数を増やせます。なお、図2-23では上司を畳み込み層一つだけで表現していましたが、実際には（図2-27にあるように）二つ重ねます。これは、上司にもっと複雑な判断をしてもらうためです。場合によっては、三つ以上重ねることもあります。

残差ユニットの積み重ねによって得られた集約結果は、平均プーリング層を使うことで512種類の特徴（512個のチャネル）ごとに一つにまとめられます。そして最後に、ソフトマックスを組み合わせた全結合層を使って、最終的な出力（推測結果）を得るのです。

この全結合層への入力と出力の関係についてまとめたものが図2-28です。このResNet

**図2-28　全結合層への入力と出力**

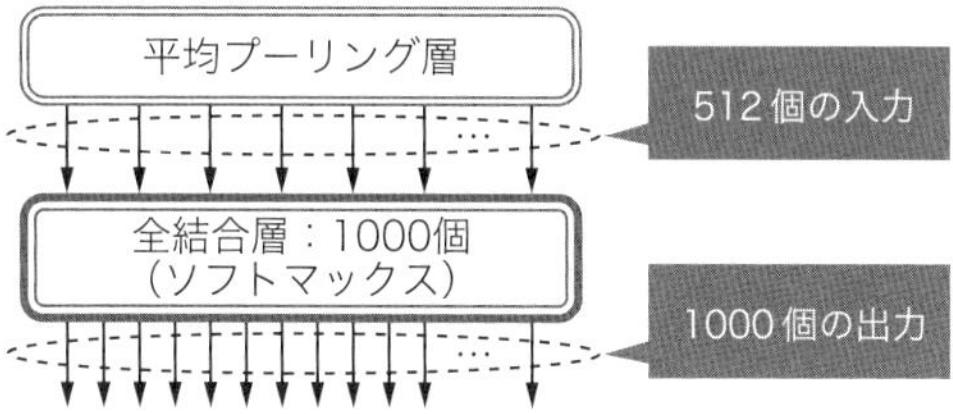


は１０００種類の画像認識ができるＡＩとして作られているため、最後の全結合層には１０００個のニューロンが用意されており、出力も１０００個です。これに対し、入力（平均プーリング層が扱うチャネルの数）は、１０００よりも少ない５１２です。つまり、５１２種類の特徴をさまざまな見方で捉えることで、１０００種類の物体を見分けられるようにしているわけです。

「使う特徴をもっと増やしてもいいのでは」とも思えますが、「思考集中」の観点からいえば、発見する特徴の種類をある程度絞った方が、ＡＩが「発見」しやすくなります。このあたりはいろいろ試しながら、性能が高くなる設定を見つけ出しているのが実情です。

以上が最強ＡＩ、ＲｅｓＮｅｔのモデル構成です。少し難しく感じたところもあるでしょうが、逆にたったこれだけで最先端ＡＩが形作られているのだと思うと、ＡＩが少し身近に感じられたのではないでしょうか。

ちなみに、モデル構成は課題によって変える必要があります。たとえば１万種類の物体を見分けたいとなれば、入力画像の大きさや、途中のチャネル数などを変えなければならないでしょう。その際にはＡＩ設計者が、適切と思われるモデル構成を見つけなければなりません。そしてそれは、これまでに説明したような各層の性質を理解した上で、かついろいろ試しながら作り上げているのです。ここまでの説明で、各層が成している意味を理解してきた読者の方なら、きっと「こうすればよさそう」といった考えが浮かぶようになっているのではないかと思います。

ステップアップ

## 残差ユニットでの情報の集約

前節において、残差ユニットで適切にストライドやチャネル数の設定を変えれば、情報の集約ができる、というお話をしました。では、具体的にどうやっているのかについて、少し触れておきましょう。

図2-26をみると、残差ユニットの中でサイズやチャネル数が変わっているのはB、C、Dだけです。具体的には、複数ある残差ユニットの一個目だけ設定を変えています。例として、残差ユニットBの場合を図2-29に示します。そのほかの残差ユニットでも同じ考え方を用いています。

残差ユニットBの入力は、サイズが56×56、チャネル数が64です。これに対し、残差ユニットの

図 2-29 サイズとチャネル数が変化する残差ユニット

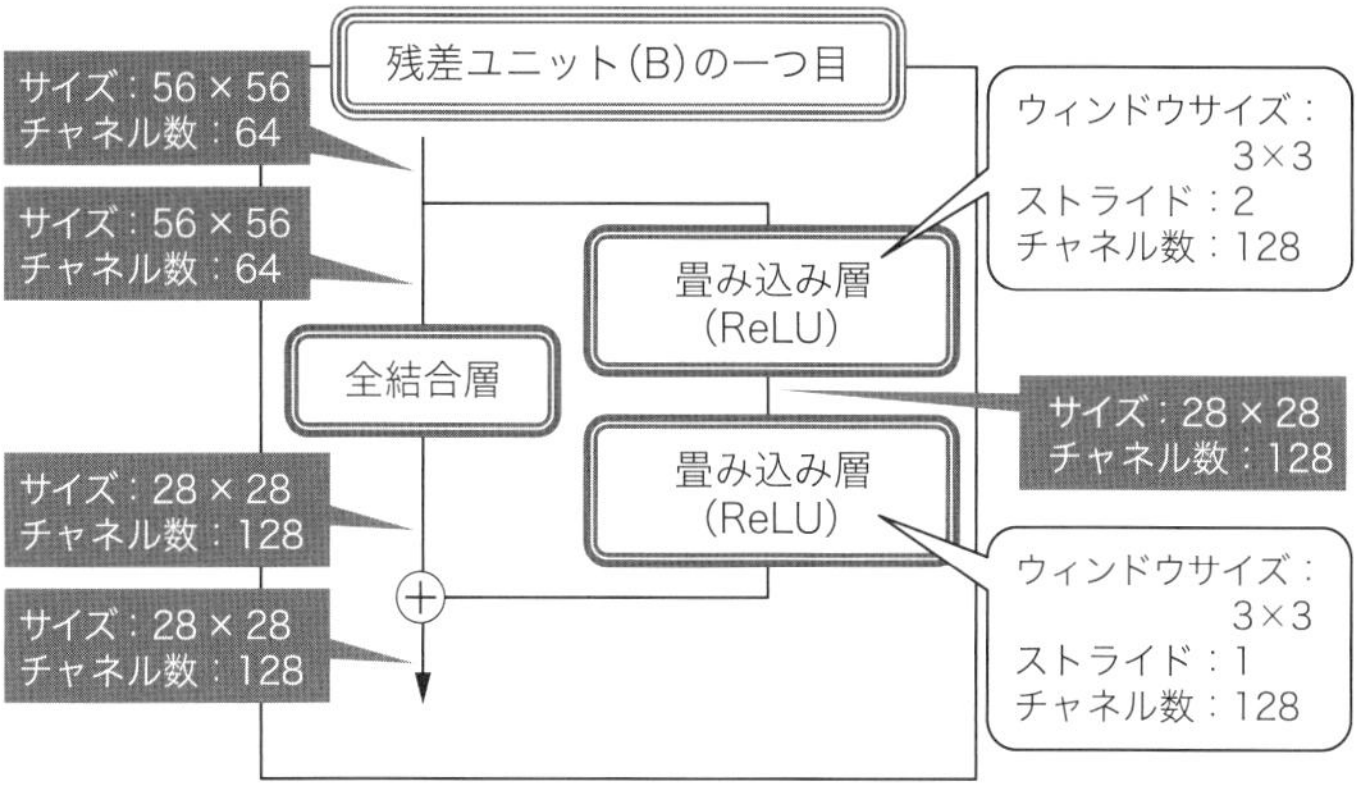


一つ目の畳み込み層で、ストライドを2にしてサイズを28×28に変更し、あわせてチャネル数を128に増やしています。[注25] 二つ目の畳み込み層は、通常の残差ユニットBと同じで、サイズもチャネル数も変更しません。

ここで一つ重要なのは、上層部へとつながる直通ルートの方は入力のまま、つまりサイズが56×56、チャネル数が64となってしまう点です。これを調整しないと、形が違うままでは最後に足し合わせることができなくなります。

そこでResNetでは一案として、全結合層を使って見方を変えることで、無理やりサイズとチャネル数を変更する方法を提示しています。[注26] この方法では、「各マスを担当するニューロンを用意する」という畳み込み層の考え方とは合っていません。よって、あまりスマートな方法とは言い難いのですが、足し合わせることができないよりはいいでしょう。実際にこの方法は、いろいろと検討した中でもっとも高い性能を発揮しています。

ステップアップ

## 入力画像とチャネル数

畳み込み層の節の冒頭で、入力画像は格子状のマス目で構成されていて、そこに色が塗られているのだとお話ししました。一方で、「コンピュータは基本的に計算しかできない」ため、すべてを数値で扱う必要があったことを思い出してください。そのため、実際には各マスに塗られている色の濃淡を数値化して扱っています。たとえば白黒画像であれば、色が白いほど大きい数値にしています。

ではカラー画像はどうしているのでしょうか。あらゆる色は、光の三原色と呼ばれる赤、青、緑の色の混ぜ合わせで表現できることが知られています。たとえば赤と緑を混ぜ合わせれば黄色になりますし、赤と青と緑を混ぜ合わせれば白色になります。そこで、カラー画像は「赤、青、緑」に分解し、それぞれの色の濃淡を数値化しています。

**図2-30** カラー画像の扱い方

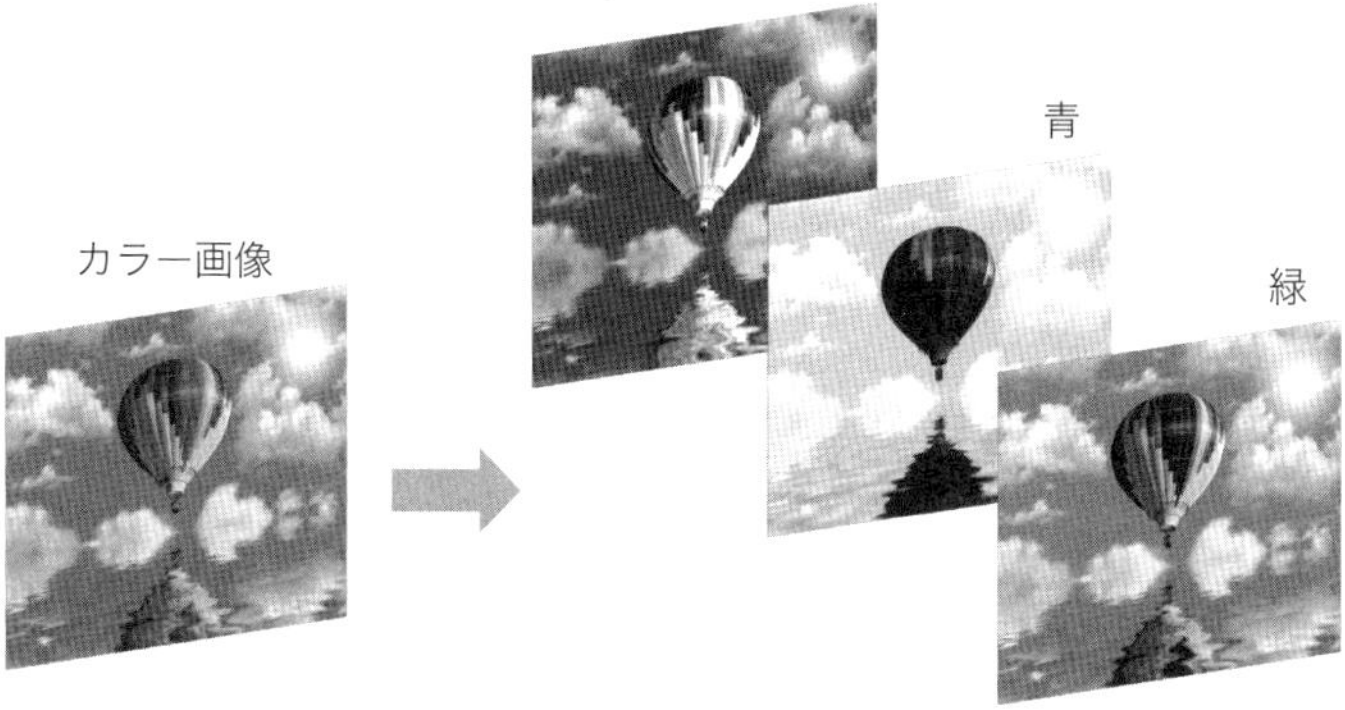


たとえば海に浮かぶ気球の画像は、図2-30のように三枚の画像に分けて扱われています。これを「画像のチャネル数が3である」と表現します。[注27] なお、この図では該当する色（赤、青、緑）の濃度が強いほど、色を白くしています。海や空の色は青が強いので、青の画像において海や空が白っぽくなっています。一方で気球の色は赤や黄色が多く、青色の成分はあまり含まれていません。そのため、青の画像における気球は黒っぽい色となっています。その逆に、赤の画像では気球は白っぽく、海や空は黒っぽい色となっているのです。

ちなみに、色の濃淡については、基本的には色が濃いほど大きな数値が割り当てられます。ただ、ディープラーニングをする上では0をどう扱うかが重要となっていたことを思い出してください。入力が0だと、「なかったこと」として扱われてしまいます。そのため、「特に意味がない」入力に対して、0を割り当てておきたいところです。
そこでResNetでは、まず問題集の全画像を調べ、マス目ごとに「平均的な色」を計算しておきます。「平均的な色」ということは、いわば平凡な色ということですから、「特に意味はない」という扱いにしても良いだろう、と考えられます。そこで、「平均的な色」が0になるように調整してしまうのです。この調整のことを、**毎画素平均減算**といいます。注▼28

## 「発見」の実態

「発見：正解へとつながる要素を見つける力」の説明でお話しした通り、AIは質より量で学習を行います。そのため、大量の問題集を用意できることが重要です。その量次第で性能が大きく変わってくるからです。

仮にたくさん画像を集めることができたとしても、「正解」が分からなければ問題集として使うことはできません。問題に対応する「正解」を設定することを、**タグ付け（アノテーション）**といいます。しかし、これはとても大変な作業です。AIには「目標設計：何が正解かを定める力」がないため、正解をつける作業は基本的に人間がやるしかないからです。注▼29

大量の問題集を用意するには大変な時間とコストがかかります。そこで、今ある問題集から、新しい問題を作り出して問題集を拡張できないか、ということが検討されました。これを**データ拡張**といいます。

データ拡張は画像認識AIで広く行われています。これは「画像は少し改変しても、映っている物体は変わらない」、つまり正解は変わらないという性質があるためです。なので、画像を少し変化させたものを新しい問題として追加することで、問題集の問題数を何倍、何十倍にも増やすことができるわけです。

データ拡張にはいろいろな方法が提案されています。ResNetで使われているのは、次の4種類です。

**◎ランダム切り抜き**

図2-31右上のように画像の一部分をランダムに切り抜いて、新しい画像として登録する方法のことを、**ランダム切り抜き**といいます。一部分を切り抜いても、対象が含まれていれば正解は変わりません。そのため、切り抜いた結果を新しい問題として使うことができます。

**◎スケール拡張**

ランダム切り抜きと似ているのですが、図2-31下段のように切り抜く前に画像を拡大・縮小して、大きさの程度（スケール）を変えてから切り抜く方法を**スケール拡張**といいます。拡大・縮

**図 2-31** ランダム切り抜きとスケール拡張の例

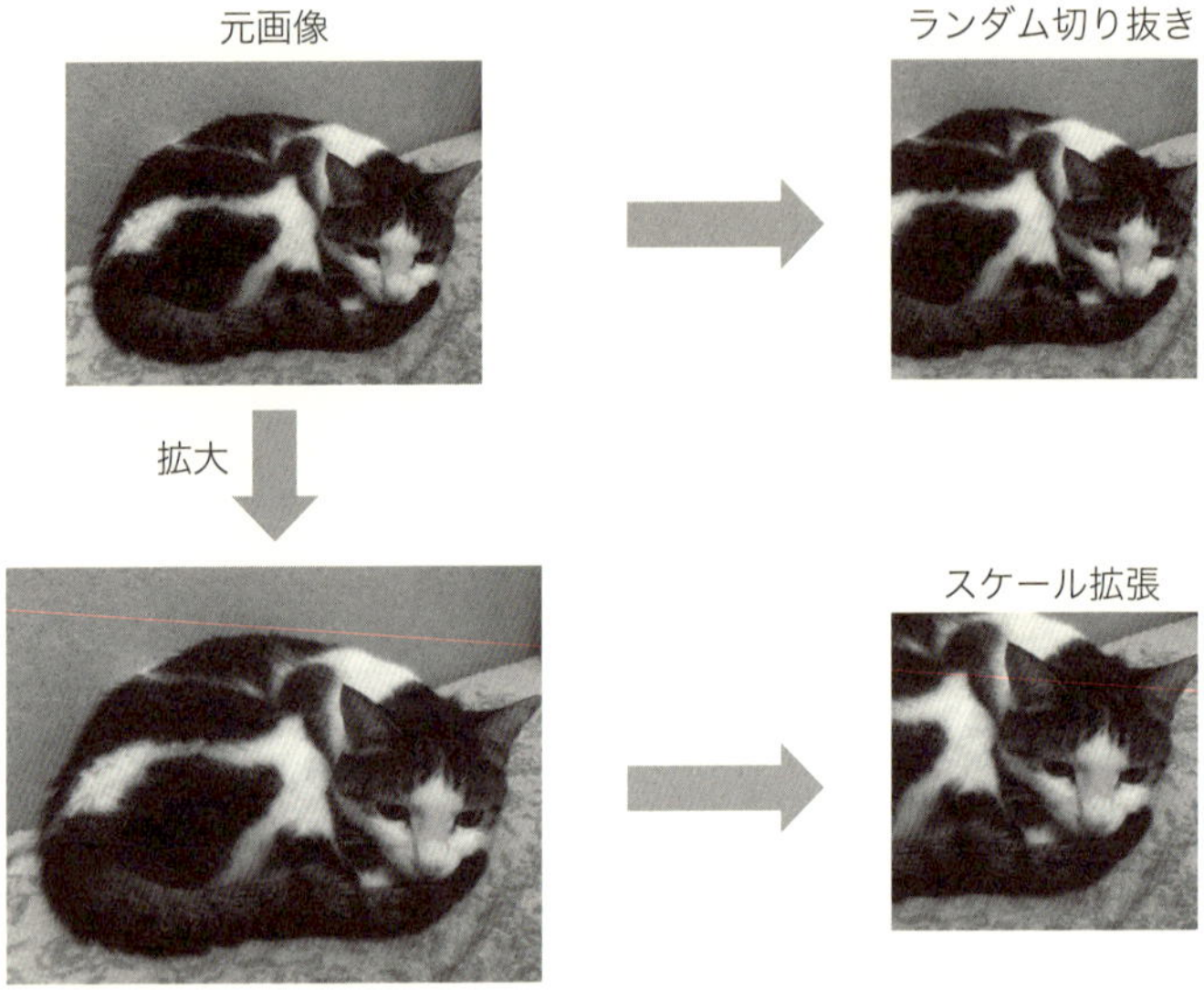


小をしても、当然ながら映っている物体の名前は変わりません。

**◎水平反転**

図2-32上段のように画像を水平方向（左右方向）に反転させる方法を**水平反転**といいます。この方法は、画像に映っている物体が何かを認識する際には有効ですが、文字を扱う場合は使えません。なぜなら、図2-32下段のように「b」という文字を水平反転すると「d」という別の文字になってしまうからです。このように、データ拡張はすべての画像に対して使えるとは限りません。AI設計者が課題に応じて使う方法を適切に選択する必要があります。

**図 2-32　水平反転の例とその問題点**

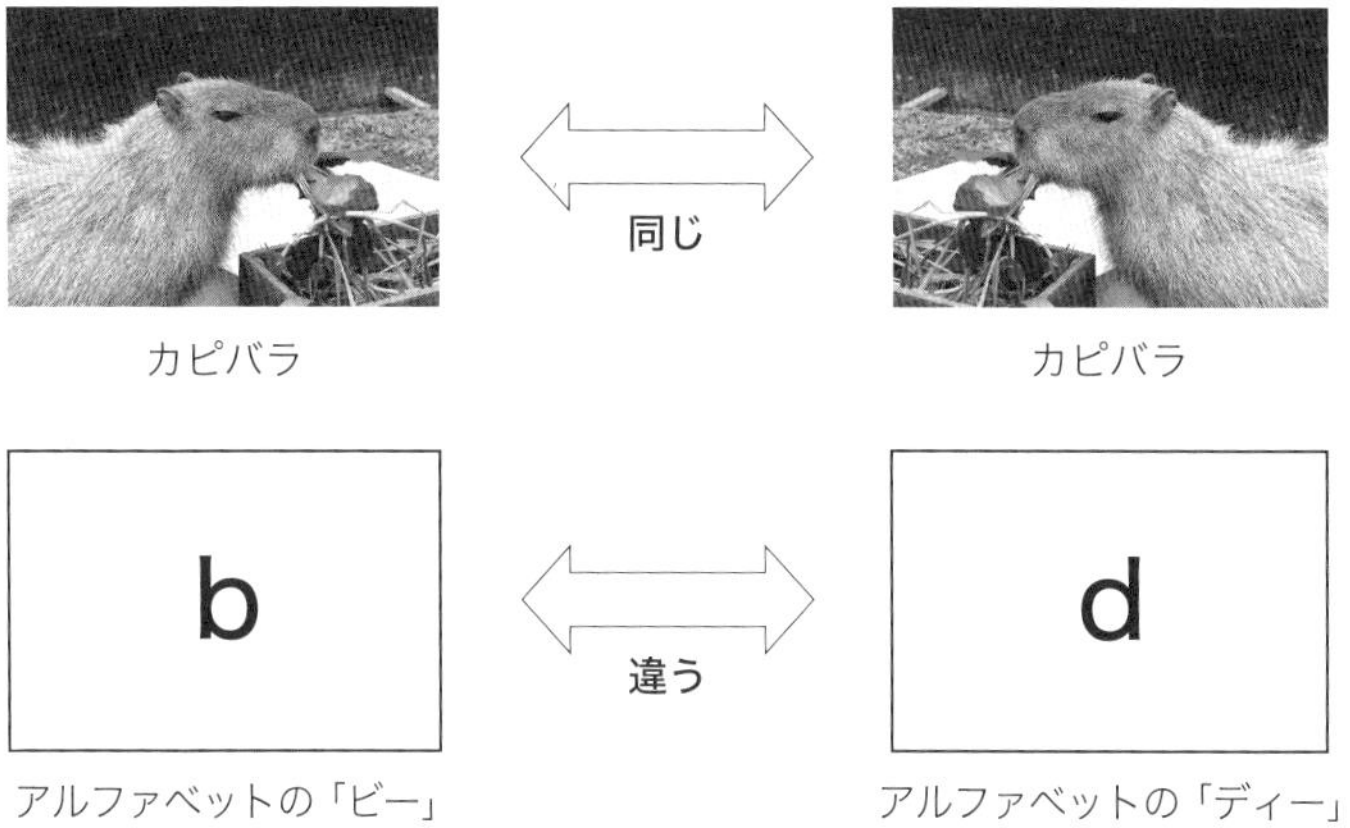


ちなみに、水平方向ではなく垂直方向（上下方向）に反転させる方法も考えられます。この方法は**垂直反転**といいます。こちらも、文字を対象とする場合は配慮が必要です。

### ◎色拡張

最後の**色拡張**は、簡単に説明すると、画像の「色合い」はそのままで「明るさ」を変える方法です。明るめの場所で撮った写真と暗めの場所で撮った写真とで、映っている物体が変わることはありませんよね。よって、明るさを変えた写真も新しい問題として追加することができます。

ここで示した4種類は、ResNet以外の画像認識AIでも広く用いられています。ほかにも、画像を適当に回転させたものを使う**ランダム回転**や、画像の一部を切り取って消してしまう**カット**

**アウト**といった方法があります。

先ほどのデータ拡張の数々を人間が見れば、そこにネコやカピバラが映っていることはもちろんのこと、おそらく同じ画像から作ったのだろうということも理解できるでしょう。そのため、人間からしてみればこんな見え透いた水増しをされたところで、たいして意味がないのでは？と思うかもしれません。しかし、画像認識ＡＩはこういった画像を追加することで性能を高めることができます。

つまり、ＡＩは「同じ画像を使いまわしているだけ」ということを理解できてはいません。ＡＩにとってみれば、これは水増しなどではないわけです。こうしてみると、人間の理解とＡＩの理解が大きく異なっていることを感じられるのではないでしょうか。

**ステップアップ**

## バッチ正規化

いくらコンピュータが高速でも、重みを何度も何度も調整しなければならないのは大変です。そのため、いかに効率的に重みを調整できるかが、「発見」の力を効果的に発揮するカギになってきます。では、どういった点に気を付ければ効率的にできるのでしょうか。その一つとして、「ニューロンへの入力」が挙げられます。

ニューロンへの入力は、重みと「掛け算」されて、出力へと「足し算」されることを1章の「ディープラーニングの詳細」における手順2でお話ししました。そうして算出された出力が推測結果（最終出力）へと影響しているわけです。もしその推測結果が間違っていて「正解とのズレ」が生じているなら、重みを調整しなければなりません。しかし、ニューロンへの入力次第では、その調整が難しくなってしまうのです。

どういうことか、具体的に見てみましょう。ニューロンにおける出力は、入力と重みの「掛け算」から形作られていました。たとえば、「『目の周りが黒い』特徴があることによるパンダっぽさ」が、次のような掛け算で計算されていたとしましょう。

$$100 \times 0.1 = 10$$

（目の周りが黒いという『特徴の強さ』）　重み

もし、この出力を用いた推測結果が「正解とのズレ」を持っているなら、重みを調整することで出力を調整しなければなりません。仮に0.1刻みで重みを動かすと、図2-33のように出力は変化します。

**図 2-33**

| （目の周りが黒いという）『特徴の強さ』 | | 重み | | |
|---|---|---|---|---|
| 100 | × | 0.3 | = | 30 |
| 100 | × | 0.2 | = | 20 |
| 100 | × | 0.1 | = | 10 |
| 100 | × | 0.0 | = | 0 |
| 100 | × | −0.1 | = | −10 |
| 100 | × | −0.2 | = | −20 |

**図 2-34**

| （目の周りが黒いという）『特徴の強さ』 | | 重み | | |
|---|---|---|---|---|
| 10000 | × | 0.3 | = | 3000 |
| 10000 | × | 0.2 | = | 2000 |
| 10000 | × | 0.1 | = | 1000 |
| 10000 | × | 0.0 | = | 0 |
| 10000 | × | −0.1 | = | −1000 |
| 10000 | × | −0.2 | = | −2000 |

さて、もしこのときの入力「（目の周りが黒いという）『特徴の強さ』」が、10000というとても大きな値だったとしたらどうなるでしょうか。

図2-34を見てのとおり、重みの調整の幅はさきほどと同じなのに、出力の大きさが急激に変化しています。こう大きく変わってしまうようでは、「正解とのズレ」を最適に調整するのは難しそうだと感じますよね。この場合、重みをちまちまと小刻みに変えなくてはならないでしょう。しかしそれでは調整に多大な時間がかかりやすく、[注30]「発見」の力を効果的に発揮できなくなってしまいます。

ではどうすればいいのでしょうか。この場合問題になっているのは「入力」の値の大きさです。

この値が0に近い、小さな値にまとまっていれば、こうした問題は起こらないでしょう。よって、「入力」の値のばらつきを調整し、0付近にコンパクトにまとまる形に変更すれば、学習が効率的にできると考えられます。

ディープラーニングでは古くからこの問題が知られており、「入力」を0付近の値におさまるように調整する、という手順を加えることで「発見」を効率化していました。この作業のことを**正規化**といいます。ちなみに、毎画素平均減算も正規化の一種といえます。

ニューロンへの入力は、大別して入力画像と「各ニューロンからの出力」の2種類があります。入力画像は問題集としてあらかじめ用意されているので、学習する中で変化することはなく、正規化は簡単です。しかし、「各ニューロンからの出力」の方は学習する中で常に変わっていくため、正規化が容易ではありません。

さらにやっかいなのは、確率的勾配降下法を用いる場合、重みを1回調整する際に問題集の一部分しか使わない点です。すべての問題に対する「各ニューロンからの出力」を0付近に集めたいところなのですが、一部分しか見ていないのではそれもままなりません。

そこで、「うまい方法が思いつかないのなら、正規化の仕方も学習させてしまおう」という方法が考え出されました。その一つが**バッチ正規化**です。バッチ正規化は、「どの値のあたりに出力を集めるか」「ばらつきの幅を、どのくらいの範囲に収めるか」という二点の調整項目を（ニューロンではないのですが）「重み」としてもっています。そしてニューロンが持つ「重み」と一緒に、学習する中で調整し、最適な正規化の仕方を学習させてしまうのです。
ResNetにおいては、「畳み込み層＋ReLU」の間に組み込まれています。正規化はステップアップでの話題なので、本書ではあえて表記していませんが、実際には「畳み込み層＋バッチ正規化＋ReLU」という形になっているのです。

## できること、できないこと

すでにこれまでの話で、ResNet、ひいては画像認識AIの実態がある程度つかめてきているのではないかと思います。ここではそれらを振り返りつつ、画像認識AIにできること、できないことについて考えていきましょう。

AIは「動機：解決すべき課題を定める力」と「目標設計：何が正解かを定める力」がなく、「思考集中：考えるべきことを捉える力」はやや弱い、と1章でお話ししました。つまり、この三つの力が関わる部分こそが、AIにできること、できないことと強く関連します。

まず「動機」について考えると、AIはあくまで「画像に映った物体に該当する名称を答えたい」、より正確には「あらかじめ定めた回答候補の中から選び出したい」という課題を掲げていることに相当します。よって、「あらかじめ用意した回答候補以外では答えられない」ですし、「その画像に映る物体を今までに見たことがあるかを答える」ことや「物体に関しての類推をする」といったことはできません。

ただしこれは「動機」として定めていないからであって、こうした課題を解くことができないというわけではありません。しかし、実際にそういった課題を解けるAIを作るためには、課題にあった適切な問題集を大量に用意する必要があります。そこに大きな手間がかかってしまうような課題は、AIに解かせることが難しくなります。

ちなみに、仮に問題集が作れたとしても、問題集の中にある問題(画像)の中に正解を推定できる情報が入っていないのであれば、AIは推定することができません。ディープラーニングは、あくまで「入力された画像の見方を変えて、特徴を見出す」だけだからです。画像の中に入っていない特徴は見出せませんし、勝手に(入力されていない)一般的な常識を踏まえることもできません。

次に、「目標設計：何が正解かを定める力」についてです。ResNetなど多くの画像認識AIでは、「正解とのズレ」を測る際に交差エントロピーという一般的なものさしを用いています。

実際にビジネスで使えるものを考える場合、交差エントロピーを使うことが妥当とは言えないことはすでに触れた通りです。ビジネスで使うことを考えるならば、想定される課題に合わせたものさしを人間が考えたり、あるいはAIが出した結果を見て、人間が修正・補正して使ったりといったことをしなくてはなりません。「AIに任せればいろいろなことが自動でできる」と考える人も少なくありませんが、実際にはAI設計者がさまざまなことを考えてAI内部やその周囲を整備して初めて、AIはビジネス利用に耐えるものになるのです。

また、AIは考えるべきことを絞り込む力が弱いため、コンピュータが持つ高速性を活かして調べつくすという、質より量の考え方をとっているとお話ししました。しかしながらそこには限界があるため、実際にはAI設計者が「思考集中：考えるべきことを捉える力」を手助けし、あらかじめ考えるべきことを絞り込んでいます。

ResNetでは、入力として扱う画像の大きさを固定にしています。画像の大きさは千差万別ですが、人間はどんな大きさの画像でも（全景を目で正しく確認できる大きさであるならば）何が映っているかを判断できます。しかし、ResNetはその柔軟性を捨てて、「固定のサイズだけを扱うようにする」と絞り込むことで、性能を高めています。

この設定でも大きな画像に対して判定することはできます。事前に「画像の大きさをResNetが扱うサイズへと拡大・縮小」しておけばいいのです。しかしこれは、人間がそう対応すればできるという話であって、ResNetが自動で勝手に対応してくれるわけではありません。[注31]

また、画像認識AIは一般的にかなり荒い画像を扱っています。画像は格子状に配置されたマス目に色が塗られた形になっているとお話ししました。一枚の画像に含まれているマス目のことを画素といいます。よく携帯電話のカメラなどで「1000万画素」なんて表現を耳にすることがあるかと思いますが、これはマス目が1000万個あるという意味合いになります。

しかし、画像認識AIでは一般的に数万〜数十万画素程度の画像を扱っています。それより大きな画素数になると、学習がとても大変になってしまうからです。数万〜数十万画素程度でも、画像に映った物体を見分けるうえで特に問題はありません。しかし、画像を細部まで見てみないと判断できないようなケースでは、高い画素数が必要になってくることもありえます。今の画像認識AIは、そういったケースを考えるべきことから除外して「思考集中」することで、人間を超えるレベルへと到達しているともいえるのです。

また、判別できる種類数を限定していることも、「思考集中」による性能向上へとつながっています。ResNetは物体の名称だけを判別しますが、動物の詳細な学名や、物体がどのメーカーのどの製品であるか、といった細かい分類まで答えられるようにしようとすると、検討しなければならない特徴の範囲が大きく広がります。検討する可能性の幅が広くなれば、問題集を膨大に用意しないと、高い性能を実現できなくなります。対象とする課題に合わせて、検討する可能性の幅を適切に設定することが、効率よく高い性能を実現させるうえで重要なのです。

## 補足

ＲｅｓＮｅｔはその後の画像認識ＡＩの標準となっていて、ＲｅｓＮｅｔを改良して性能を高める方法がたくさん提案されています。最後に少し、そのあたりについて触れておきましょう。

性能を高める基本的な方針は、ＲｅｓＮｅｔの肝である残差ユニット、つまりは「上司」を改良することです。まず、もともとのＲｅｓＮｅｔでは、「畳み込み層→ＲｅＬＵ→畳み込み層→ＲｅＬＵ」の順につなげていました。しかし実験の結果、「畳み込み層→ＲｅＬＵ→畳み込み層」という形で、ＲｅＬＵを一つにすると性能が高くなることが分かっています。[2] こうした細かい調整を地道にいろいろ試すことで、性能を向上させる方法が検討されています。注▼32

また、残差ユニットには上層部への直通ルートと「上司」を経由するルートの2種類がありましたが、「上司Ａ」のルート、「上司Ｂ」のルートといった形で上司とルートを複数に増やし、上司全員の意見を足し合わせるというResNeXtという方法も提案されています。[3] 一人の上司に一任するのではなく、複数の上司に分担して考えてもらうことで、より複雑な観点での意見をいただこう、というわけです。

また、層が増えて上司が多くなると、特に何も言わない上司が多くなりやすい、ということも分かってきました。一部の上司だけが発言していて、ほとんどの上司は特に口出しせず、遊んでいる形になってしまっていたのです。そこで、もう少し上司の役割範囲を調整しよう、という発想へとつながっていきました。その一つとして、「上司の数（残差ユニットの数）を減らして、同時に上司一人当たりの仕事量（チャネル数）を増やす」という方法があります。この方法をWide ResNetといいます。[4]

しかしここで、チャネル数を増やすという設定をしていたのは一部の残差ユニットだけだったことを思い出してください。これはつまり、一部の「上司」に大きな負担が押し付けられている、ということです。そこで、すべての残差ユニットで少しずつチャネル数を増やすことで「すべての上司に少しずつ負担を振り分ける」という方法が考え出されました。この方法を、PyramidNetといいます。[5]

このように、ResNetは以降に誕生した新しい技術の基礎としても活用され、さらなる性能の改善を生み出し続けているのです。

ステップアップ

## シェイクシェイク

AIは人間ほどの知性は持っていないため、AI研究者が頭を使って知性をAIに組み込むことで性能を高めています。その工夫は人間が考えているのですから、人間にとって理解しやすいものがほとんどです。だからこそ、皆さんにその考え方についてお話しすることで、AIがどうやって性能を高めているのかが納得できるようになるわけです。

しかし中には、なぜ性能が上がるのかAI研究者でも理解しがたい、という方法もまれに存在します。画像認識AIで2017年に最高性能を記録した**シェイクシェイク**という方法が、その典型的な例でしょう[6]。

この手法もやはりResNet（正確にはResNeXt）をベースとして作られています。しかし、その工夫はあまりにも常識はずれな方法でした。シェイクシェイクでは、残差ユニットの中に二人の上司がいて、二人の意見を混ぜ合わせて一人分の「上司」の意見としているのですが、この混ぜ合わせ方（配合割合）をランダムに変化させているのです。しかもこの変化は、「1回学習を行う最中に」起こっているのです。

1章の「ディープラーニングの詳細」の節で、ディープラーニングにおける学習の基本的な流れを説明しました。簡単に振り返りますと、1回の学習における流れは以下の三つの手順で構成されていました。

・問題集にある問題（画像）を入力として与えて、出力を求める
・求めた出力と問題の正解（画像に映った物体の名前）が合っているかを調べる

・合っていないなら、合う結果になるようにモデルを調整する

　この手順が繰り返されることで、「重み」が次第に調整されていくわけですが、シェイクシェイクでは、この手順の最中に配合割合が変化します。つまり、一つ目の「問題集にある問題（画像）を入力として与えて、出力を求める」ときと、三つ目の「（先ほど計算した出力と正解が）合っていないなら、合う結果になるようにモデルを調整する」ときとで、すでに配合割合が変わっているのです。

　つまり、問題に解答する際には「上司Aの意見」を強く採用していたのに、その解答と正解とのズレをもとに「重み」を調整しようとした際には、「上司Bの意見」を強く採用していたことになっている、なんてことが起きているのです。このような方法で本当にうまくいくのかと感じてしまいますよね。AI研究者も同じ感想を抱いたのです。

　しかし実際のところ、シェイクシェイクはこれまでのAIを超える性能を実現してしまいました。その後、AI研究者がどうして性能が上がったのかをひも解こうと研究を続けていますが、はっきりとした理由は分かっていません。ただ、ある程度の解明は進んでいて、そこから得たヒントをもとに作り出したシェイクドロップという方法が2018年に提唱され、さらに高い性能を実現しています[7]。

# 3章 BERT（バート）

## 導入

ＡＩが言葉を理解できるようにしたい、それはＡＩの最初期から求められてきた課題でした。ディープラーニングの誕生で画像を理解する性能は飛躍的に向上したのですが、言語については、画像に比べると見劣りする面が否めませんでした。言語が人間の心や感情といった、いまだ科学で未解明な要素を多分に含んでいるということも要因としてあったでしょう。しかし実際のところ、「ある文章が、質問に対する答えになっているか」なんて話ですら、あまりうまくはいっていなかったのです。つまり、問題はもっとそれ以前の部分にあったといえます。

この遅れはなかなか解消されませんでしたが、それでも着々と性能は向上し続けていました。

特に自動翻訳ではかなりの性能へと到達するようになり、しゃべった言葉を自動で翻訳してくれる機械なども販売されるようになっています。一方で、言語を正しく解釈して判断する、いわば読解力という点については人間に大きく後れを取っていました。

しかし2018年の末ごろ、AI研究の最先端を走るグーグルがBERTというAIを発表しました。[8] このAIはいろいろな研究者が成果を示すために利用したさまざまな言語理解課題において、これまでの最高記録を一気に塗り替えただけでなく、課題によっては人間に比肩する性能を実現したのです。

本章では、この驚異的な結果を達成した、まさしく言語系の最強AIともいえるBERTが、いったいどんな工夫を凝らすことによって実現されたのか、詳しく触れていくことにしましょう。

## 実態

BERTも2章で説明したResNetと同じく、教師あり学習を用いて作られています。ディープラーニングを技術として用いて、あらかじめ用意した問題集に対して、正しく答えられるように学習しているわけです。

そしてもちろん、BERTもまたAI設計者による工夫が凝らされています。特に大きな工夫がされているのが、「動機」と「目標設計」の部分です。いったいどんな工夫がされているのか、4つの力の観点で分けて解き明かしていきましょう。

## 「動機」の実態

先の章で説明した画像認識AIでは「画像に映った物体に該当する名称を答えたい」といった、比較的具体的で範囲が絞り込まれた課題を扱っていました。言語系にも、個別に分けられたさまざまな課題があります。たとえば「映画のレビュー文章から、書いた人が好意的な印象を抱いたのか、否定的な印象を抱いたのかを判定したい」「文章中にある単語の品詞（名詞、形容詞など）を判定したい」などです。しかし、BERTはもう少し大きな課題を掲げています。それは、「自然な文章を理解したい」というものです。まずは、この理由についてお話ししていきましょう。

人間は新しい課題にぶつかったとき、その課題に関する知識がなくても対応することができます。それは、これまでに培った過去の経験を活かしているからです。スキーをやったことがなくても、過去にやったスケートの経験を活かせば早く上達できるでしょう。言語も同じです。見慣れない言い回しや単語を耳にしたときでも、それまでの会話の流れを踏まえ、知っている知識を動員すればある程度理解することができます。

つまり人間は、過去の学習で得た知識を新しい課題に対しても活かせるのです。それをAIにもやらせることはできないのでしょうか。それを試みる学習のことを**転移学習**といいます。BE

ＲＴはこの転移学習を使った方法なのです。

「自然な文章」とは何かを理解するためには、文章の読解力がなければ難しいでしょう。つまり、「自然な文章を理解したい」という課題について事前に学習していれば、そこで学んだ「文章の読解」における知見を「ある文章が、質問に対する答えになっているかを判断したい」などといった別の課題へと応用できるのではないか、と考えたわけです。

しかし、「自然な文章を理解したい」というのはあまりに漠然とした課題です。そこでＢＥＲＴではより具体的な二つの課題を掲げています。一つ目は「文章のある位置に当てはめられる単語を理解したい」、二つ目は「ある文章につなげられる文章を理解したい」です。

まずは一つ目について、具体例を挙げてみてみましょう。たとえば「私は昨日●●を食べました」という文章があったとします。●●の中にはどんな単語が入れられるでしょうか。日本語を理解している人なら「うどん」「そば」「夜食」なら入れられるけれど、「銀行」「寄木細工」「皆既日食」は入れられない、ということが分かるでしょう。つまり、この課題を解決できるなら、自然な文章とは何かをある程度理解できている、といえそうです。

二つ目についてはどうでしょうか。「私は昨日スーパーへ行きました」という文章の後で、「そのとき、おいしそうな桃を買いました」という文章はつなげられますが、「諸行無常の響きあり」という文章をつなげることはできません。これを正解できるようになるうえでも、自然な文章とは何かを理解している必要がありそうですよね。

つまり、「文章のある位置に当てはめられる単語を理解したい」「ある文章につなげられる文章を理解したい」という二つの課題を解決できるようになれば、「自然な文章を理解したい」という課題の解決へと近づけそうです。そう期待してこの二つの課題を学習し、作り上げられたのがBERTというAIなのです。

この二つの課題を学習したAIには、言語に対する知識や経験が蓄積されていることでしょう。その知識を活かして新しい課題に取り組むのです。たとえば「ある文章が、質問に対する答えになっているかを判断したい」という新しい課題を解決したいときは、(新しい課題に対する問題集を用意して学習する際に)一から学習するのではなく、「自然な文章を理解した」BERTを使って学習するのです。

つまり、転移学習は二段階で学習を行います。知識や経験を蓄積する学習と、それを活用して新たな課題を解く学習です。先の例でいえば、前者は「自然な文章を理解したい」という課題についての学習、後者は「ある文章が、質問に対する答えになっているかを判断したい」という課題についての学習です。

前者の学習は、後者の学習を行うための事前準備といえます。そのため、前者の学習を**事前学習**といいます。また、後者の学習は新しい課題に対する「微調整」を行うイメージとなることから、**ファインチューニング**と呼ばれます。

転移学習の考え方は近年注目されていて、ディープラーニングを活用する上で必須となりつつあります。そこには、教師あり学習に使う問題集を用意することの大変さが関わっています。2章の「発見」の実態の節でも触れたように、問題集を大量に作るのは大変です。課題ごとに新しく大量に作るなんてことは、あまり現実的な方法ではありません。そこで、関連する知識や経験を得られそうな既存の問題集を使ってあらかじめ事前学習をしておくことで、ファインチューニングに使える問題集があまり確保できなくても、高い性能を実現できるようにしよう、という転移学習の考え方が注目されてきているのです。注▼33

ステップアップ

## 汎用型AIと特化型AI

AIを区分する切り口として、**汎用型AI**と**特化型AI**というものがあります。汎用型AIとは、人間のようにさまざまな課題をこなすことができるAIのことであり、特化型AIとは、ある課題だけを解決できるように作成されたAIのことです。いまはまだ汎用型AIは実現されていないため、存在するAIはすべて特化型AIです。

汎用型AIが実現できていないのは、「動機：解決すべき課題を定める力」「目標設計：何が正解かを定める力」がまだAIに備わっていないからです。自分で課題を発見して、それを解決するためにはどうなればいいのかを自分で決められなければ、日々生じるさまざまな課題を臨機応変に解決していくことはできません。よって、人間が課題や正解を設定したものだけを解決するＡＩ、つまり特化型ＡＩしか実現できていないわけです。

ここで少し気を付けなければならないのは、「特化型ＡＩは一つの課題しか解決できない」わけではない点です。あくまで、「人間が事前に定めた課題」しか解決できないだけで、「人間が事前に定めた複数の課題」を解決する特化型ＡＩも存在します。

しかし多くの場合、特化型ＡＩは一つの課題だけを解くように設計されています。なぜなら、その方が「思考集中」がしやすいからです。もし、いろいろな課題を解けるようにした方が性能を高くできそうであれば、「複数の課題を解ける」特化型ＡＩを作るのです。ＢＥＲＴも二つの課題を解けるようにして、言語に対する理解を高めているので、複数の課題を解ける特化型ＡＩといえます。

## 「目標設計」の実態

先に述べたとおり、ＢＥＲＴは二つの課題を学習します。しかしＡＩには「目標設計：何が正解かを定める力」がありませんから、二つの課題それぞれについて正解をＡＩ設計者が定めなければなりません。

教師あり学習をするためには、問題集として問題と正解の組を用意する必要がありました。しかし、問題集に登録する正解を人間が一つひとつ手作りするのは大変です。そこでBERTは「人間が作った文章」そのものが正解であるとすることで、この点を解決しています。

具体的な例でみていくことにしましょう。まず一つ目の課題、「文章のある位置に当てはめられる単語を理解したい」についてです。まず「人間が作った文章」を用意します。これは新聞や雑誌、小説やネット上の記事など、巷にたくさんあふれています。作者の許可を得ずに勝手に使えるかどうかは別問題として、「人間が作った文章」をたくさん集めること自体はたいして難しくはありません。

仮に「私は昨日みかんを食べた」という文章を用意したとしましょう。この文章から問題と正解を作ってみます。まず、適当に文章内のどこかの単語を◆◆で塗りつぶして消してしまいます。たとえば、「私は昨日◆◆を食べた」といった感じです。そしてこの文章を「この文章における◆◆に入る単語は何か？」という問題として扱うのです。

この問題の正解は自動的に決めることができます。先ほど◆◆で塗りつぶした単語「みかん」とすればいいわけです。この方法なら、非常に簡単に問題と正解を作成することができます。「人間が作った文章」を持ってきて、適当に単語を塗りつぶすだけですからね。注▼34

なお、今回の例で作成した問題において、「みかん」以外の解答は不正解となります。たとえば「りんご」や「そば」といった、人間なら正解と判断する単語でも不正解なのです。これは決して正しくはないのですが、そこを人間が気にして問題集に手を加えているようでは手間が減らせません。そこで、多少間違っていても気にせず、大量に問題集を作って質より量で攻める、という方針をとっているのです。

しかし、ここで一つ気を付けなければならないことがあります。実際の文章では「◆◆」という塗りつぶしがされていることはない、という点です。AIにはそんな常識はありませんので、「◆◆の部分に当てはまる単語だけを答えられるようになればいい」と理解してしまいかねません。そうなると、「文章の（任意の）ある位置に当てはめられる単語を理解したい」が達成できない可能性がでてきます。

そこでBERTでは、実際の文章に近い問題も少し混ぜています。単語を◆◆で塗りつぶす代わりに、適当な単語で埋めてしまうのです。先ほどの文章の例であれば、「みかん」の部分を適当な単語、たとえば「交差点」という単語で置き換えるわけです。この場合、「私は昨日交差点を食べた」という文章が作成され、「この文章の中にある『交差点』という単語の位置に当てはまる単語は何か？」という問題ができあがります。[注35] もちろん、この問題の正解も、「みかん」ただ一つだけとします。

BERTが掲げる二つ目の課題「ある文章につなげられる文章を理解したい」についても、同じように「人間が作った文章」から自動的に作成します。これも具体例でみてみましょう。まず、「人間が作った文章」として、「私は昨日みかんを食べた。おいしかった。そのあと散歩に出かけた」を用意したとします。ＢＥＲＴはこの文章を文単位で適当に二つに分けます。仮に「私は昨日みかんを食べた。おいしかった」「そのあと散歩に出かけた」と分けたとしましょう。

そこで、「この二つの文章はつなげることができるか？」という問題を問題集に登録するのです。二つの文章はもともとつながっていた文章ですので、この問題における正解は「つなげられる」と登録します。

当然ながら、「つなげられない」という正解を持つ問題も追加する必要があります。それはどうやって作るのかというと、別の「人間が作った文章」を適当に持ってきて、「そのあと散歩に出かけた」の部分と置き換えるのです。たとえば、新たに持ってきた文章が「盛者必衰の理をあらわす」であったとしたら、「私は昨日みかんを食べた。おいしかった」と「盛者必衰の理をあらわす」という文章はつなげられるか？　という問題が作成されます。そしてその正解は「つなげられない」として問題集に登録するわけです。

もちろん、偶然持ってきた文章が見事につながることもあるでしょう。それを人間がいちいち確認するのはやはり手間になります。そのため、これもやはり一つ目の課題と同じように、「質より量」で押し切るのです。

なお、どちらの課題においても「みかん」「りんご」「そば」、もしくは「つなげられる」「つなげられない」といった、あらかじめ用意された選択肢の中から一つを選んで回答する、という形になっています。これは、画像認識ＡＩで「物体の名称を答える」話と同じです。そのため、Ｂ

ERTでも「正解とのズレ」を測るものさしとして、交差エントロピーが用いられています。ただし、今回はこれら「二つの課題の正解をどう定めるか」という観点の他に、「二つの課題での正解のズレを、どう混ぜ合わせるか」、つまり「二つの課題のどちらを優先して解くか」という観点もあります。注▼36 これもまたAI設計者が決めなければならないのです。このあたりはAI設計者がいろいろ試しながら、良さそうなバランスを見つけていくしかありません。

ディープラーニングを行う際には、こういった調整が必要な要素がいくつか存在していて、その設定次第で性能も変わってきます。こういった要素のことを**ハイパーパラメータ**（**超パラメータ**）といいます。学習で調整される「重み」もまた、調整が必要な要素であることから、重みのことを**パラメータ**と呼ぶことがあります。ハイパーパラメータはパラメータを調整するために調整される、いわば一段階上にあるパラメータであることから、ハイパーパラメータと呼ばれています。1章の「ディープラーニングの詳細」手順4の中で触れた学習率も、ハイパーパラメータの一つです。

## 「思考集中」の実態

言語においてAIがうまく活用できなかった理由の一つとして、「文章は長さが一定ではなくまちまちである」という点が挙げられます。実は長さが一定ではないというのは、かなり厄介な問題なのです。

2章でお話ししましたが、画像認識AIは一般的に、入力する画像の大きさを一定にしています。これを変えようとすると、モデルの構成を画像ごとに変えなければならなくなります。そんなことまで気にするより、「あるサイズの画像しか扱わない」と割り切った方が効率的に学習できるので、ResNetでは大きさを固定していました。

ただし、ResNetがこの方針をとれたのは、画像は拡大・縮小することで、(映っている内容を変えることなく)欲しいサイズの画像を簡単に作り出せるためです。仮に大きい(もしくは小さい)画像が入力として与えられたとしても、難なくResNetで扱える大きさに変えることができるわけです。[注37] しかし、言語はそうはいきません。文章の内容を変えずに、文章の長さを決められた長さに変えるということは、人間でも相当困難なことでしょう。

さらに厄介なのは、文章はいくらでも長くすることができる、という点です。「太郎の親戚の花子が帰ろうとしたとき、彼女の知り合いの次郎の隣の家から人が出てきて、三郎の住むマンションの入り口から入っていったけど……」といった具合に、文章は続けようと思えば永遠に続けることができます。このように、長さが自由に変えられる性質のことを**可変長**といいます。

可変長であるという特性をディープラーニングでどう扱うかは、非常に難しい問題でした。こうした可変長な入力に対応できる方法として考え出されたのが、**再帰型ニューラルネットワーク(RNN)**です。

再帰型ニューラルネットワークは、一つのニューロン(あるいはニューロンの集まり)を入力され

**図 3-1　再帰型ニューラルネットワークの処理 1**

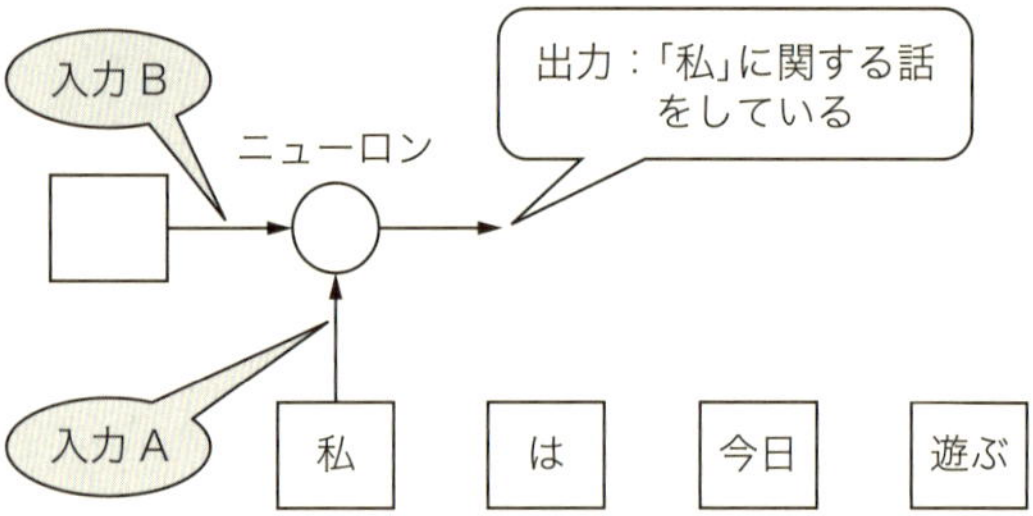


た（もしくは出力したい）単語の数だけ繰り返して使う、という方法です。単語数が多いなら、その数だけ何度も同じことを繰り返せばよい、というわけです。

まず、再帰型ニューラルネットワークの基本的な考え方について、「文章を入力して内容を解釈する」場合を題材にして触れていきましょう。基本的な考え方は「単語を一個ずつ入力するたびに、AIが理解した内容を少しずつ修正していく」という形になっています。

「私は今日遊ぶ」という文章を例にとって説明していきましょう。再帰型ニューラルネットワークは図3-1のように、単語を頭から一つずつ読んで（入力Aに）入力していきます。（入力Bもありますが、ここではいったん無視して大丈夫です）。「私」という単語が読み込まれることで、読みこもうとしている文章が「私」にまつわる話だということが見えてきます。

そのとき再帰型ニューラルネットワークは、入力された内容から見えてきた情報（「私」に関する話をしているということ）についてまとめた結果を出力します。[注38] これが一つ目の単語を入

図3-2　再帰型ニューラルネットワークの処理２

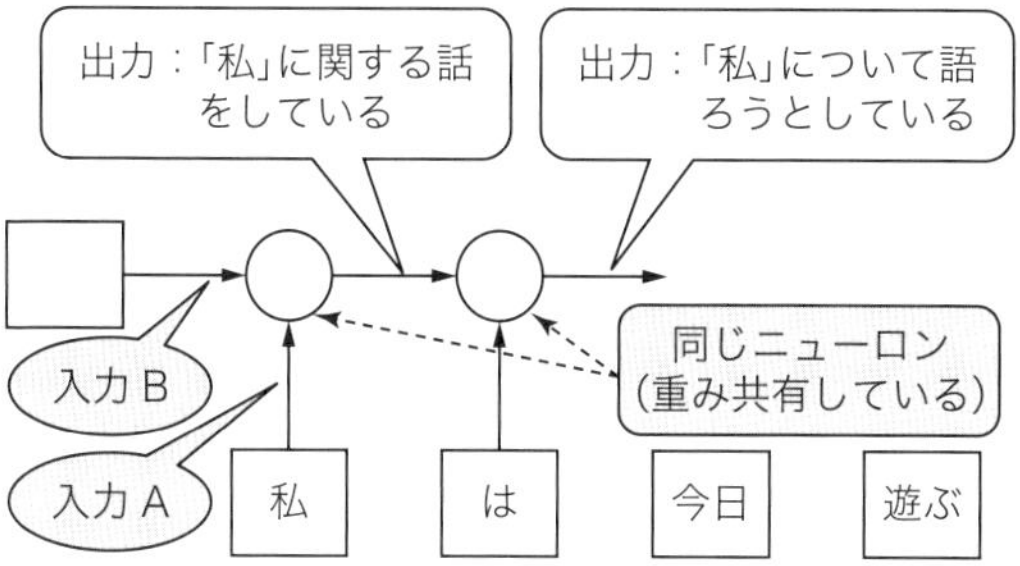


力した際に行われる内容です。

次に二つ目の単語「は」を入力してみましょう。再帰型ニューラルネットワークでは単語ごとに同じニューロン（つまり、重み共有されたニューロン）を追加していきます。追加された二つ目のニューロンは（入力Ａから入力された）「は」という単語から見えてくることはなにかを捉えようとします。

しかし、「は」だけでは、人間が見てもなんだか分かりません。その前に「私」という単語があったことを踏まえなければ、「は」が何のためにあるのかは理解できないでしょう。

そこで、先ほど「私」という単語を読み込ませたニューロンの出力を活用するのです。この出力には、「私」に関する話だという情報が含まれていましたよね。つまり、これも一緒に入力として与えれば、「は」が何のためにあるのかを把握できるようになるだろう、というわけです。

この情報を入力する入り口として、先ほどは使っていなかった入力Ｂを使います（図3-2）。すると、「私」に関する話だという情報と、「は」という単語とが組み合わせて捉えら

**図 3-3** 再帰型ニューラルネットワークの処理３

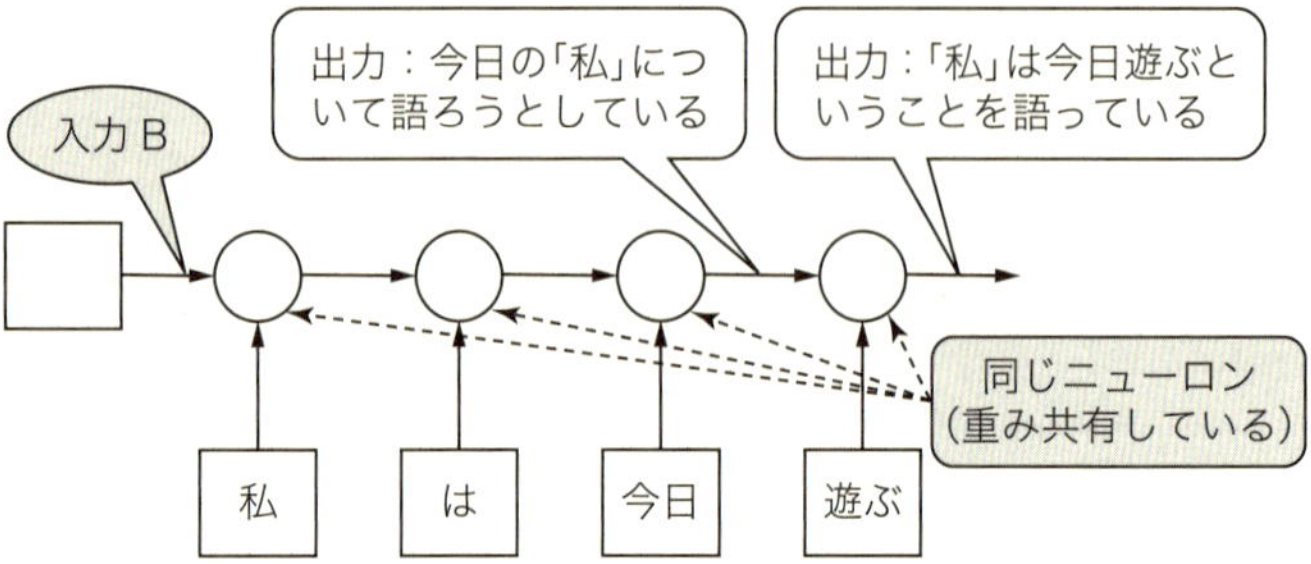


れ、「私」について語ろうとしていることが把握できます。そしてこの把握した内容が、二つ目のニューロンの出力として出てくるのです。

さらに三つ目のニューロンを用意し、二つ目のニューロンの出力と単語「今日」を入力すると、今日の「私」について語ろうとしていることが把握できます。さらにその出力を四つ目のニューロンに入力し、単語「遊ぶ」と組み合わせれば、「私は今日遊ぶ」という内容が把握され、四つ目のニューロンの出力として出てくるのです（図3-3）。

この構成であれば、文章がいくら長くても問題がありません。その分だけニューロンを追加し、つなげていけばよいのです。こうして再帰型ニューラルネットワークは、言語が持つ可変長という性質に対応できるのです。

ちなみに、一つ目のニューロンにおける入力Ｂには何を入れるのでしょうか。実は何でも構いません。特に何も入れるものがなければ何も入れない（代わりに0を入れる）としても構いません。ただ、何か情報を入れておくと、ＡＩの性能が上

図3-4　再帰型ニューラルネットワークでの自動翻訳例

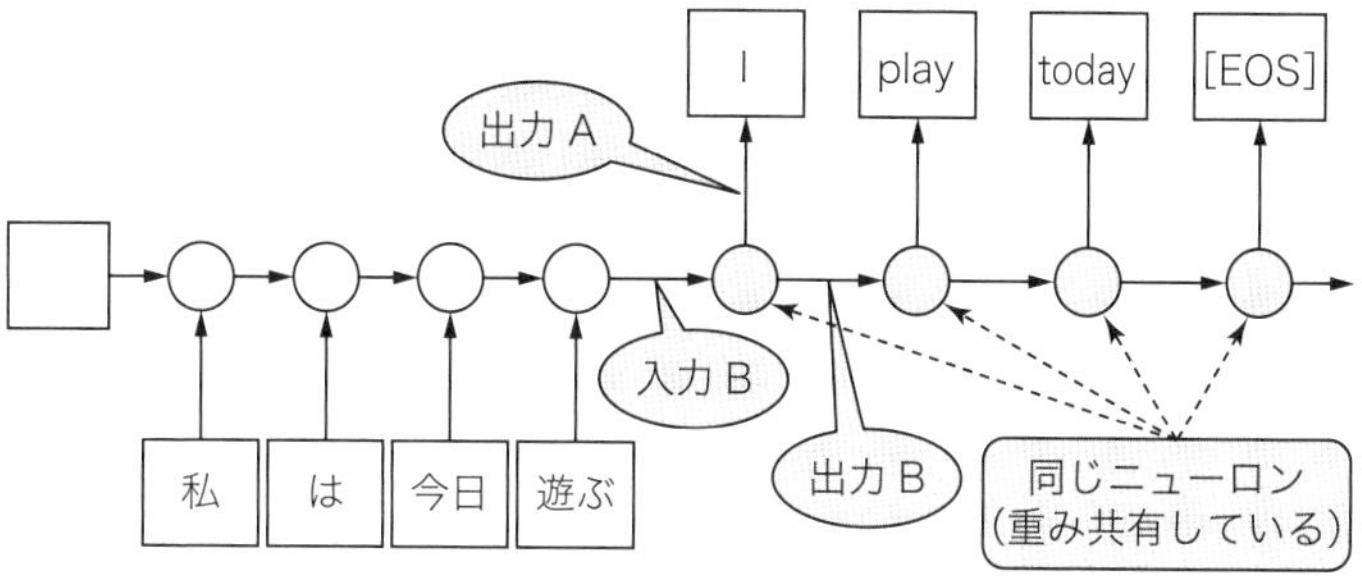


がる可能性もあります。たとえば、この文章を読む上での事前情報（発話者の情報）や、発話者のこれまでの発話情報をまとめたものなどを（全結合層などを通して見方を変えたうえで）入力する、といったことが考えられます。

入力だけでなく、出力も同じ考え方で可変長を扱えます。たとえば「私は今日遊ぶ」を英語に翻訳して出力する場合は、図3-4のような形で実現できます。図の右の方にある出力用のニューロンは、単語を入力する代わりに出力するので、入力Aがなくなり、出力Aへと変わっています。この出力Aから、英訳された単語が一つずつ出てくるわけです。

図3-4では、最後に［EOS］というのを出力していますが、これは出力したい文章が終わったことを示す特殊な単語です。逆にいえば、［EOS］が出てくるまで、いくらでも文章を長くつなげることができるのです。ここで示した再帰型ニューラルネットワークの構成は、実際に多くの自動翻訳で用いられています。注▼39

こうしてみると、再帰型ニューラルネットワークは少し複雑なつくりをしていることがお分かりいただけたと思います。この複雑なつくりのため、学習する際に制約が多く、効率的な学習が難しいのです。このことが、言語系のAIの性能がなかなか向上しにくい一因ともなっていました[注40]。

## ◎BERTの方針

そこでBERTは、再帰型ニューラルネットワークを使わないという方針を取っています。可変長への対応はいったん諦めるとしたわけです。そのため、図3-5に示すように、入力を固定の数（512単語）だけ用意し、それ以上に長い文章は扱わない、としています[注41]。

当然ながらこの方法では、あらゆる文章を扱うことはできません[注42]。しかし、いくら文章を無理やりつなげて長くできるといっても、日常生活の中でそんなに長い文章に出会うことはまずないでしょう。ビジネスの世界でも、文章は簡潔に短く書くことが求められます。そのため、一定単語数以上の文章が扱えなくなったとしても、実用的に考えたときに大した問題にはならないでしょう。BERTはいわば、あらゆる文章を扱えるという理想より、一般的に使われる文章を扱えるという現実をとったのです。

## ◎BERTのモデル構成

それでは、いよいよBERTの実態に迫っていってみましょう。BERTは、「文章のある位

図 3-5 BERT が処理できる文章

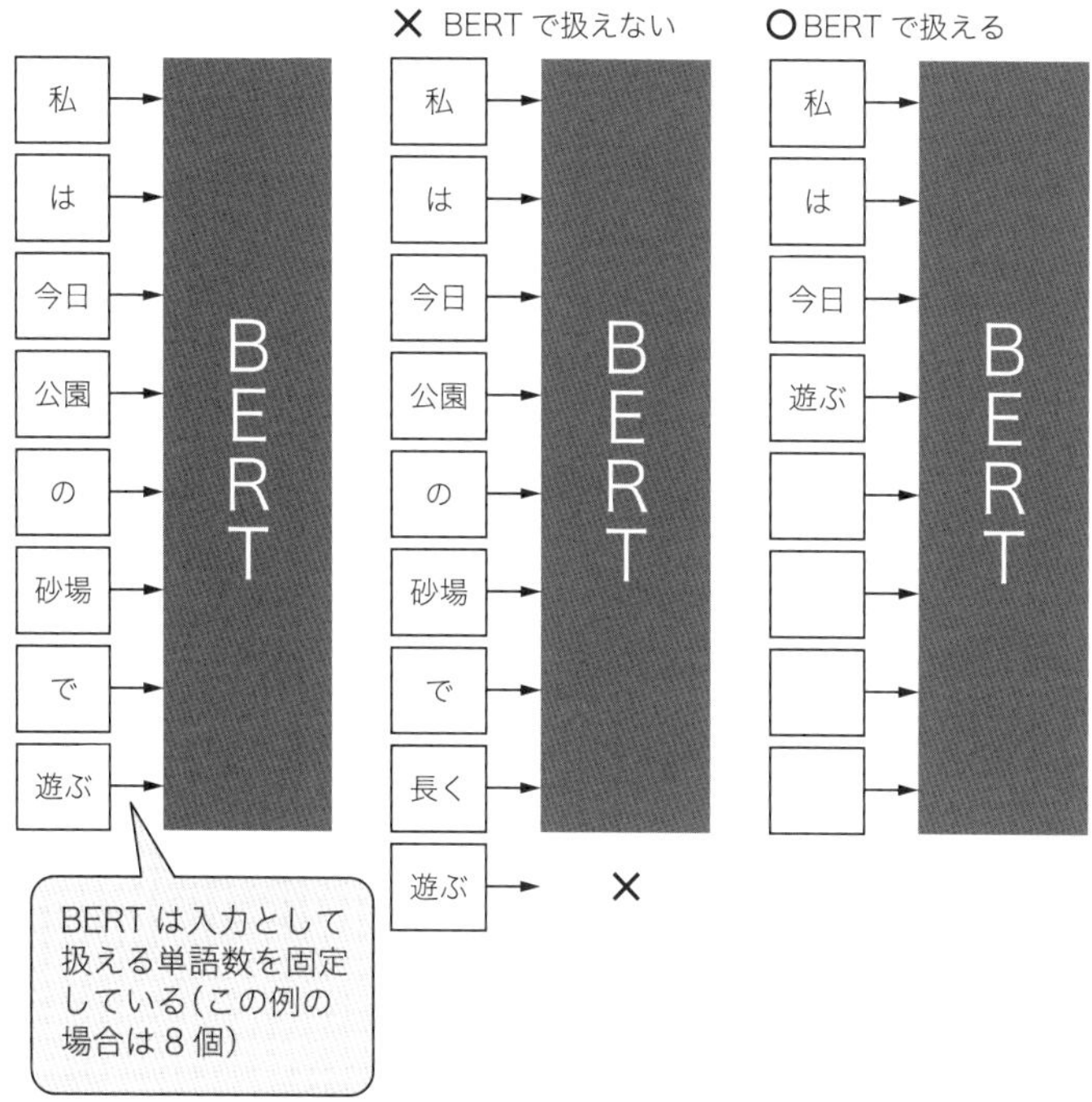

置に当てはめられる単語を理解したい」と「ある文章につなげられる文章を理解したい」という二つの課題を掲げ、これらに対応した問題集を使って学習するということを、「目標設計」の実態の節でお話ししましたね。そして人間が作った文章を加工することで、この二つの課題に対応した問題集（問題と正解）を作成するのでした。

では実際に、『私は行く。そして遊ぶ。その後帰る。』という文章を使って、以降の説明に使う問題と正解を作っておきましょう。なお、以降ではより厳密に、句点も一つの単語として扱っていきます。

まず一つ目の課題「文章のある位置に当てはめられる単語を理解したい」についてです。BERTでは、文章の一部を塗りつぶして、塗りつぶされた場所に入れられる単語を当てることを学習するのでした。BERTでは塗りつぶすという作業を、「[MASK]」という特殊な単語に置き換えることで実現しています。

『私は行く。そして遊ぶ。その後帰る。』の中から適当な単語、ここでは「そして」を塗りつぶすことに決まったとしましょう。この場合、『私は行く。[MASK]遊ぶ。その後帰る。』という文章へと変更されます。そして「この文章の[MASK]の位置に入る正解は『そして』である」ということが問題集に登録されます。

さて、二つ目の課題は「ある文章につなげられる文章を理解したい」でした。この課題では、問題として二つの文章を用意し、その二つの文章がつなげられるか、つなげられないかを正解として登録することになります。

BERTでは二つの文章の終わりに特殊な単語「[SEP]」を挿入することで、各文章の終わりの位置をAIに教えます。たとえば、『私は行く。[MASK]遊ぶ。[SEP]その後帰る。[SEP]』とすれば、一つ目の文章は『私は行く。[MASK]遊ぶ。』であり、二つ目の文章は『その後帰る。』であると分かる、というわけです。そしてこの二つの文章は元からつながっていたのですから、正解は「(二つの文章は)つながげられる」とします。

さて、それでは今回作った問題『私は行く。[MASK]遊ぶ。[SEP]その後帰る。[SEP]』と、二つの正解「[MASK]の位置に入る正解は『そして』である」「(二つの文章は)つなげられる」を使ってBERTの全体像を見てみましょう。

BERTのディープラーニングのモデル構成を図3-6に示します。左側が入力であり、問題を構成する単語が一つ一つに分けられて、入力として与えられています。ただし最初(一番上)の入力には「CLS」という特殊な単語が必ず入ることになっています。なぜなのかは後述します。

図の右側、出力の方を見てみましょう。BERTでは、入力された情報と同じ数だけ出力が存在していて、入力と出力が一対一に対応しています。一つ目の課題「文章のある位置に当てはめられる単語を理解したい」に対する解答には、問題として使われた単語(今回の場合は[MASK])の入力位置に対応した出力を使います。ここから出力された単語と、その正解「そして」とを照

図 3-6　BERTのモデル構成

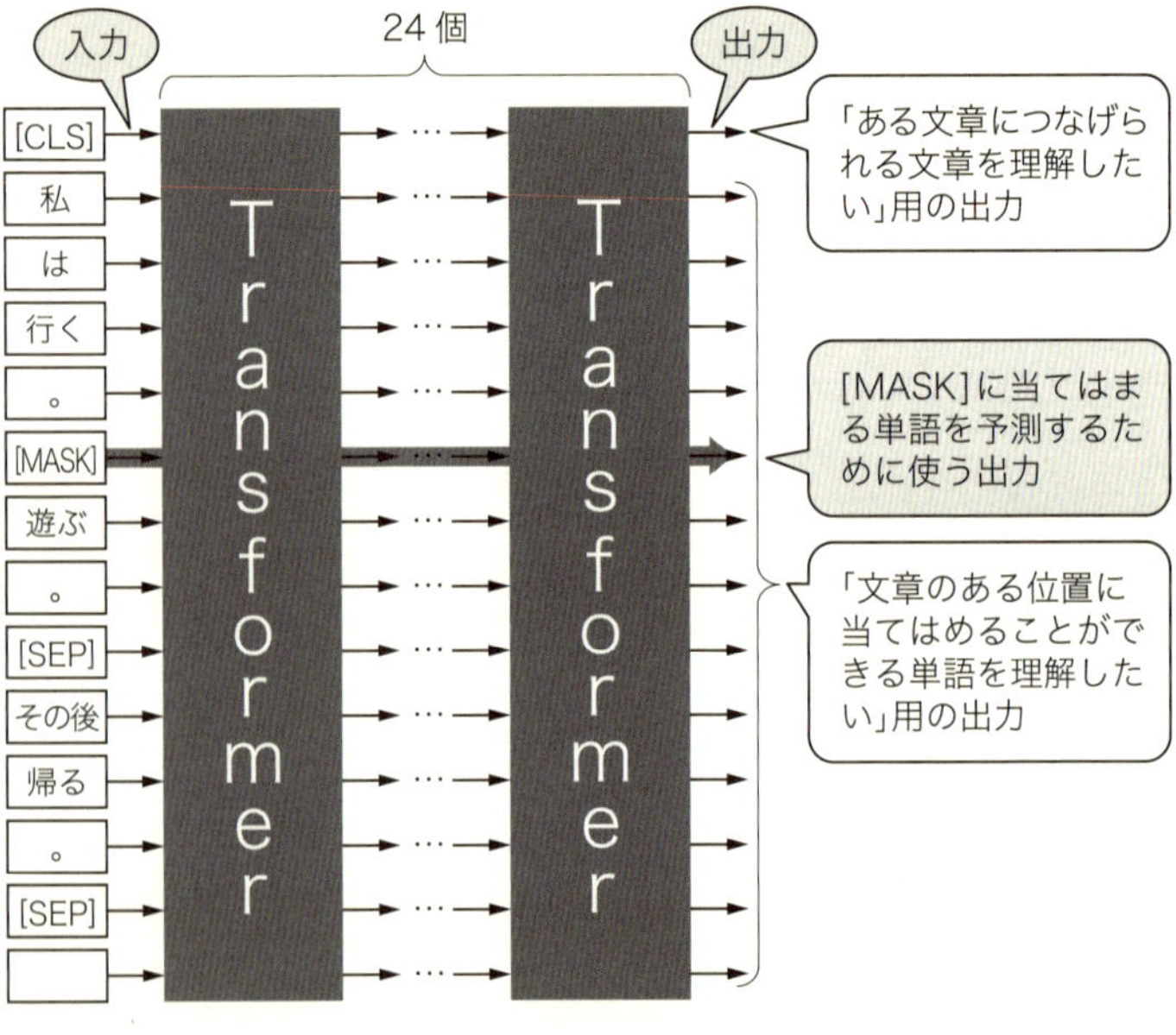

らし合わせ、きちんと合致するように重みを調整して学習していくのです。注▼43

二つ目の課題「ある文章につなげられる文章を理解したい」については、一番上にある出力を使います。ここに対応する入力として（問題文の単語を入れずに）［CLS］を入れていたのは、この出力を「ある文章につなげられる文章を理解したい」という課題専用にするためなのです。

そして入力と出力との間には、Transformerという部品がつなげられています。[9] これもやはり、入力と同じ数だけ出力が存在していて、入力と出力が一対一に対応しています。

BERTはTransformerが24個つながっている、という非常にシンプルな構成となっています。注▼44 Transformerについては後ほど説明しますが、入力単語全体を取り込む大きさの部品となっていることから分かるように、文章全体を考慮した特徴を見出すことができます。

### ◎分散表現

実は先ほどのBERTの図では、少し説明を省いていた部分があります。それは「入力や出力として単語を扱っている」という点です。ディープラーニングはすべて数値で扱っていたことを思い出してください。画像の場合は、色の濃淡を数値化して使っています。では単語はどうやっているのでしょうか。

何も考えず、単純に単語ごとに数値を割り振ってしまうのは簡単です。たとえば、マイナス1

**図 3-7　ニューロンにおける画像と言語の処理例**

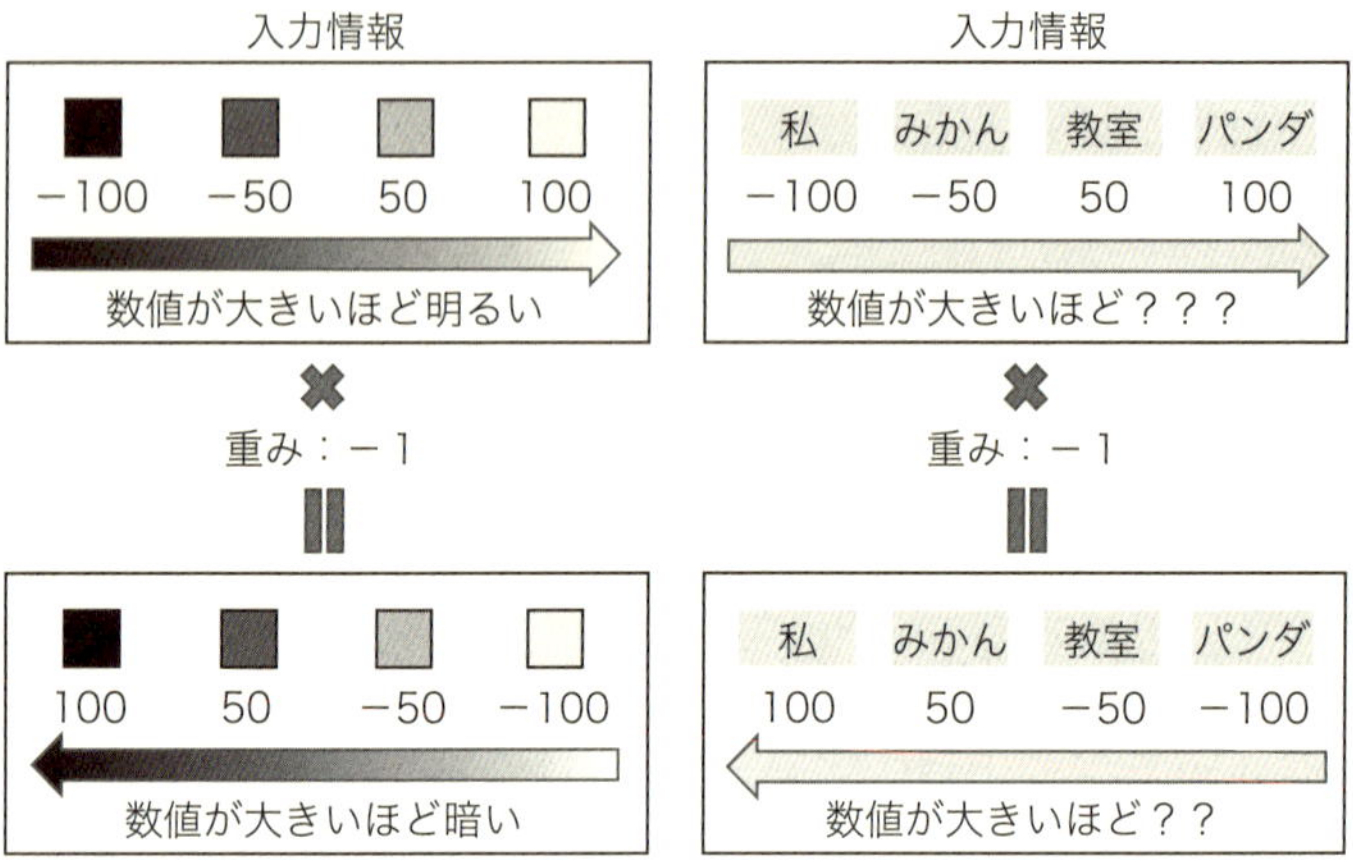


0なら「私」、マイナス50なら「みかん」、50なら「教室」、100なら「パンダ」といった具合です。当然ながら、この数値の大きさに特段意味はありません。しかしディープラーニングでは、こうした意味のない数値の振り方をされると困るのです。

1章の「ディープラーニングの詳細」の節の手順2において、ニューロンで出力を計算する際には、「入力×重み」という「掛け算」の結果が出力、つまりは見出される特徴と連動することをお話ししました。このため、入力は「数値が大きくなるほど○○である」、あるいは「小さくなるほど○○である」といった関係性を持っていることが重要になってきます。

たとえば画像なら、数値が小さいほど暗く(黒く)、数値が大きいほど明るい(白い)、といった関係性があります(図3-7左上)。仮に重み

**図 3-8　単語の数値化例**

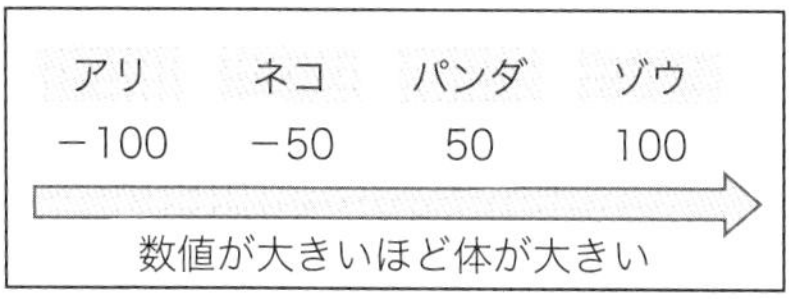


がマイナス1だとした場合、「入力×重み」の結果は、「数値が大きいほど入力された情報(画像)は暗い」という関係になります(図3-7左下)。これはつまり、「入力された色が暗い色であるか?」という特徴を見出している、と捉えることができるわけです。

しかし、単語に対して適当な数値を割り振ってしまった場合はどうなるでしょうか。重みが同じようにマイナス1だとした場合、図3-7右下に示すように「私」や「みかん」は数値が大きいグループ、「教室」や「パンダ」は数値が小さいグループということになります。しかし、このグループ分けにあまり意味がなさそうなのはお分かりいただけるでしょう。

理想的な話をすれば、言語も画像と同じように、数値の大きさに意味を持たせたいところです。たとえば図3-8に示したように、数値が大きくなるほど体が大きな動物になり、数値が小さくなるほど小さな動物になる、といった感じです。

しかしこの方法だと、大きさ以外のことはまったく表現できません。言葉には大きさ以外にも、硬い・柔らかい、ふわふわ・ごわごわ、可愛い・怖い、といろいろなイメージがあるでしょう。こういった点も考慮できないようでは、あまりいい数値の割り振り方とは思えないですよね。

ではもう一つ数値を加えてみたらどうでしょうか。つまり、単語を(50、5)というように二つの数値で表してみるのです。たとえば図3-9に示す

図 3-9 二つの値を用いた単語の数値化例

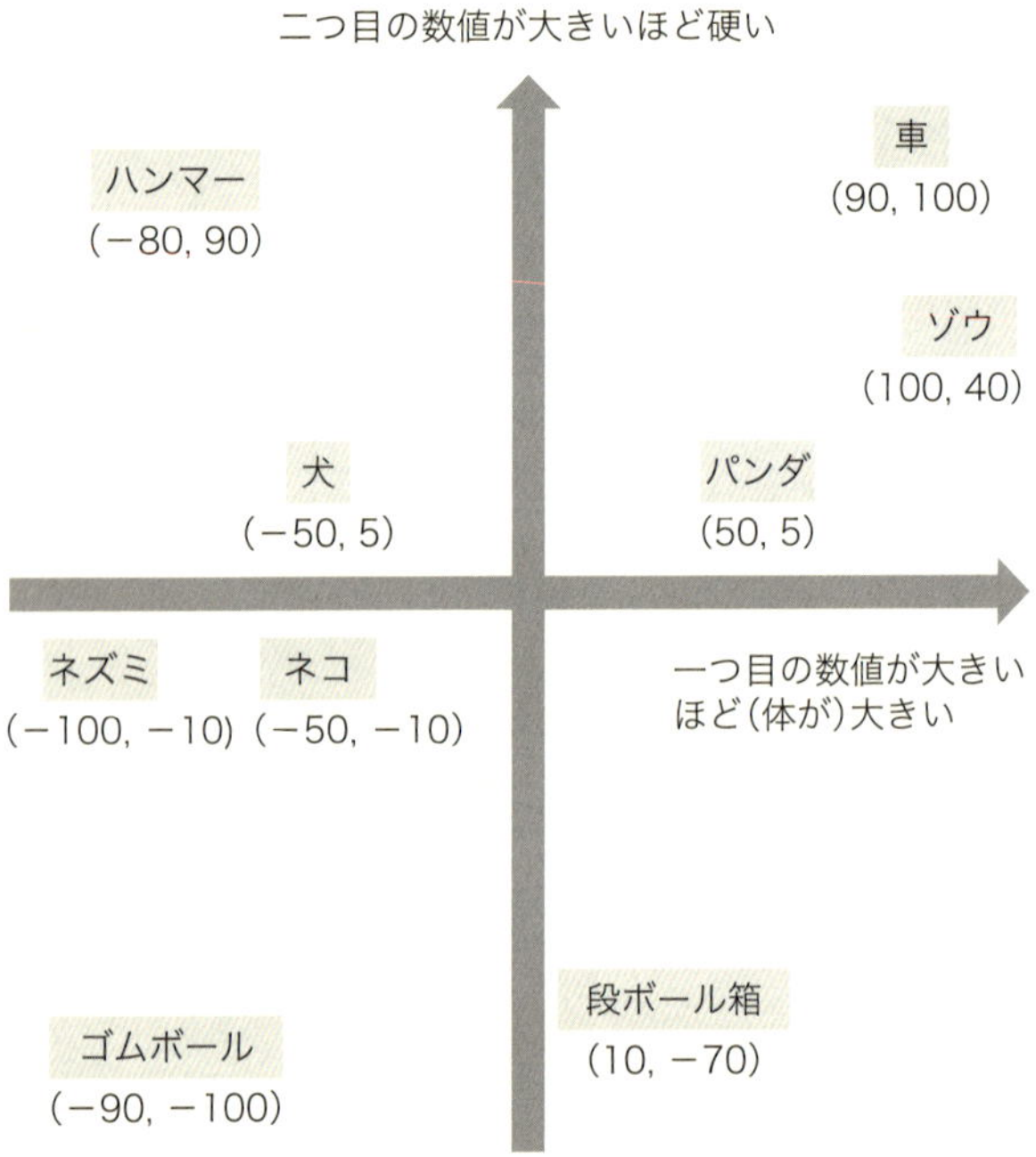

ように、一つ目の数値を「大きさ」、二つ目の数値を「硬さ」としてみるわけです（動物も種類によって大きさや硬さに差がありますが、この図はあくまで例として捉えてください）。こうすると、少し表現の幅が広がります。

しかしこれでも、表現できない言葉はまだまだたくさんあります。少なくとも、形のないものは表現できません。しかしもっと数値の数を増やしていけば、単語をうまく数値に割り当てることができるかもしれない、という期待感は出てきました。

このように、数値の組み合わせ（**ベクトル**）を使うことで、単語のような数値では本来表せないものを表現することを**分散表現**といいます。分散表現が実現できれば、ディープラーニングでも言葉をうまく扱えるようになり、読解力向上へとつながるはずです。

しかし、分散表現を人間が設計するのは大変です。そこで、ディープラーニングを使って学習できないか、ということが検討されるようになりました。この学習のことを**表現学習**といいます。

BERTでは、図3-10のように各単語を1024種類の数値を使って表現しています。そしてその数値自体を重みとして扱い、学習によって調整してしまうのです。最初は重みを適当に設定しているので、当然ながら分散表現にはなっていません。しかし、これを「分散表現であるとみなして」扱うのです。これはディープラーニングでの重要な考え方、「描いた構想に基づいてモデルを構成」を使っているわけです。

もちろんこんなやり方ですから、分散表現はそうそう学習できないと考えられていました。し

**図 3-10　分散表現**

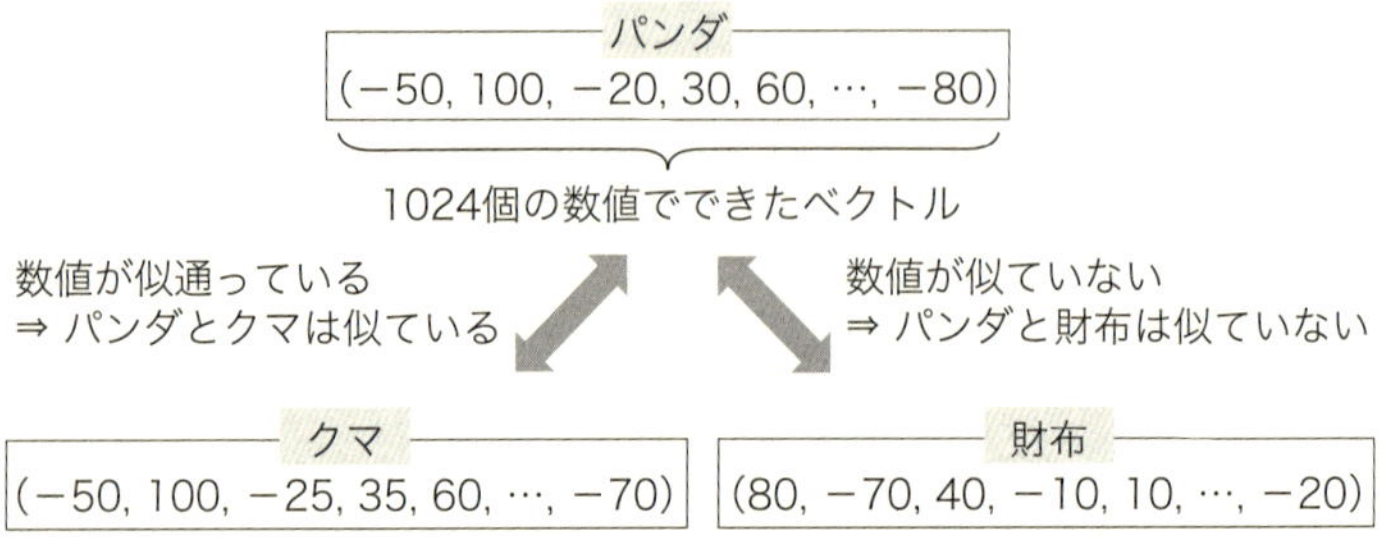


(注)この数値は分散表現の説明のための一例であって、BERTの分散表現ではありません

かし、実際にやってみたらうまい具合に分散表現を学習できたことから、言語を取り扱う方法として一気に取り入れられていきました。この流れを生み出した大きな要因となったのが**Word2vec**という手法です[10]。Word2vecは分散表現を学習することを目的としてニューロンをつなぎ合わせた表現学習専用の方法です。この方法で得られた分散表現は、ある特殊な特性を備えていたことで大きな話題となりました。

　分散表現は数値の組み合わせで形作られています。一つひとつは数値なので、当然足し算や引き算ができます。つまり、「単語と単語を足し合わせる」なんてことも分散表現を使えばできるのです(図3-11)。では実際に足し算や引き算をしてみたらどうなるのでしょうか。

　そこでWord2vecで作られた「king(王様)」、「man(男性)」、「woman(女性)」の分散表現を使って、次のような計算をしてみたのです。

**図3-11 分散表現の足し算例**

| | | | | | | | | |
|---|---|---|---|---|---|---|---|---|
| | パンダ | (−50, | 100, | −20, | 30, | 60, | …, | −80) |
| +) | 財布 | ( 80, | −70, | 40, | −10, | 10, | …, | −20) |
| | | ( 30, | 30, | 20, | 20, | 70, | …, | −100) |

「king（王様）」−「man（男性）」+「woman（女性）」

さて、この計算の結果もまた数値の組み合わせになるので、分散表現として捉えることができます。その結果をWord2vecで作られたさまざまな単語の分散表現と見比べてみたところ、「queen（女王）」にきわめて近かった、ということが分かったのです。

先ほどの計算式は「王様から男性を引き、女性を足す」という計算になっています。確かに人間がみれば、「王様から男性であるという情報を消して、女性であるという情報を加えたら、女王になる」というこの計算は妥当と思えます。

ここで重要なのは、AIが自動的に作り出した分散表現が、人間が「単語の意味を考慮すれば」理解できる解釈を実現していたことです。Word2vecは、BERTと同じように、「人間が作り出した文章」しか与えていません。単語の意味は一切教えていないのです。しかし、作り出された分散表現は意味を理解しているとしか思えない結果だったわけです。他にも、「パリ」から「フランス」を引き、「イタリア」を足すと「ローマ」になる、という結果もでています。

この成果を受けて、分散表現は言葉をディープラーニングで扱う方法として広く定着していきました。それに加えて、分散表現を単純に「足し算」することで意味を足し合わせる、という考え方も一般的に使われるようになっています。

ステップアップ

## BERTにおける分散表現の詳細

BERTも単語を分散表現に変えて入力しているのですが、厳密にいうと分散表現のベクトルに対し、さらに二つのベクトルを足し合わせています。

足しているものの一つ目は、文章が一つ目（最初の［SEP］より前にある文章）か、二つ目（最初の［SEP］より後にある文章）かを表すベクトルです。これは、図3-12に示すように2種類だけ用意されており、一つ目の文章中の単語には、一つ目の文章用のベクトル（前文）を、二つ目の文章中の単語には、二つ目の文章用のベクトル（後文）をそれぞれ足し合わせます。

［SEP］の位置をみれば二つの文章の境目は分かるのですが、それはあくまで人間なら解釈できるというだけです。ある一つの単語だけを見たときに、それが前の文章の単語かどうかは分かりません。そこをAIが判別できるように、このベクトルを分散表現に足しているのです。

足し合わせる二つ目のベクトルは、単語の位置を示すベクトルです。BERTが扱える最長の単

**図 3-12　BERTにおける入力の作り方**

| 単語の分散表現ベクトル | |
|---|---|
| [CLS] | (−50,−20, …) |
| 私 | (50,100, …) |
| は | (50,−70, …) |
| 行く | (80,−30, …) |
| 。 | (30,−10, …) |
| [MASK] | (−90, 10, …) |
| 遊ぶ | (90,−10, …) |
| [SEP] | (−80, 30, …) |
| その後 | (40, 60, …) |
| 帰る | (70,100, …) |
| … | |

| 文章が一つ目か二つ目かを表すベクトル | |
|---|---|
| 前文 | (−10,−90, …) |
| 後文 | (−10, 90, …) |

| 単語の位置を示すベクトル | |
|---|---|
| 第0 | (−30, 5, …) |
| 第1 | (−40, 5, …) |
| 第2 | (−30, 10, …) |
| 第3 | (−30,15, …) |
| 第4 | (−50, 10, …) |
| 第5 | (−40, 5, …) |
| 第6 | (−40, 20, …) |
| 第7 | (−50, 10, …) |
| 第8 | (−40, 30, …) |
| 第9 | (−50, 20, …) |
| … | |

| [CLS] | 私 | は | 行く | 。 | [MASK] | 遊ぶ | 。 | [SEP] | その後 | 帰る | 。 | [SEP] |
|---|---|---|---|---|---|---|---|---|---|---|---|---|
| [CLS] | 私 | は | 行く | 。 | [MASK] | 遊ぶ | 。 | [SEP] | その後 | 帰る | 。 | [SEP] |
| + | + | + | + | + | + | + | + | + | + | + | + | + |
| 前文 | 前文 | 前文 | 前文 | 前文 | 前文 | 前文 | 前文 | 前文 | 後文 | 後文 | 後文 | 後文 |
| + | + | + | + | + | + | + | + | + | + | + | + | + |
| 第0 | 第1 | 第2 | 第3 | 第4 | 第5 | 第6 | 第7 | 第8 | 第9 | 第10 | 第11 | 第12 |

**図 3-13　BERTにおける入力の、残差ユニットでの解釈**

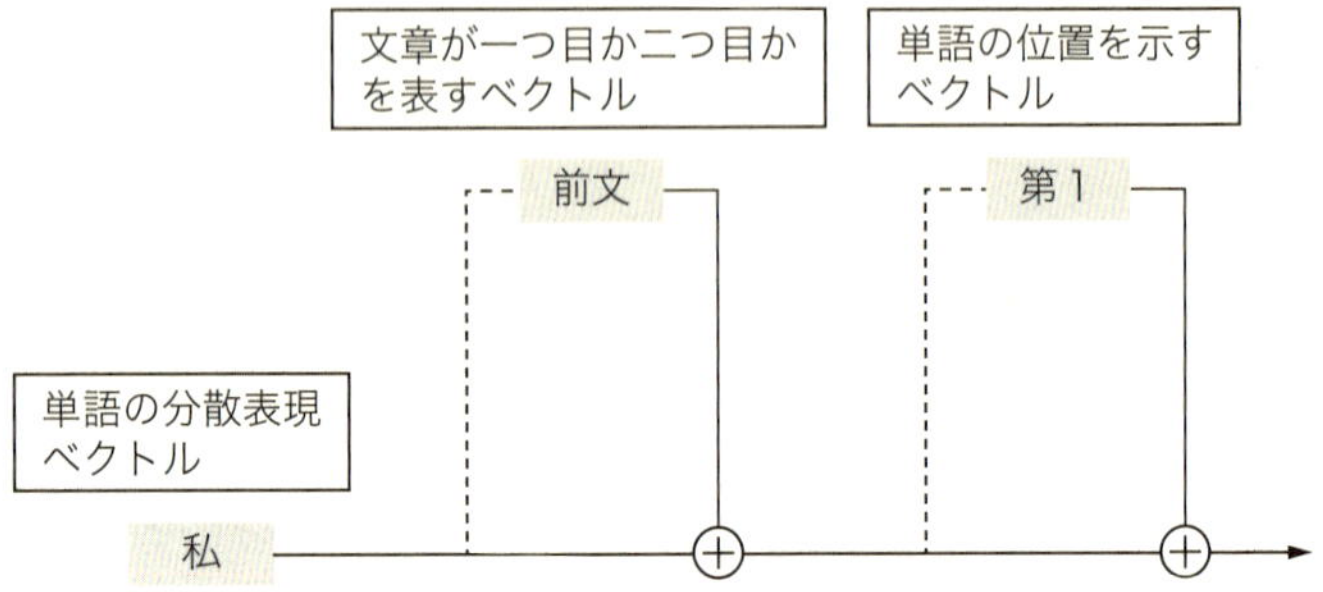


語数（512単語）の分だけベクトルが用意されており、入力位置に対応するベクトルを使用します。つまり、3番目に現れた単語には、3番目用のベクトル（第3）を足し合わせるわけです。これも、単語の情報だけをみてどの位置に現れた単語なのかを判別できるようにするためです。

　ではこのベクトル自体はどうやって作るのでしょうか。これも分散表現と同じです。すべて重みとして扱い、学習で自動的に調整するのです。

　ちなみに、三つのベクトルを足し合わせるという考え方は、図3-13のように捉えれば、2章で触れた残差ユニットと同じ考え方ともいえます。こうすることで学習を進みやすくしている、ともいえるわけです。

### ◎入出力を詳細化したモデル構成

BERTは分散表現を使って単語を扱っています。このことを反映して、BERTの全体像、特に入出力のあたりを詳細化した図が図3-14です。

単語はすべて分散表現に置き換えた上で入力されます（この図では分散表現のベクトルをイメージで記載しています。正確な置き換え方法については、先の「BERTにおける分散表現の詳細」の節を参照してください）。「CLS」、「SEP」、「MASK」も特殊な単語という扱いなので、対応する分散表現に置き換えて入力されます。なお、分散表現のベクトルは複数の数値で構成されるため、図中でも複数の矢印を使って表現しています。

出力についてみてみると、BERT本体の出力に対し、さらに各判定用の層を通して、それぞれの課題の解答が出力される形になっています。こうしているのは、BERTの最終的な目的がそれぞれの課題を解くことではないからです。

BERTは「自然な文章を理解したい」という課題を解けるAIをまず作り、そこで蓄えた知識を他の課題に転用しよう、という考え方でした。つまり、「文章のある位置に当てはめられる単語を理解したい」といった課題は「自然な文章を理解したい」へとつなげる方法の一つであって、これを解くこと自体は最終的な目的ではありません。

しかし、BERT本体の出力を「文章のある位置に当てはめられる単語を理解したい」といっ

**図 3-14　入出力を詳細化した BERT のモデル構成**

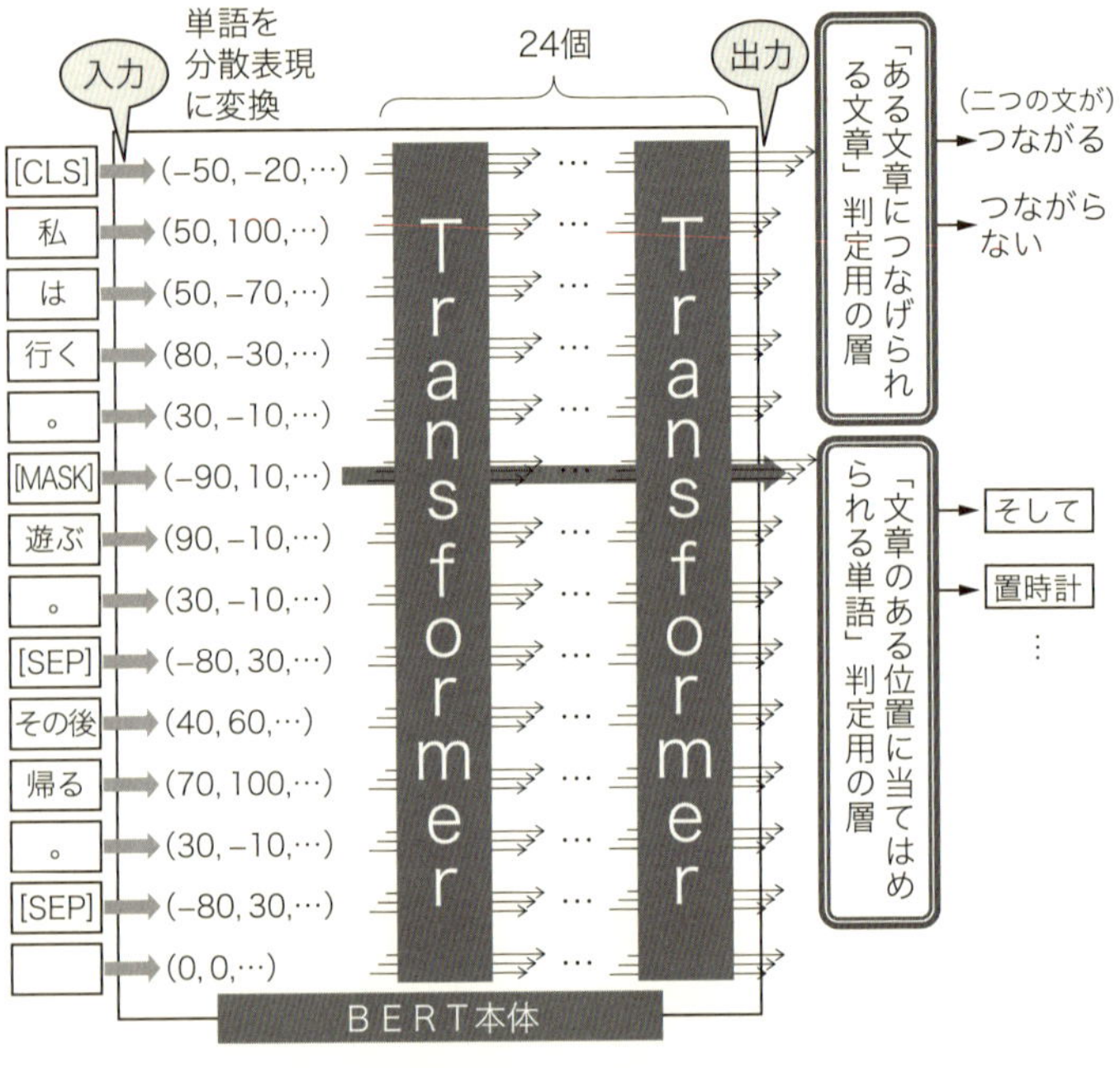

た課題の解答そのものにしてしまうと、本来得たかった「自然な文章の理解」についての情報は抜け落ちてしまいます。

そこで、BERT本体の出力に判定用の層、いわば「解答を取り出す専用の部品」をつなげることで、「BERT本体の出力から、課題の解答を取り出す」という流れにします。こうすれば、BERT本体の出力には「自然な文章の理解」についての情報が集まるだろう、と考えたわけです（なお、この専用の部品には主に全結合層が用いられています。つまり、見方を変えて各課題の答えを取り出しているのです）。

ちなみに、BERT本体の出力もベクトル（数値の組み合わせ）になっています。出力は入力と一対一に対応していますから、入力した単語それぞれにBERT本体の出力が一つ紐づいていることになります。そうすると、BERT本体の出力は「入力した単語の分散表現みたいなもの」といえそうな気がしますよね。では、この「分散表現みたいなもの」と、入力の際に使っていた「分散表現」とでは何が違うのでしょうか。

実際のところ、どちらも分散表現といって差し支えはありません。しかし、考慮されている情報が異なります。入力の際に使っている分散表現は、単語ごとに一つずつ存在していました。しかし、これでは分散表現として精緻なものにはなりません。なぜなら、単語には複数の意味がありえるからです。

たとえば、「あまい」という単語は、「このみかんはいいね。とてもあまい」といった味覚としてのあまさの他に、「彼は優しすぎるよ。とてもあまい」といった「厳しくない」という意味合いなどがあります。この意味の違いは、文章全体で捉えなければ判断できません。そのため、「単語ごとに一つだけ分散表現を割り当てる」という方法では単語を正しく表現できないのです。いかにして「文章全体を考慮した単語の分散表現を作るか」については、さまざまな研究が行われてきましたが、BERTはこれを実現しています。BERT本体の出力「分散表現みたいなもの」は、(Transformerを介して)文章全体を考慮した結果です。よって、「文章全体を考慮した分散表現」とみなすことができます。注▼45

したがって、この「分散表現みたいなもの」を使えば、文章全体を考慮しなくてはならない複雑な理解を必要とする課題でも簡単に解けるようになる、というわけなのです。

### ◎Transformer

それでは、BERTを構成する基本的な部品であるTransformerについて説明していきましょう。なお、TransformerはBERTよりも前に提案された部品です。

TransformerのモデルB構成を図3-15に示します。基本構造としてTransformerは二つの残差ユニットからなります。「上司」の判断を作る部分には、基本的に全結合層が使われています。ResNetで登場した残差ユニットは、その中身として畳み込み層を使っていました。しかし、今回は画像ではないので、画像の特性を考慮して作られた畳み込み層で

図3-15 Transformerのモデル構成

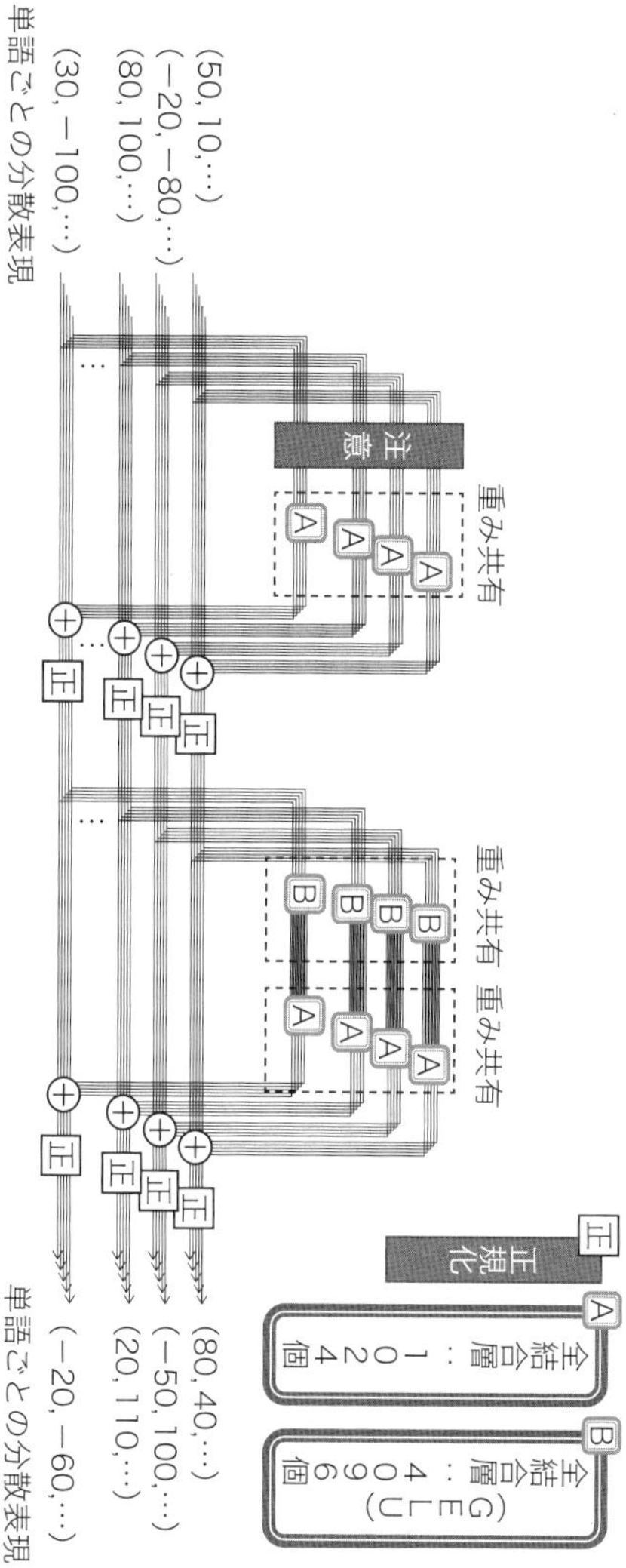

はなく、全結合層が使われているわけです。

また、各残差ユニットの後ろ（外側）では正規化をして、入力単語ごとに分散表現の数値のばらつきを調整しています[注46]（正規化については、2章のステップアップ：バッチ正規化で触れています）。なお、残差ユニット内の全結合層でReLUではなく、**GELU**というものが使われています。これはReLUに少し改良を加えたものであり、基本的にはReLUと同じだと捉えて差し支えありません。[注47]

さて、この中で特に目を引くのが、一つ目の残差ユニットの中にある「注意」という部品でしょう。この部品は入力単語全体にまたがって存在する大きなものであり、これによって、文章全体を考慮した「上司」の判断を分散表現に付け加え、より精緻な分散表現へ作り変える機能を実現しています。

ちなみに、残差ユニットの部下となる「平社員」は、単語ごとに割り当てられた分散表現が担っています。この「平社員」の意見を基礎としてTransformer（特に、その中にある注意）を繰り返し、文章全体を考慮した単語の分散表現へと作り変えていくわけです。

### ◎注意

Transformerを構成する残差ユニットの中で新しく登場しているのが**注意（アテンション）**という部品です。これは言語系AIにおいてよく使われる部品で、今の言語系AIの性能

**図 3-16 単語の組み合わせによる意味の変化**

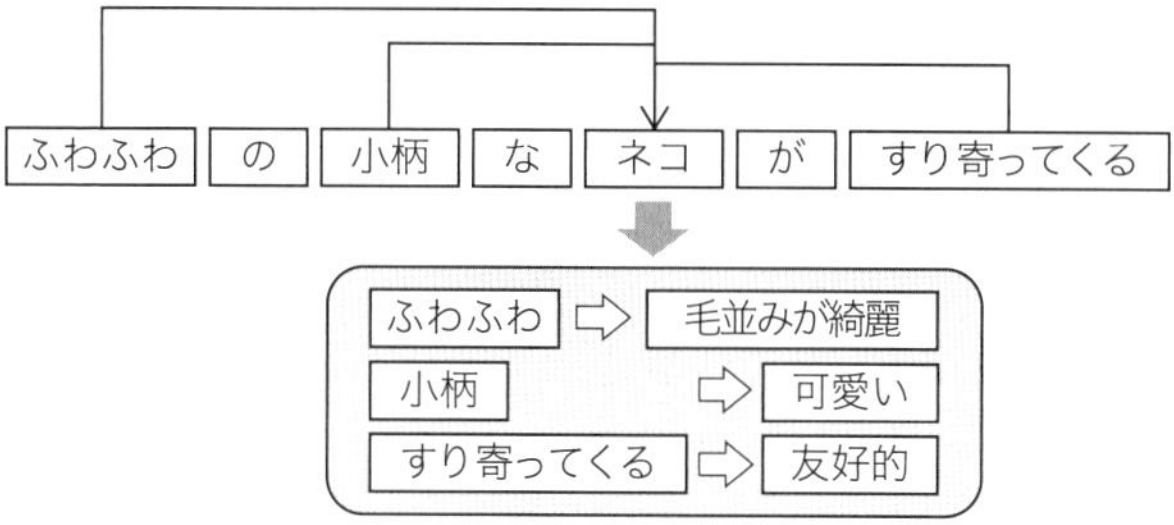


向上の立役者ともいえるものです。特に自動翻訳で導入されたことで、自動翻訳を使っていろいろなサービスが展開できるほどに高い性能を実現しています。[注48]

注意は、一言でいうと「(文章中にある)単語の組み合わせによって生まれる意味を捉える」方法です。文章を解釈するには、まず文章内の単語について解釈する必要があるでしょう。しかし、その単語だけ見ていても正しく解釈することはできません。

同じ「ネコ」という単語でも、周辺の単語次第でイメージは大きく変わります(図3-16)。たとえば、「ふわふわの小柄なネコがすり寄ってくる」という文章の場合、この文章で出てくるネコは、「ふわふわ」で「小柄」であり、「すり寄ってくる」存在であると分かります。また、これらの単語から類推されるイメージ、たとえば「毛並みが綺麗」「可愛い」「友好的」といった印象も加わってくるでしょう。

つまり、単語をどう解釈するかは、文章内の他の単語と組み合わせて考える必要があるわけです。ディープラーニングを使ってすべての単語を入力しておけば、勝手に単語の組み合わせ

**図 3-17　注意がもつ「辞書」のイメージ**

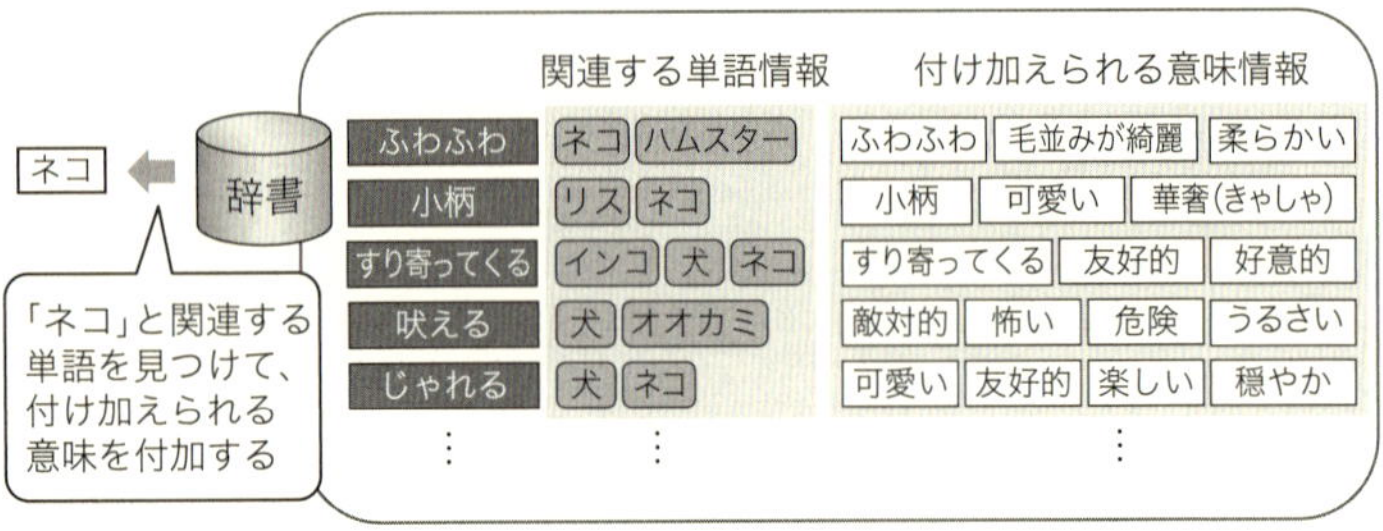


を解釈してくれるようになるかもしれません。しかし、あらかじめＡＩ設計者がＡＩに「単語は組み合わせで解釈しなくてはいけない」と「思考集中」をさせたほうが、もっと効率的に学習できるはずです。それが、注意という方法なのです。

注意は、図3-17のように「ある単語が、どの単語と一緒に現れると、どんな意味が付け加わるのか」ということが書かれた「辞書」のようなものをもっている、と捉えることができます。注意ではこの辞書を使って、意味を精緻化したい単語（本書では対象単語と呼ぶことにします）と、一緒に文章中に現れている他の単語（本書では周辺単語と呼ぶことにします）との組み合わせについて調べるのです。[注49]

もしその組み合わせが「関連する単語情報」の中に登録されていれば、対象単語に「特別な意味」が生じます。そしてその「特別な意味」は、「辞書」の中にある「付け加えられる意味情報」に記載されています。これを対象単語へと付け加えることで、「文章全体で見たときの」対象単語の意味が捉えられるようになる、という仕組みなのです。

たとえば「ネコ」と言う対象単語が「ふわふわ」という周辺単語と一緒に現れていたときは、「ふわふわ」を辞書で調べて「関連する単語情報」の中に「ネコ」がないかを探します。そこに「ネコ」が登録されていたのなら、「ネコ」と「ふわふわ」は、特別な意味が付け加わる「関連性」を持っていることになります。

その場合は、「ふわふわ」に紐づけられた「付け加えられる意味情報」を取り出し、「ネコ」へと付け加えます。こうして、「ふわふわ」に紐づいた「ふわふわ」「毛並みが綺麗」「柔らかい」が「ネコ」が持つ意味に付け加わり、文章全体でみたときの（より精緻な）「ネコ」のイメージ（意味）が得られる、というわけです。

では、ディープラーニングで注意がどう実現されているのかを見ていきましょう。まずは入出力についてです。図3-15の注意の入出力からも分かるように、入力も出力も、文章中に現れた全単語（正確には分散表現）です。ただし、入力された分散表現に比べて、「周辺の単語との関連性も踏まえた」、つまりより精緻になった分散表現となって出力されます。

では次に内部の詳細について話を進めましょう。分かりやすくするために、対象単語を具体的に一つ絞ったうえで説明してくことにします。ここでは、「ふわふわの小柄なネコがすり寄ってくる」という文章において、「ネコ」という対象単語の分散表現をより精緻にする例を題材としましょう。

先ほど「注意は辞書を持っている」と説明しました。しかし、単語の数は膨大なので、一つひ

図3-18 注意が持つ「辞書」の実現に必要な二つの要素

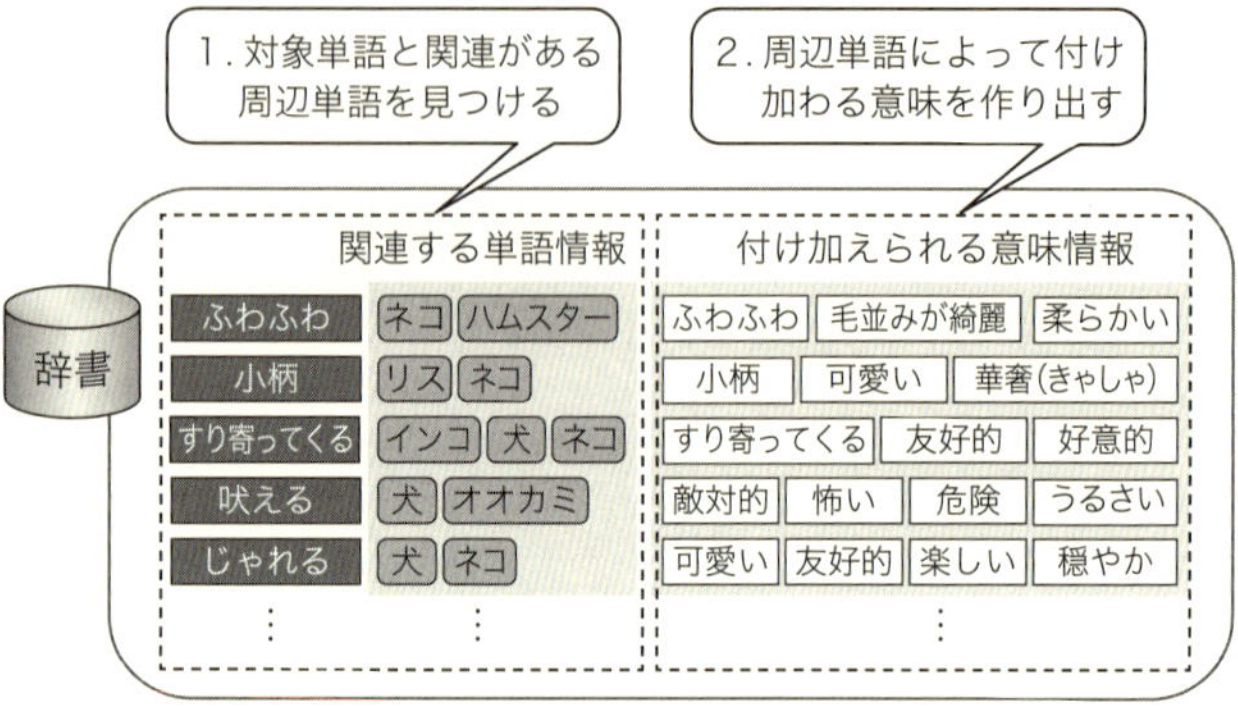


とつ登録しておくのは大変です。そこで、「辞書を持っているときと同じことができるようにしてしまおう」という考え方で実現しています。

注意は以下の二点の機能があれば実現できます（図3-18）。

1. 対象単語と関連がある周辺単語を見つける機能
2. 周辺単語が付け加える意味を作り出す機能

一つ目の機能で、「ネコ」に関連性がある周辺単語を見つけ出せますし、二つ目の機能でその周辺単語によって「付け加えられる意味」を作り出せれば、対象単語「ネコ」へと付け加わる意味も分かる、というわけです。

では、この二つの機能はどうやって実現すればいいのでしょうか。ここで、Transformerに入

**図 3-19 加法注意**

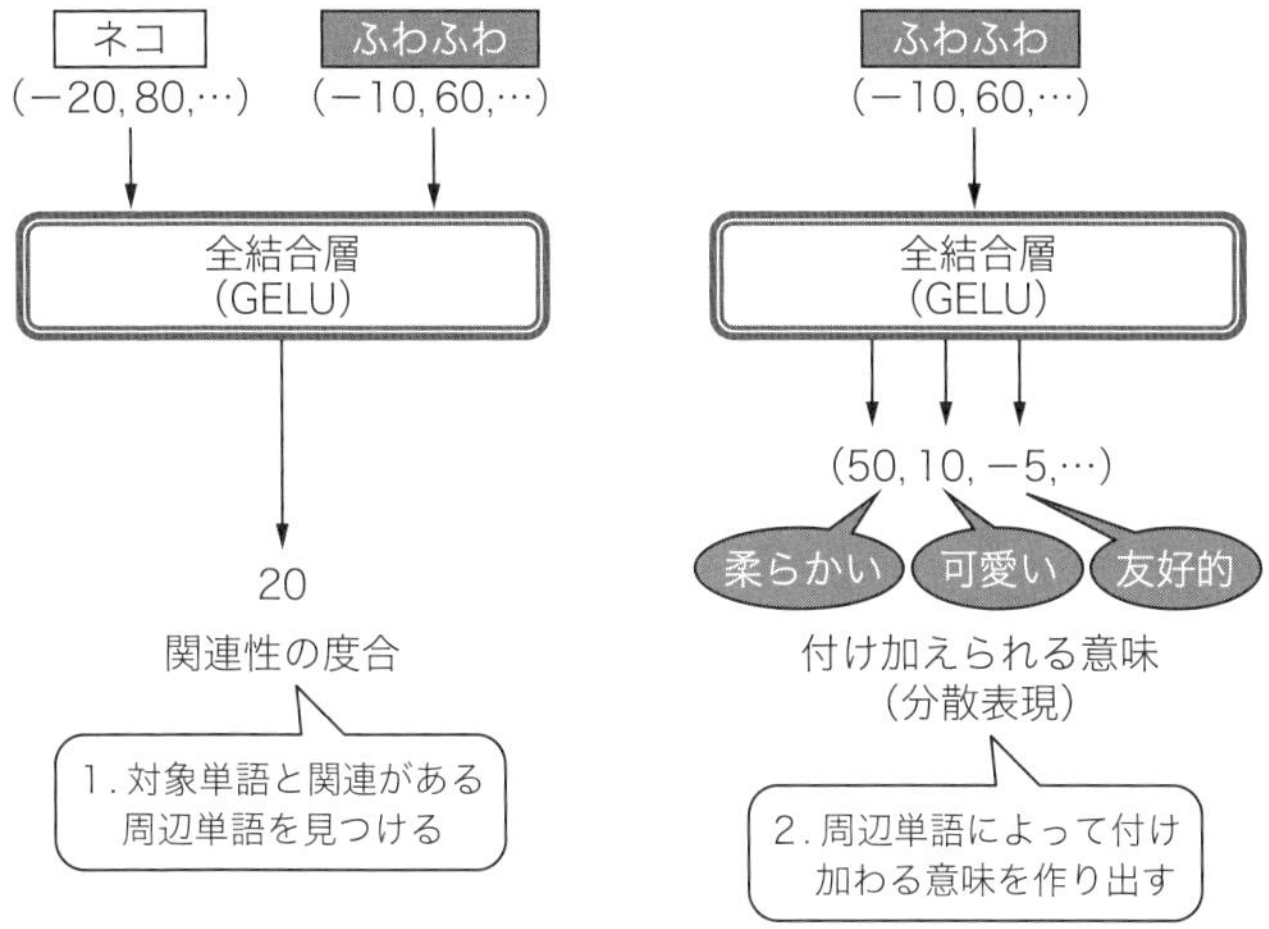


力された各単語の分散表現は「各単語についての情報をまとめたもの」だったことを思い出してください。ならばきっと、これらの分散表現の中には「対象単語と関連がある周辺単語を見つける」ための情報や、「周辺単語が付け加える意味」の情報も含まれている、と期待できます。そうであれば、分散表現の中から取り出せばよさそうですね。

では具体的な方法を見てみましょう（図3-19）。一つ目の機能は「対象単語と関連がある周辺単語を見つける」機能でした。つまり、対象単語と周辺単語の「関連性の度合」が分かればいいわけです。

そこで、対象単語と、（関連性があるかを見出したい）周辺単語、これら二つの分散表現を全結合層に通して見方を変えることで、両者の「関連性の度合」を取り出す、というモデル構成にします。この「関連性の度合」は、数値が大きいほど両者の関連性が高いと捉えます。もちろんこれは「構想」であって、本当に「関連性の度合」になるという保証はありません。あくまで「描いた構想に基づいてモデルを構成」していくわけです。

次に、二つ目の機能は「周辺単語が付け加える意味を作り出す」機能でした。そこで、周辺単語を一つずつ（先ほどとは別の）全結合層を通すことで見方を変え、その周辺単語によって「付け加えられる意味」を取り出す、というモデル構成にします。二つ目の機能では、単語に加わる「意味」を取り出したいのですから、分散表現を出力する形にします。こちらもやはり、うまく見出せる保証などありませんが、そうなるという「構想」のもとに組み立てます。

さて、これで注意を実現するうえで必要な二つの機能が作成できました。これらの機能によって、対象単語と周辺単語の「関連性の度合」と、各周辺単語によって「付け加えられる意味」が得られます。注意では、（対象単語と「関連性の度合」が高い周辺単語がもつ）「付け加えられる意味」を、対象単語に付与することで対象単語の新しい分散表現を作ります。よって、どうやって「付け加えられる意味」を付与するか（足し合わせるか）を考える必要があります。

「付け加えられる意味」は分散表現として出力していました。すでに「分散表現」の節で触れたように、分散表現は単純に「足し算」することで意味を足し合わせることができます。したがって、「関連性の度合」が高い周辺単語の「付け加えられる意味」を並べて、図3-20で示したような形で文字通り「足し算」すれば、対象単語の新しい分散表現が得られる、というわけです[注▼50]。こ

**図 3-20　注意による新しい意味の作成**

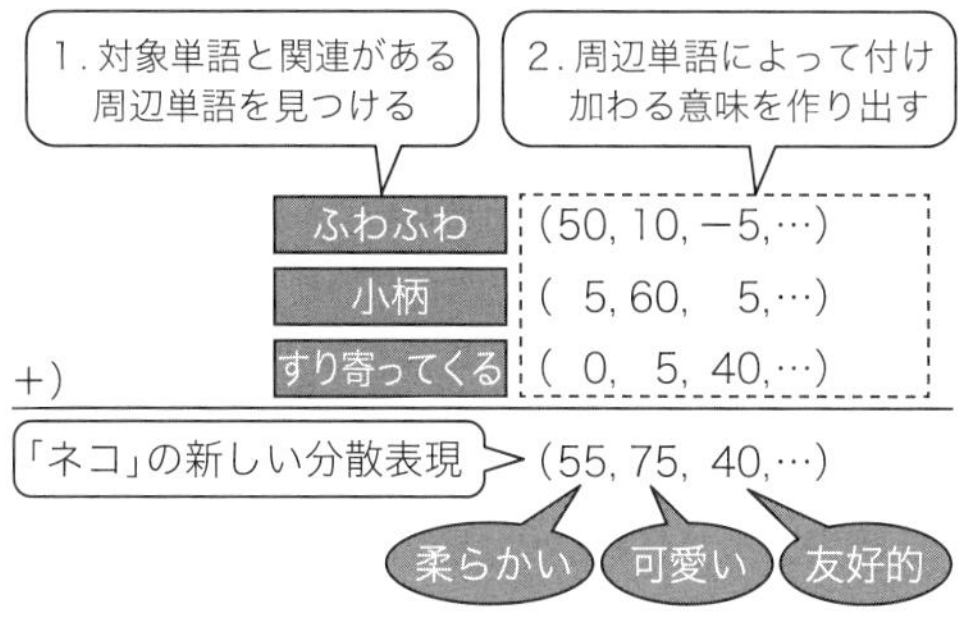


れが、注意によって対象単語の意味を精緻化する手順の全容です。

さて、ここで説明した注意は**加法注意**と呼ばれる方法です。加法注意は「対象単語と周辺単語を一緒に全結合層に入れてみれば、きっと『関連性の度合』が見出されるだろう」と期待する方法となっています。「描いた構想に基づいてモデルを構成」しているので、うまく学習できる可能性もあるでしょう。しかし、あくまでそうなることを期待しているにすぎません。

しかし、「単語の組み合わせ」が重要なことは明らかなのですから、もっと明示的に「対象単語と周辺単語の『関連性の度合』を取り出して使う」と限定した方が、高い性能が得られそうですよね。そこで、BERTでは図3-21の右に示した方法を使って、「関連性の度合」を算出しています。

まず、各単語を一つずつ全結合層に通して分散表現を取り出します（対象単語と周辺単語とでは別の全結合層を用いま

**図3-21 加法注意と内積注意の違い**

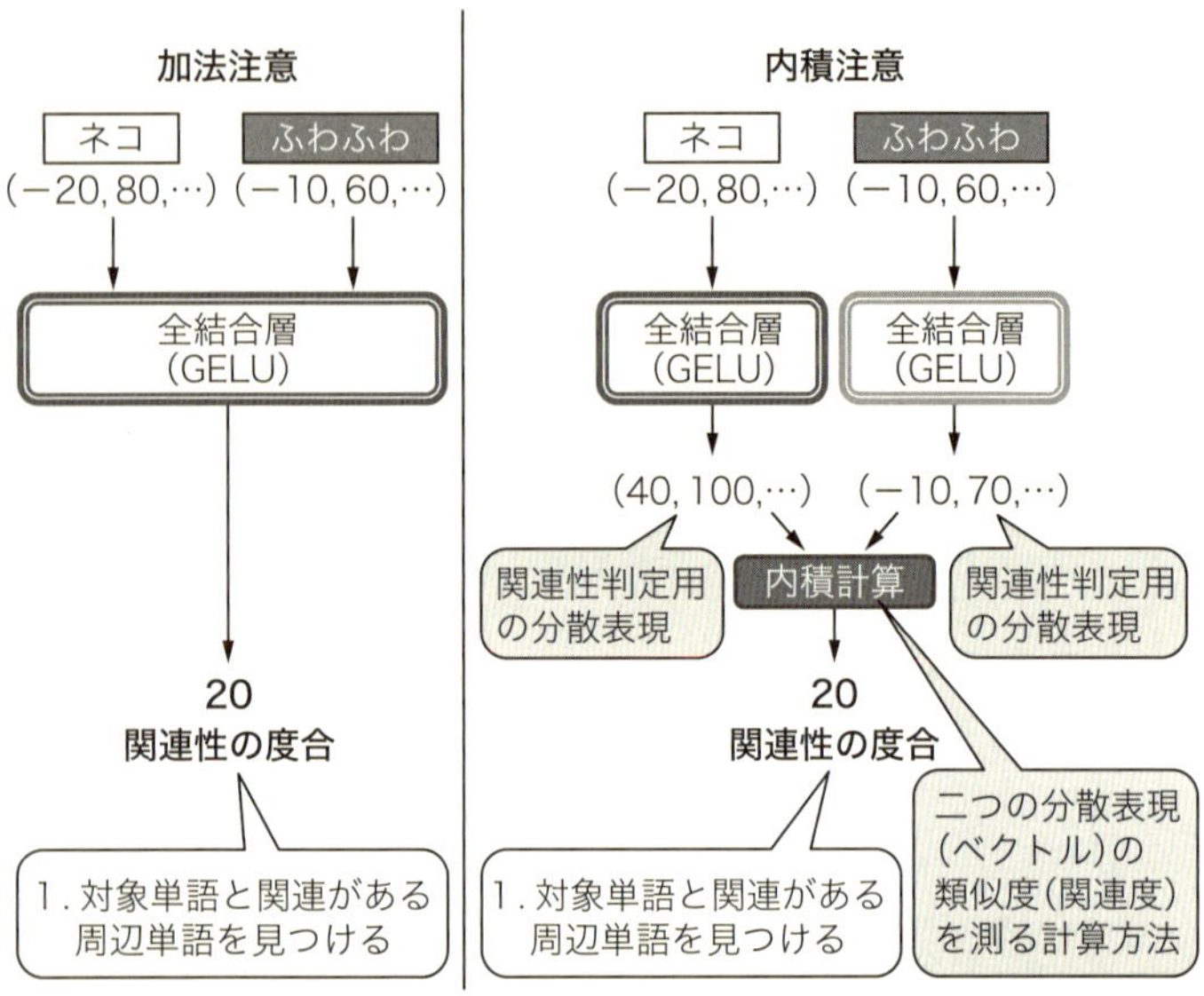


す)。そして、取り出した分散表現同士の「関連性の度合」を、ニューロンや重みなどは一切使わず、「一般的なものさし」を使って計算するのです。

こうすれば、学習によって「関連性の度合」が「描いた構想」通りに得られることを期待する、という形ではなくなります。「二つの単語の関連性を取り出す」という方針がより「明示的」になるわけです。BERTでは、「関連性の度合」を測る「一般的なものさし」として、**内積計算**を用いています。[注51] そのため、この仕組みで作られる注意のことを、**内積注意**といいます。

ちなみに、内積は図3-10のように、数値が似通っているほど関連性(類似性)が高いと計算する方法となっています。

BERTでは、Transformerの中で注意を組み込み、それを何度も繰り返し重ねることで、文章全体を踏まえた上での、各単語についての深い理解や解釈を作り上げています。

## ステップアップ
## 複数ヘッド注意

BERTでは、実際には複数ヘッド注意（マルチヘッド注意）という注意を採用しています。通常の注意では、図3-22の中段に示したように、（各単語を全結合層に通して見方を変えることで取り出した）分散表現すべてを一度に使って、新しい分散表現を作っていました。これに対し複数ヘッド注意は、図3-22の下段に示すように分散表現を等分割し、分割されたそれぞれに注意を適用して新しい分散表現を作ります。注▼52

このとき、入力される分散表現が短いため、出力もそれに合わせて短くします。そして、その短く出力された結果をくっつけて、通常の注意で出力される分散表現と同じ長さにするのです。

通常の注意では分散表現に含まれる情報をすべていっぺんに検討しなければいけないため、「思考集中」がままならない可能性がでてきます。これを小分けにすれば、一度に検討する情報が減る

図 3-22 注意と複数ヘッド注意の違い

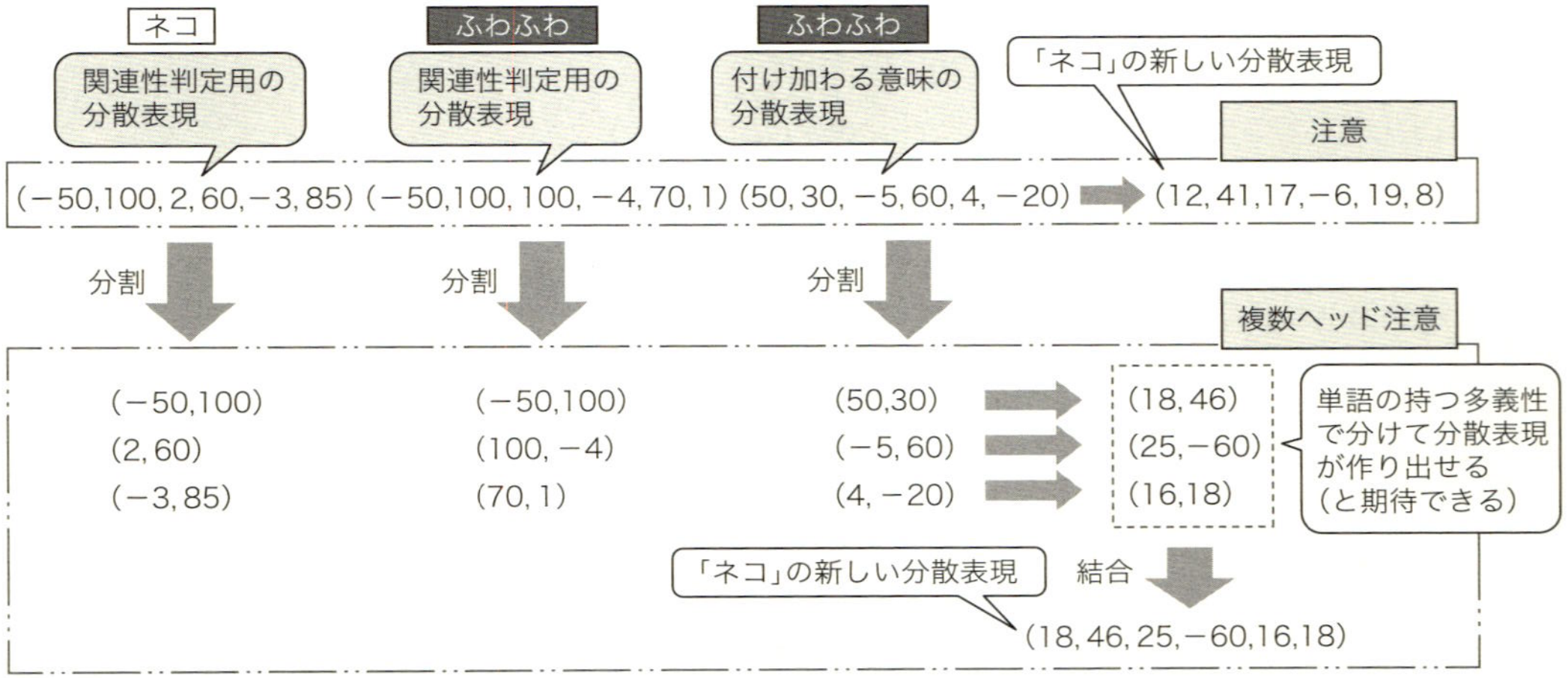

ので、「思考集中」がうまくいくのではないか、というわけです。

　また、複数ヘッド注意は「付け加わる意味」を複数持つ周辺単語にも対応できる可能性があります。たとえば「ふわふわ」という周辺単語は、動物と組み合わせれば「毛並みが綺麗」という意味が加わりますが、綿菓子などと組み合わせたときは「毛並みが綺麗」とはならないですよね。複数ヘッド注意なら「付け加わる意味」も小分けになるのではないか、と期待できます。

### ◎アンサンブル学習とドロップアウト

　2章の「過学習と正則化」において、過学習が学習における大きな問題であり、過学習を避ける方法として正則化という考え方があることをお話ししました。簡単に振り返っておきますと、ディープラーニングという頭の良い存在が「問題集に全問正解」することにこだわりすぎたあまり、照明が写りこんでいるといった重要ではない特徴まで使おうとしてしまったことが過学習を引き起こしました。多角的に物事を捉え、細かいことに気づくほど頭が良い存在だからこそ、過学習を避けることが難しくなったわけです。

　この過学習を避ける正則化以外の方法として、**アンサンブル学習**があります。これは、ひとことでいえば「三人寄れば文殊（もんじゅ）の知恵」です。それほど頭の良い存在でなかったとしても、三人集まって相談すれば良い知恵を生み出せる、という考え方です。

どんなに頭が良くても、（逆に頭が良すぎるからこそ）判断を間違えることはありえます。しかし、多人数が一斉に判断を間違えることはなかなかありません。そこで多人数で考えて、多数決をとることで安定した性能を得よう、というわけです。

アンサンブル学習をする上で重要なことは、「できるかぎり多種多様な意見を持つ人（AI）を集める」ことです。偉い人の意見に賛成してばかりで、反対意見を出せない人をたくさん集めても、なんの意味もないのは明白ですよね。多種多様な意見の元で議論して、その上で大多数の賛同を得る判断こそが、良い判断となるのです。

では、ディープラーニングでアンサンブル学習の考え方を用いるにはどうすればいいのでしょうか。単純に複数のAIを集めるのは大変です。なぜなら、ディープラーニングは一個のAIを作るのにも、かなりの手間と時間がかかるからです。そのため、別の方法でアンサンブル学習と同じ効果を得る方法が検討されるようになりました。そうして生み出された代表的な方法が、**ドロップアウト**です。

ディープラーニングはニューロンの集まりで構成されていて、ニューロン一つひとつが特徴などを判断する力を持っていました。つまり、ニューロン一つひとつが「多種多様な意見を持つ人である」とみることもできるわけです。そこでドロップアウトでは、各ニューロンが多種多様な意見を持つように調整することで、アンサンブル学習と同じ効果を持たせようとしています。

ではどうすれば多種多様な意見を持たせることができるでしょうか。一人ひとりが違う意見を持っているのは、経験してきたことや学んできたことが違うからでしょう。しかし、ディープラーニングでは同じ問題集を使っているため、学んできたことに違いが生まれません。

そこで、問題集を学習する際に、問題ごとにニューロンを「適当に取り除いて」学習させるのです。つまり、問題を学ぶための各「授業」において、適当に選んだ一部のニューロンを強制的に「欠席」させてしまうのです[注53]。

こうすれば、それぞれのニューロンが学ぶことは必然的に異なります。同じ学びをしていないのですから、各ニューロンは多種多様な意見を持つようになっていきます。もちろん、一部の授業を強制的に欠席されられているのですから、多少の性能劣化は生じるでしょう。でもアンサンブル学習の考え方によって、「それほど頭の良い存在でなかったとしても、三人集まって相談すれば良い知恵を生み出せる」というわけです。

BERTではTransformerの中にある全結合層（図3-15のA、二つあるその両方）においてドロップアウトが行われています[注54]。

## 「発見」の実態

「発見：正解へとつながる要素を見つける力」の観点については、すでに「目標設計」の実態でお話ししてしまっています。簡単に手に入りやすい「人間が作った文章」から問題集を自動的に作成することで、質より量で押し切るようにして「発見」の力を高めているのでした。

言語においては、量を確保するということがとても難しかったことが、性能を上げられなかった大きな要因として挙げられます。前章の画像系AIでは、データ拡張という方法によって量を何倍、何十倍に増やすことができるとお話ししました。しかし、言語ではこのデータ拡張がなかなかうまくできなかったのです。

たとえば、単語を取り除いて意味を変えずに文章を作ろうと思っても簡単ではありません。単純に取り除くと、そもそも日本語として成立しなくなってしまいます。仮に成立したとしても、文章の意味はたいてい変わってしまいます。たとえば、「私は風邪をひいているので行きません」という文章から「風邪をひいているので」を除いて「私は行きません」という文章を作ったとしましょう。この場合、「行かない」という内容自体は変わりませんが、拒絶の意思がとても強い文章になってしまいます。

BERTは量を確保できないという言語系AIが抱えていた問題を、世の中にたくさんある「人間が作った文章」から自動的に問題集を作れるような課題で学習する、という方法で解決したわけです。

また、構造が複雑な再帰型ニューラルネットワークを使わないことで、学習の手間を減らして量をさばけるようにしたことも大きな改良点です。再帰型ニューラルネットワークはどうしても一つの文章を学習するのに手間がかかっていたのですが、これを使わないことによって、用意した大量の問題集をさばけるようにし、質より量の学習を実現させているのです。

## できること、できないこと

ここまでの話でＢＥＲＴの事前学習についてお話しました。これはあくまで下準備であり、このあとに解きたい課題についての学習、つまりファインチューニングを行うのですが、それは事前学習と同じ考え方で行われます。課題に対する正解を決めて、新しい問題集を用意し、ＢＥＲＴ本体の出力につけていた事前学習用の部品を新しい課題用に取り換えたら、あとは事前学習のときと同じように学習するだけです。

さて、ここでは事前学習やファインチューニングによって、ＢＥＲＴひいては言語系ＡＩにできること、できないことについて考えていくことにしましょう。

ＢＥＲＴは「動機」を「自然な文章を理解したい」としています。具体的には、どの位置にどんな単語が現れうるのか、文章はどのようにつながりうるのか、ということを学んでいました。当然ながら、これらを学んだだけでは、言葉の意味やその文章を書いた人の心情などといった、文章の裏にあるものを理解できているとは限りません。そもそも、そんな課題を掲げてはいないからです。

しかし、文章の裏にあるものを理解するためには、文章そのものに対する理解を深めなければ始まりません。そこでまず、「自然な文章」を理解することで、他の課題を理解するための下地を作りあげたわけです。その結果、新しい課題に対しても高い性能を達成できるようになっています。今はまだごく一部の課題で人間に比肩するという段階ですが、そう遠くない未来に人間に劣らない読解力を身につけるのではないかと考えられます。

こうしてみると、ＢＥＲＴやその考え方を取り入れた言語系ＡＩは、あらゆる言語理解に対応できる可能性を秘めた、万能なＡＩであるかのように感じられます。実際、かなり汎用的に使える強力なものではあるのですが、やはりできないことはあります。特に大きな問題となるのは、人とのコミュニケーションでしょう。その大きな要因は、「動機：解決すべき課題を定める力」や「目標設計：何が正解かを定める力」がないことにあります。

コミュニケーションは、そもそも解決すべき課題が事前に決まっていないことがほとんどです。会話の中で話題は常に変わりうるため、そこで掲げられる課題はなにかを見定めていくことができなければ、建設的な会話はできないでしょう。

また、仮に掲げている課題がはっきりしていたとしても、ＡＩにコミュニケーションができるとは限りません。たとえば「ある人の仕事がうまくいっていないのをなんとかしたい」という課題が明確にあったとしても、具体的にどの課題を解決すれば「仕事がうまくいく」ようになるのかは、会話する中で見出していかなくてはならないからです。

たとえば、仕事がうまくいかないのが能力的な問題なのか、人間関係の問題なのか、体調の問題なのか、といったことを特定する必要があるでしょう。もうこの時点で、課題は「仕事がうまくいっていない理由を見つけたい」に変わっています。仮に体調の問題だと判明した場合、今度は「体調を戻したい」という課題に変えて掘り下げていくことになります。しかし、その中でもし体調不良の理由が見つからないのなら、実は能力的な問題や人間関係の問題だったのかもしれない、と考え直して課題を変更する必要性も出てくるでしょう。会話の中でこうも目まぐるしく課題が変わっていくようでは、「動機」や「目標設計」を持たないAIがコミュニケーションをとるのは困難です。

課題や目標がきちんと固定されていて、それに応じた問題集を十分に用意できるのであれば、BERTなどの技術を使うことによって高い性能を出せるようになるでしょう。しかし、会話をしながら課題を見つけ出したり、正解を定めたりする必要がある場合は、うまく性能を発揮できないと考えられます。

ちなみにコミュニケーションを行えるAIというとチャットボットが思い浮かびますが、チャットボットは一般的に「相手の発言につなげることができる発言をする」ことを正解としています。なぜそうするのかというと、その方が人間同士の対話事例をそのまま問題集にできるため、大量に問題集を用意しやすいからです。つまりそもそも、コミュニケーションで何かを解決しようとして作られたAIではないのです。

とはいえ、この正解の定め方でも、問題集の作り方次第で課題を解決できるAIを作ることはできます。たとえばカウンセラーの会話を問題集として使って学習すれば、「カウンセラーの対話を真似する」ことで間接的に「相手の悩みや課題を解決する」ことはできるでしょう。ただしこれは、AI自身が課題を見定めて解決したわけではなく、カウンセラーを模倣した会話をしていたら、相手の中で勝手に課題が解決された、という話でしかありません。

最後に「思考集中」の観点で考えると、話題が多岐にわたる自由な対話をすることは困難です。人間が行う話題はあまりに幅広いため、その膨大な可能性に対応するためには、膨大な問題集が必要になってしまうからです。逆にいえば、会話内容を限定して、ある程度の問題集が確保できるなら、AIは人間並み、あるいはそれ以上の性能を発揮できます。前作で紹介したグーグルのDuplexなどは、会話を電話予約に限定することで人間並みの応答を実現しています。

現状でいえば、人間と変わらないコミュニケーションを実現することはまだまだ困難でしょう。しかし、課題や話題の範囲を適切に限定すれば、人間に匹敵する読解力をもって受け答えすることも不可能ではありません。こういったAIの性質を踏まえてサービスを作ることが、BERTなどの技術を使って優れたAIを生み出す上で重要となっていくでしょう。

ＢＥＲＴは事前学習を通じて、言語に対する理解を深めます。そしてその結果を別の新たな課題について学習する際に活用することで、高い性能を発揮しています。別の課題について学習する際は、出力部分の部品を付け替えて学習します。ＢＥＲＴの事前学習では、二つの課題「文章のある位置に当てはめられる単語を理解したい」「ある文章につなげられる文章を理解したい」に解答するための出力用部品を、ＢＥＲＴ本体の出力につなげて学習していました。これを新たな課題用の部品に置き換えて、新たな課題用の問題集を使って学習するわけです。

たとえば、図3-23のように部品をつなげて学習（ファインチューニング）することで、「映画のレビュー文章が好意的なのか、否定的なのか」を判定したり、「文章中にある単語の品詞（名詞、形容詞など）」を判定したりできるようになります。

ＢＥＲＴは高い性能を実現していますが、これはあくまで新しい流れの始まりにすぎません。一年もたたないうちに、すでにＢＥＲＴを超えるＡＩが誕生しています。しかしそれらは、ＢＥＲＴやその主要部品であるＴｒａｎｓｆｏｒｍｅｒを応用したものであり、その礎は「最強ＡＩ」ＢＥＲＴにあると言えるでしょう。以降では、その流れについて少しお話しすることにします。

ＢＥＲＴは、二つの課題について解き方を学ぶことによって、新たな課題に対する応用力を養っていました。ということは、もっといろいろな課題の解き方を学び続ければ、さらに性能を高めることができるのではないか、とも考えられます。つまり、世の中にある言語用の課題を寄せ

図 3-23　新しい課題にBERTを転用する例

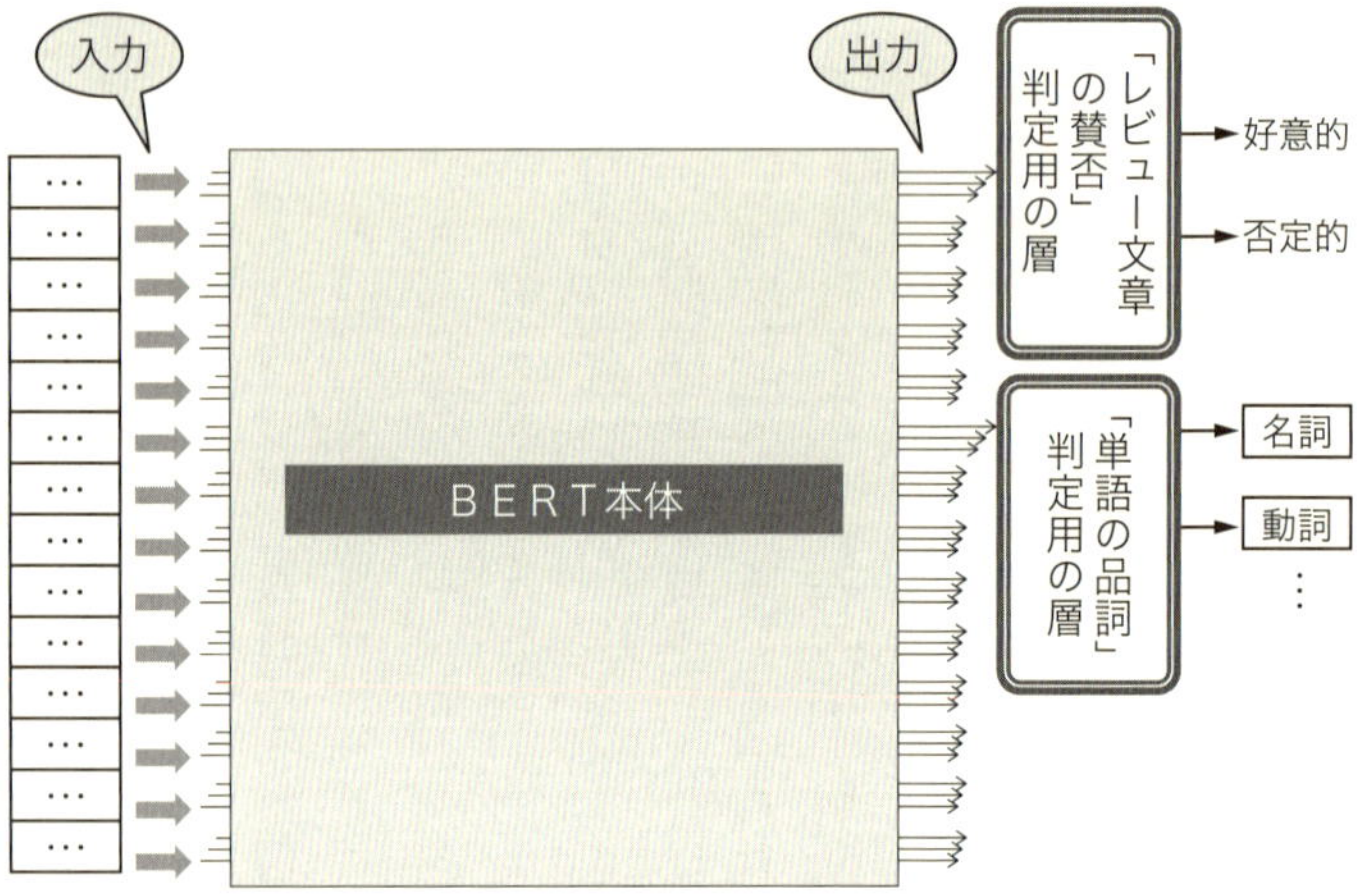


集めてきて一つひとつ学んでいけば、もっと優れたAIに成長できるのではないか、というわけです。

このように、複数の課題（タスク）について学習し、さらに性能を高めるという学習方法のことを、**マルチタスク学習**といいます（マルチタスク学習は転移学習の一種です）。BERTにマルチタスク学習の考え方を導入した**MT-DNN**という方法は、BERTの性能を塗り替える結果を実現しています[11]。特に、解きたい課題の問題集の量が少ない場合は、BERTよりも大幅に高い性能を実現できることが示されています。

マルチタスク学習の考え方は、最近の研究でトレンドとなってきています。ディープラーニングを用いた学習は、質より量に頼らざるを得ないため、どうやって問題集を確保するかに頭を悩まされてきました。そこで、解決したい新たな課題に対する問題集をあまり用意しなくても高い性能を発揮できるようにしよう、という流れが生まれてきているのです。

その流れの最先端が**ゼロショット学習**です。2章の「できること、できないこと」の節において、画像認識AIは「あらかじめ用意した回答候補以外では答えられない」というお話をしました。これを解決して、見たことのないものでも答えられるようにしよう、というのがゼロショット学習の始まりとされています。2000年代後半に誕生したこの考え方は、言語系においても取り入れられ、BERTの誕生による技術革新の流れを受けてブームとなりつつあります。

ここでは簡単にイメージで説明しましょう。たとえばBERTに日本語文だけでなく、英語文なども混ぜて事前学習させます。すると、それぞれの言語について分散表現が得られます。分散表現は意味を表しているわけですから、同じ意味の言葉は似たような分散表現になります。つまり「ネコ」と「cat」の分散表現は、似ている可能性が高いわけです。

そうすると、英語と日本語の関係についての知識が一切なくても「catはネコである」と推測できるわけです。さらにこの考え方を発展させれば「ocelot（オセロット）はネコに近い生き物だ」なんて推測もできるでしょう。この方法はあくまで例であり、実際にはもっと工夫が必要になりますが、BERTの考え方を応用したゼロショット翻訳はすでに高い性能を実現しています[12]。

ステップアップ

## XLNet

BERTを超える性能を実現したAIの中で有名なのがXLNetです[13]。2019年6月に発表されたAIですが、すでにBERTに変わるスタンダードとなりつつあります。

BERTでは文章の一部を「[MASK]」という単語に置き換えて、そこに入る単語を学ぶという学習をしていました。しかし、そこにはいくつか問題点があります。まず、すでに触れたように、一般的な文章に「[MASK]」という単語は現れません。また、一度に複数の単語を「[MASK]」に置き換えた場合、その「[MASK]」で隠された単語間の関係は学ぶことができない、という問題もありました。

そこでXLNetでは「[MASK]」を使わずに、似たようなことを学ぶ方法を用いています。「私はパンを食べる」という文章を例に説明しましょう。この文章を「私」「は」「パン」「を」「食べる」という五つの単語に分けたとします。このときXLNetは、『1番目に「私」、2番目に「は」、4番目に「を」、5番目に「食べる」が現れた文章において、3番目に入る単語は何か？』という問題を作って学習するのです。こうすることで、不自然な単語「[MASK]」を使わない自然な文章で事前学習することができるため、新しい課題にも自然に応用しやすくなるわけです。

もう一つの利点として、一つの文章から複数の問題を作成できることが挙げられます。たとえば、『1番目に「私」、4番目に「を」、5番目に「食べる」が現れた文章において、3番目に入る単語は何か?』というように2番目の単語を抜いたり、『1番目に「私」、3番目に「パン」、5番目に「食べる」が現れた文章において、4番目に入る単語は何か?』というように当てる単語を変えたりすることで、問題をたくさん作ることができるのです。

これは言語では難しいとされてきたデータ拡張を実現している、と言えるでしょう。つまり、少ないデータからでも多くのことを多角的に学ぶことができるわけです。さらにXLNetは、BERTの「可変長を扱えない」という問題点も改善し、長い文章にも対応できるようになっています。

先ほども触れたとおり、BERTはあくまで新しい流れの始まりにすぎません。XLNetもまた、その流れの一端といえるでしょう。最近ではBERTやXLNetに、人間が培ってきた言語構造の知識を取り入れよう、といった新しい試みも生まれてきています。人間の「思考集中」の方法をもっと組み込んでいこう、というわけです。BERTによる読解力向上の流れは、まだ始まったばかりなのです。

# 4章 AlphaZero（アルファゼロ）

## 導入

ゲーム系はAIが大きく成長した分野といえるでしょう。実際、囲碁などでは人間を超えたと考えられています。これを成し遂げたのが、本章で紹介するAlphaZeroです。

正確にいうと、AlphaZeroはいくつかの改善を経てたどり着いた最新版のAIであって、これまでにも別名称のAIが世間を賑わせてきていました。

最初に大きな話題となったのは2016年のことです。韓国で「魔王」と呼ばれるほどの強さを誇っていた世界トップクラスの囲碁棋士であるイ・セドルに対し、5番勝負で4勝1敗と圧倒したのです。このときのAIはAlphaGoという名前でした。

その後、さらに改善を加えたＡｌｐｈａＧｏ　Ｚｅｒｏが発表されました。[14] ＡｌｐｈａＧｏ　Ｚｅｒｏの大きな特徴として、人類がこれまでに積み上げてきた長い歴史を一切使わずに強くなる、という考え方で作られている点が挙げられます。

人が一から何かを学ぶ場合、「お手本」を見たり、熟練者にコツを教えてもらったりすることが多いでしょう。囲碁でも同様で、プロ同士が対戦した結果（棋譜）などから学ぶことが基本となります。実際ＡｌｐｈａＧｏも、似たような方法を取り入れていました。

しかし、ＡｌｐｈａＧｏ　Ｚｅｒｏでは、こういった情報を一切使っていません。名前の通り、ゼロ（Ｚｅｒｏ）から始めて、ＡＩが自分ひとりで試行錯誤することで、過去に人間を圧倒したＡｌｐｈａＧｏをさらに超える強さを身につけたのです。

そしてさらに、最新版であるＡｌｐｈａＺｅｒｏが発表されました。[15][16] ＡｌｐｈａＺｅｒｏは、「Ｇｏ（囲碁）」という文字がなくなっていることからも分かるように、囲碁に特化した方法ではなくなっています。囲碁に類似した将棋やチェスといったゲームでも使える、とても汎用性の高い方法となっているのです。さらに驚異的なのはその学習速度です。「ＡｌｐｈａＺｅｒｏ」は、ルール以外ほとんど何も知らない状態から、一日と掛からずに人間を超えることができるのです。

人類が積み上げてきた歴史をまったく参考にしていないため、ＡＩによるゲームの仕方は、人間の常識を大きく覆すものでした。人間ならまず選ばない、つまり悪いとしか思えない選択肢でも、ＡＩは先入観なしに、選択肢の良し悪しを冷静に判断して選びます。今では、プロがＡＩか

**図 4-1** ○×ゲームの対戦例

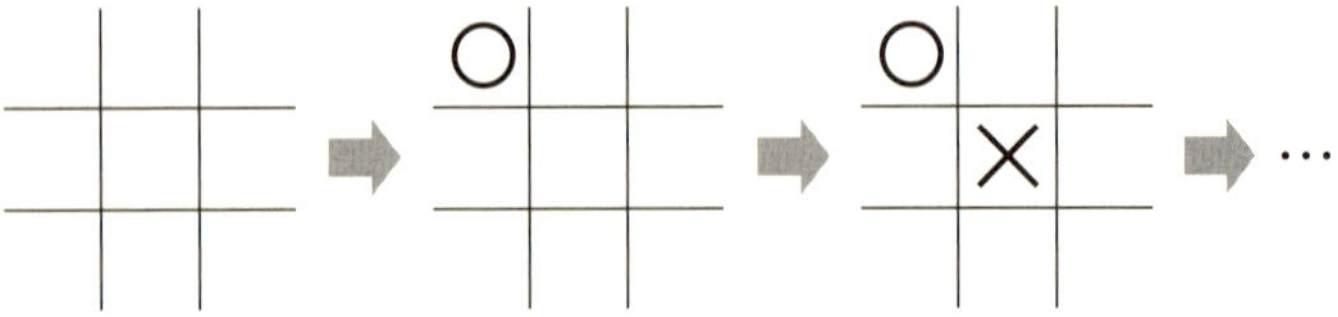

ら新しい選択肢を学んでいる状況となっています。

ここでは、最新版ＡｌｐｈａＺｅｒｏがゲーム系ＡＩにおける最強ＡＩであると捉え、ＡｌｐｈａＺｅｒｏがどのような方法によって実現されているのかについて説明していきます。

ＡｌｐｈａＺｅｒｏは囲碁が主たる対象なのですが、読者の皆さんの中には囲碁はあまり詳しくない、という方も多いでしょう。そこで、似たようなゲームでもっとシンプルな○×ゲームを例にとって話をしていきます。まずは導入として、○×ゲームについて説明しましょう。

○×ゲームは図4-1に示すような3×3のマス目を使って、二人で対戦するゲームです。先攻の人が○、後攻の人は×を使います。先攻は空いているマス目のどこか好きな場所に○を書きます。その次に後攻が、他の空いているマス目に×を書きます。これを交互に繰り返していき、○か×のどちらかが縦、横、斜めの一列のいずれかで三つ並んだら終了です。もし○が一列に並んだ場合は先攻の勝利、×が一列に並んだら後攻の勝利となります。どちらも一列に並ぶことなく、書き込む場所がなくなった場合は引き分けとなります（図4-2）。

ここで少し、以降で使う用語について説明します。ある時点での対戦

**図4-2**　○×ゲームの勝ち、負け、引き分け

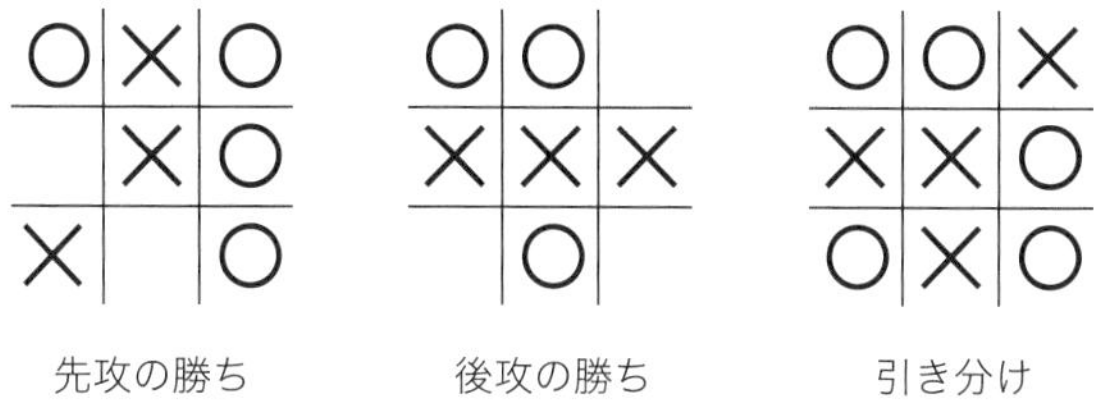


の状況（どのような○×の配置になっていて、先攻後攻のどちらが次に書き込む順番であるか）のことを**局面**といいます。たとえば図4-1の一番右は、左上に○が、真ん中に×が書かれていて、次に先攻が○を書き込もうとしている局面である、と表現されます。また、次に書き込むのが誰なのか、という情報のことを**手番**といいます。先ほどの例でいえば、先攻の手番である、という表現になります（省略して「先手番」ということもあります）。

ＡｌｐｈａＺｅｒｏは汎用性の高い手法なので、○×ゲームでも使うことができます。以降では、基本的にこの○×ゲームを題材としてお話をしていくことにします。

## 実態

ＡｌｐｈａＺｅｒｏはＲｅｓＮｅｔやＢＥＲＴとは違い、強化学習を使っています。強化学習は、ＡＩ自身が試行錯誤を繰り返しながら強くなっていく方法でした。これは、思い切って簡潔に表現し

てしまうと「問題集を自分で作る」教師あり学習という形になっています。強化学習は教師あり学習とはまったく違う考え方だと身構えたりせず、教師あり学習の延長にあると捉えて気楽に読み進めていただければと思います。

ＡｌｐｈａＺｅｒｏもディープラーニングを技術として用いていますが、その中身はこれまでに説明した範囲内におさまっていて、真新しい技術は使われていません。ＡｌｐｈａＺｅｒｏの特色は、ディープラーニングの中身ではなく、その使い方にあります。つまり、どういう課題を掲げてＡＩを作るか、という「動機」の部分が大きな特色となっているわけです。

## 「動機」の実態

ゲームにおける課題は「勝ちたい」という非常にシンプルなものです。しかし、最強のＡＩを実現するには、もう少し具体的な課題に落とし込む必要があります。より具体的な課題に絞り込めれば、ＡＩが考えなくてはいけないことを減らせるからです。

では、具体的な課題に落とし込むために、「人間がどうやってゲームをしているのか」からヒントを得ることにしましょう。人間の考え方をまねすることは、人間の知性を効率的に組み込むことにつながるからです。

人間が○×ゲームなどをする際は、与えられた選択肢（どのマスに○や×を書き込むか）の中から、勝てそうな選択肢を選ぶ、ということをしていますよね。つまり、それぞれの選択肢が、「勝て

図4-3　人間の選択肢の選び方

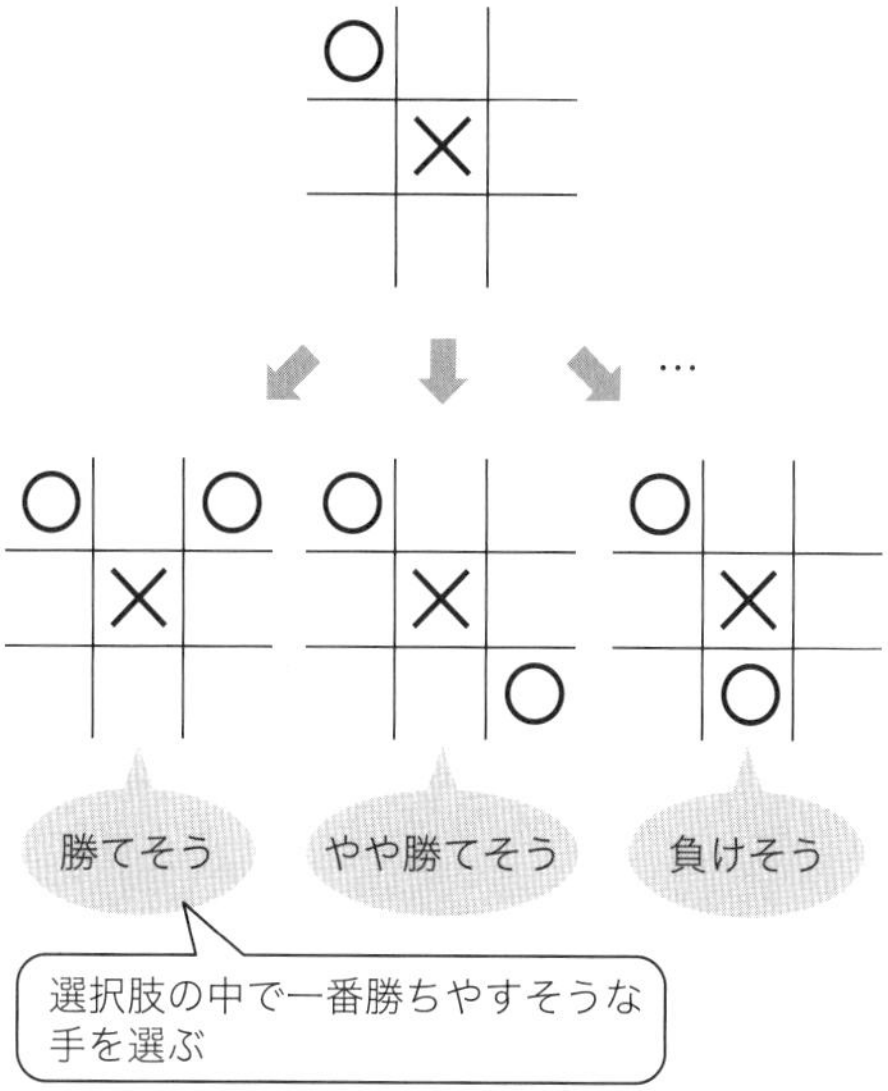


そうか」「負けそうか」といった推測をするわけです（図4-3）。

この推測が正確にできるならいいのですが、熟練者でもなかなか難しいでしょう。○×ゲームならできる人も多いでしょうが、囲碁などのゲームでは大変です。ゲームは自分と相手との攻防ですから、相手が何をしてくるかが分からない以上、「勝てそうか」を正しく捉えるのは難しいのです。

しかし逆に言うと、選択肢を選んだ後の展開が少しでも見えてくれば、「勝てそうか」「負けそうか」をもっと正しく推測できることになります。そこで、ゲームに慣れた人は、選択肢を選んだ後で起こりそうな（相手の行動や、それに対する自分の対応といった）展開を掘り下げて考えることで、より正確に「勝てそうか」「負けそうか」を見積もっています。

たとえば図4-4に示したように、各選択肢を選んだ後の展開を予想して掘り下げてみるのです。左側の選択肢のように最初は「勝てそう」だと思ったとしても、掘り下げた結果「負けそう」「勝てなさそう」といった局面ばかりが現れるようなら、「最初は勝てそうだと思ったけれど、あとの展開を考えたら勝てない気がする」と考え直すわけです。また、右の選択肢のように、掘り下げた結果「やや勝てそう」「勝てるはず」といった局面が多く現れてくるならば、「この選択肢を選べば勝てそうな気がしてきた」となります。

ＡｌｐｈａＺｅｒｏは、こうした人間の考え方を取り入れて課題を絞り込んでいます。それでは、具体的にどうやっているのかについて、詳しく見ていくことにしましょう。

### ◎選択肢の良し悪しを評価する

先ほど示した人間の考え方をまねするためには、「勝てそうか」「負けそうか」を推測できる必要があります。そこでまず、図4-5に示すように「この選択肢を選んだら勝つ確率（勝率）が何％」かが分かるＡＩを用意します。このＡＩが推測した勝率が高かったなら「勝てそう」、低かったなら「負けそう」と捉えるのです。

そして次に、各選択肢を選んだ後の展開をいくつか予想して掘り下げてみます。ここでも先ほ

図4-4　人間による展開の掘り下げ

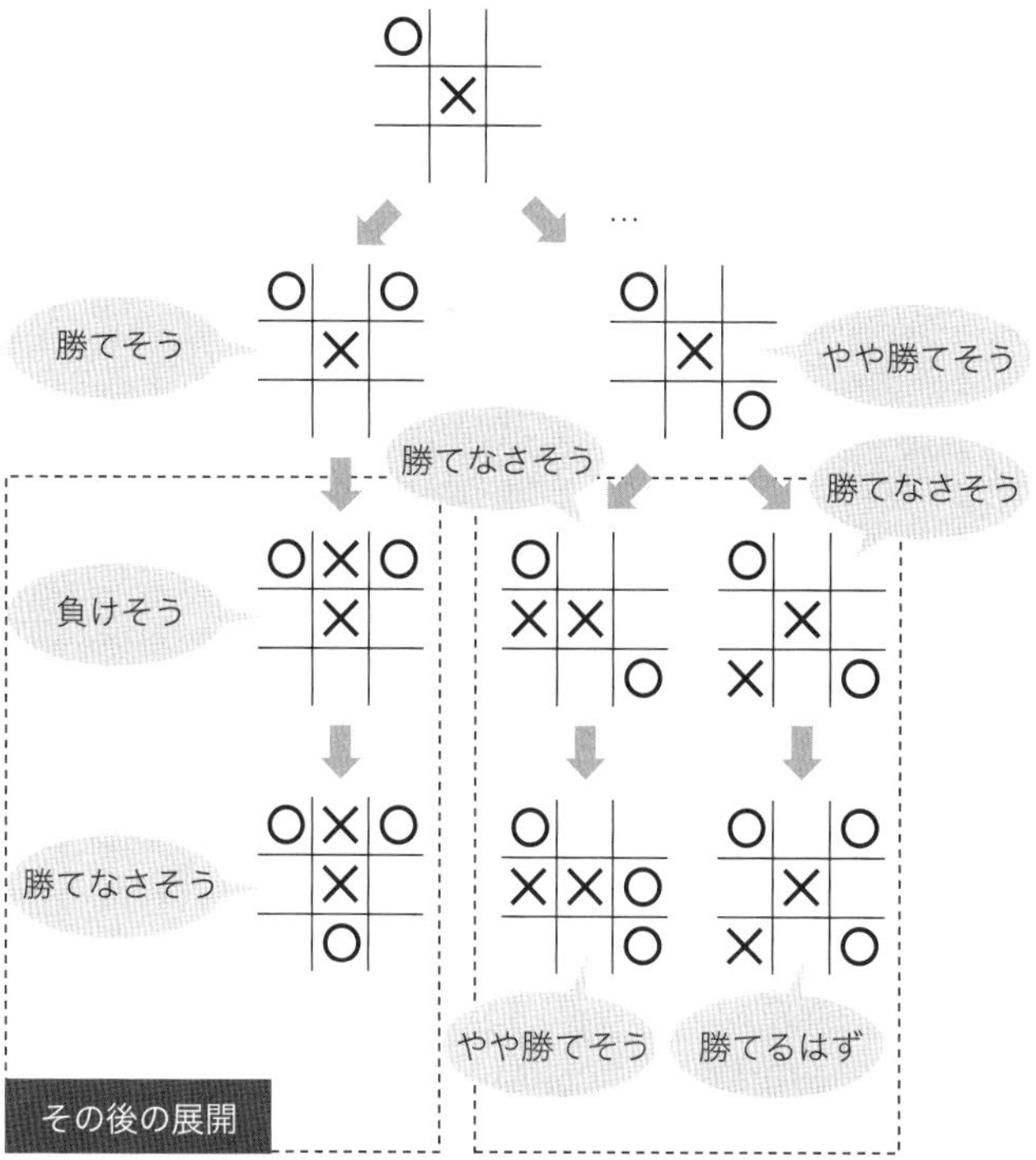

図 4-5 AIの選択肢の選び方

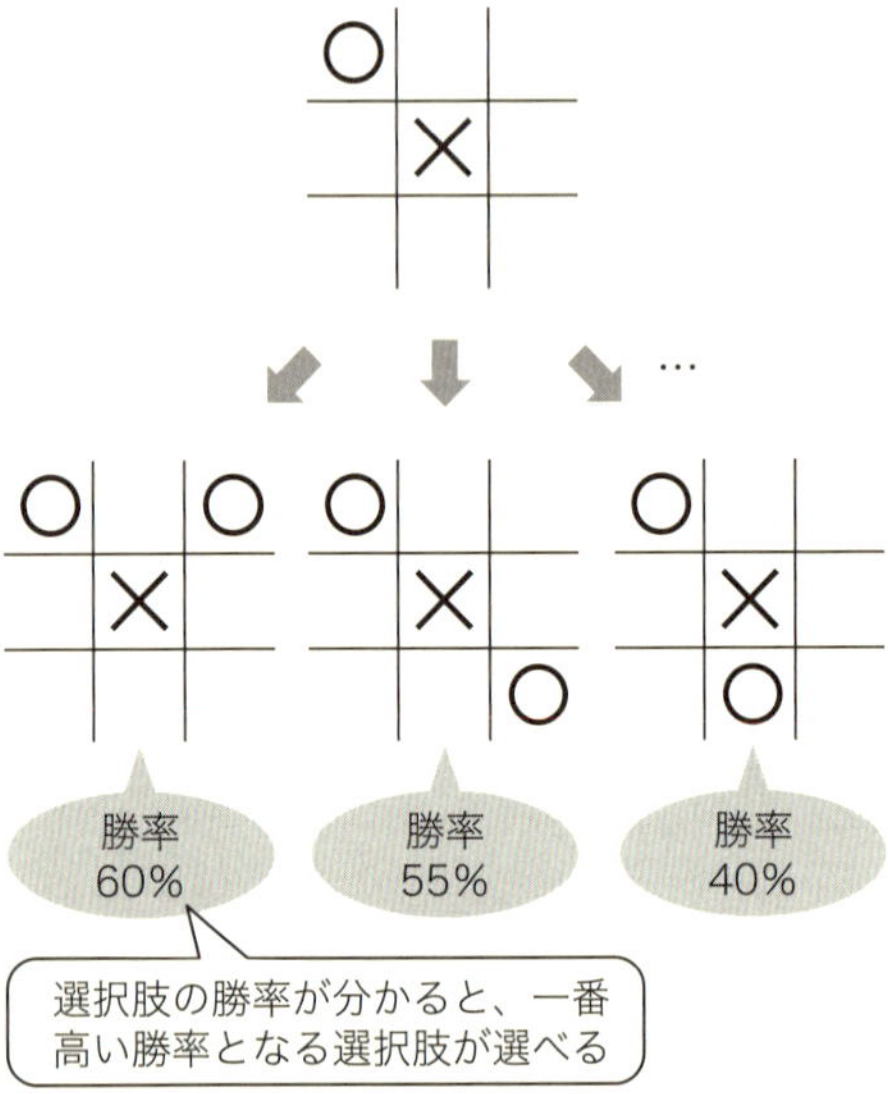
勝率
60%
勝率
55%
勝率
40%
選択肢の勝率が分かると、一番
高い勝率となる選択肢が選べる

どの「勝率を推定するＡＩ」を活用することで、掘り下げて現れた局面が「勝てそうか」「負けそうか」という推測が勝率として得られます（図4-6）。この結果を活用すれば、人間の考え方をまねして、より正確に「勝てそうか」「負けそうか」を見積もれるようになります。

たとえば図4-6の左の選択肢のように、展開した局面の勝率が40%や50%といった低めの勝率ばかりであれば、「最初は勝てそう（勝率60%）だと思ったけれど、あとの展開を考えたら勝てない気がする」と考え直すわけです。逆に、右の選択肢のように55%や90%といった勝率が高めの局面、つまり「勝てそうな」局面が多く現れるなら、

図 4-6　AIによる展開の掘り下げ

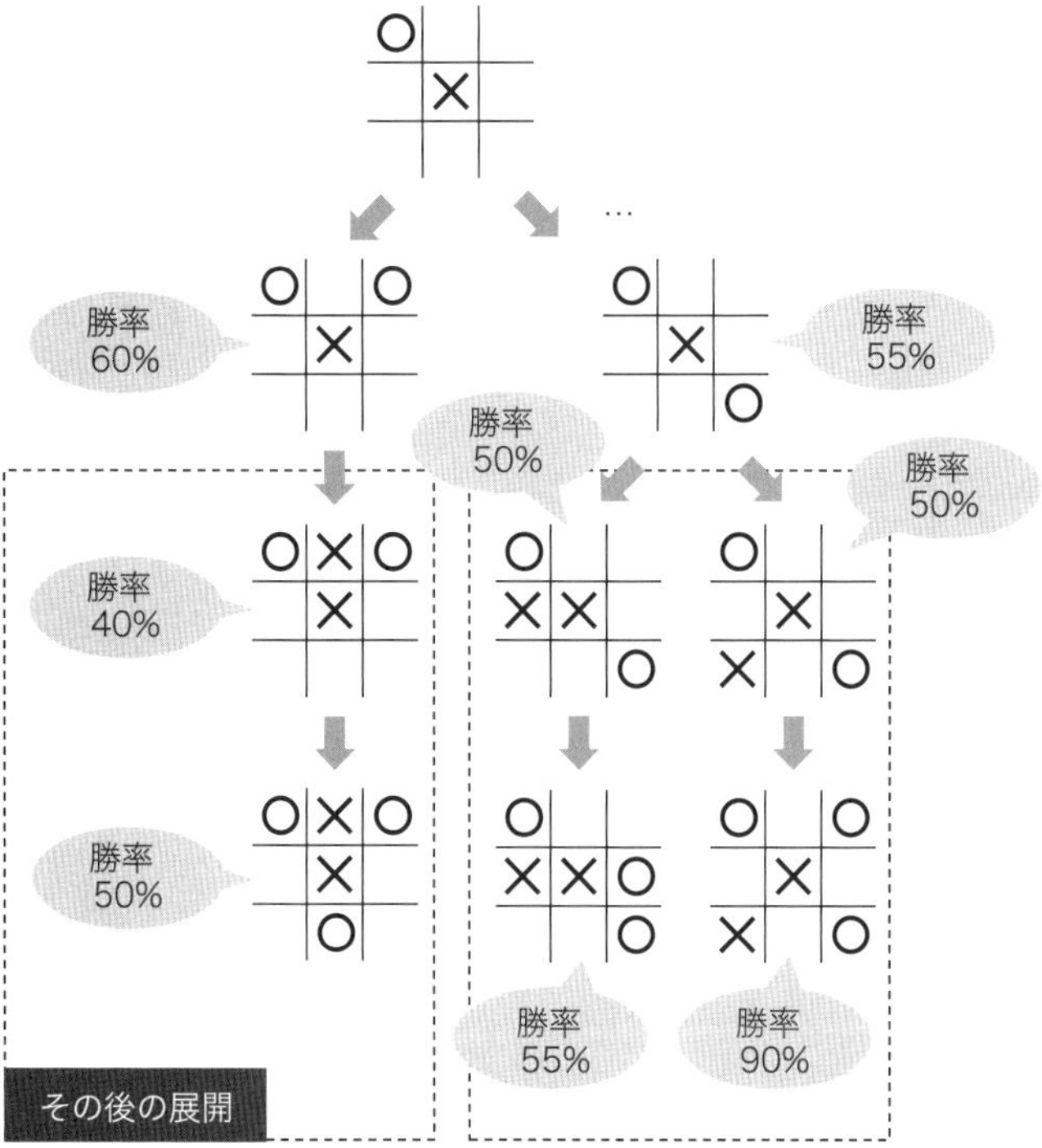

「この選択肢を選べば勝てそうな気がしてきた」とするのです。

ではこの方針に基づいて、より正確な「見積もり勝率」を計算するにはどうすればいいでしょうか。まず、すべての選択肢の勝率をAIで推定します。注▼55 あわせて、図4-7に示したように各選択肢の後で予想される展開を掘り下げ、そこで現れた局面での勝率も（最初に使った）AIで推定します。

こうして得られた勝率を活用して、より正確な「見積もり勝率」を求めます。先ほどの例から考えると、「（平均的に見て）高めの勝率の局面が多いか」「低めの勝率の局面が多いか」という観点を使えばよさそうですよね。そこでAlphaZeroでは「最初に推定した勝率」と「展開した局面で推定した勝率」の平均値を「見積もり勝率」とする、としています。

たとえば図4-7の左の選択肢であれば、「最初に推定した勝率」60%と、「展開した局面で推定した勝率」40%、50%という、あわせて三つの局面の勝率の平均、つまり50%を、より正確な「見積もり勝率」とするのです。こうすると、「最初に推定した勝率」60%より低めの見積もりに修正されることになります。

右の選択肢も同様に「最初に推定した勝率」55%と、掘り下げて見つかった四つの局面（50%、50%、90%、55%）、あわせて五つの局面の平均値、つまり60%が「見積もり勝率」となります。この「見積もり勝率」は、図4-4の例で示した、「最初は勝てそうだと思ったけれど、あとの展開を考えたら勝てない気がする」「この選択肢を選べば勝てそうな気がしてきた」という考えと合

**図 4-7　正確な見積もり勝率の計算方法**

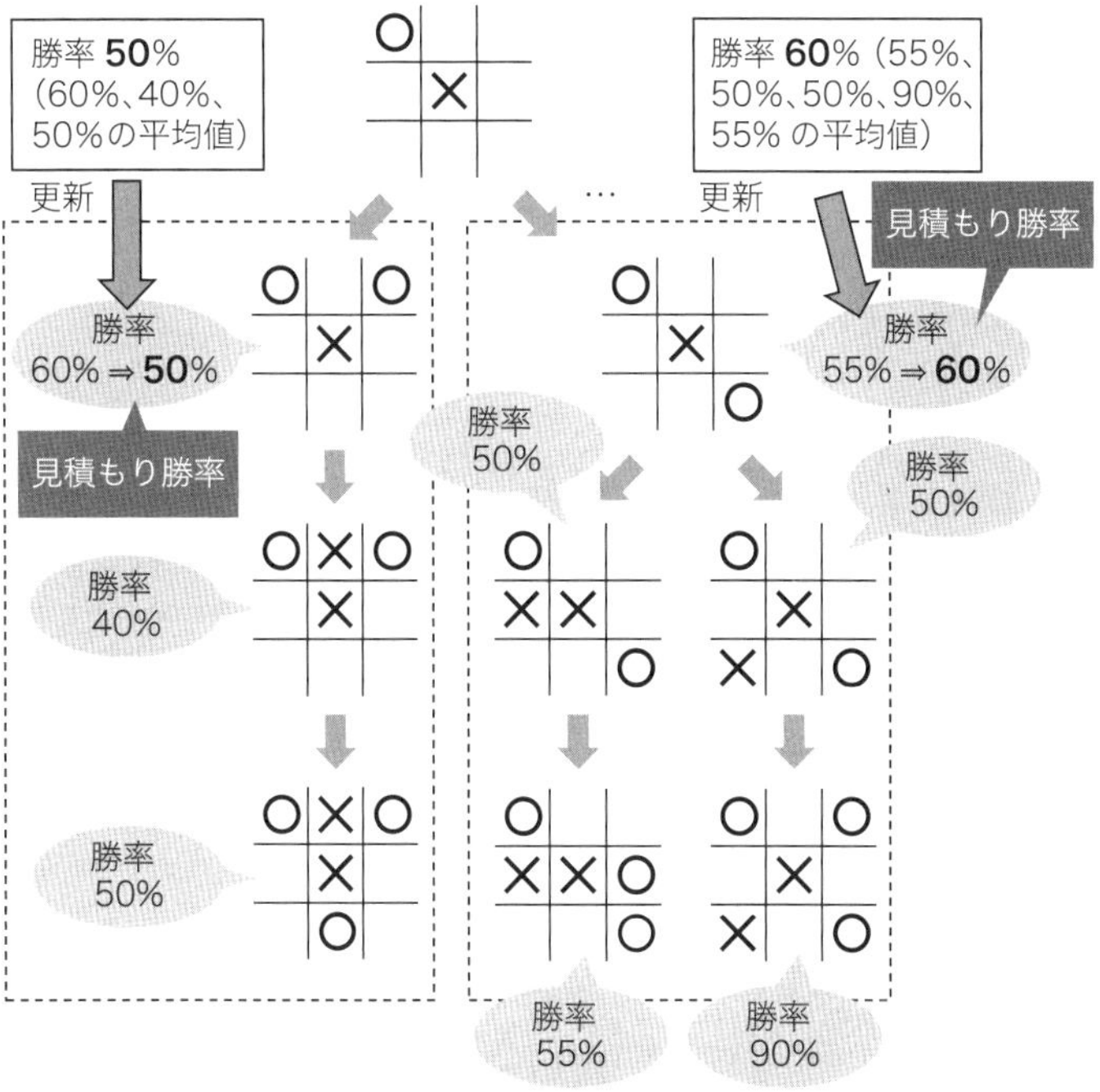

致したものになっていることが分かります。

### ◎掘り下げる選択肢の選び方

さて、ここでもう一つ考えなければならないことが残っています。「どの選択肢について展開を掘り下げるか」です。そもそもなぜ展開を掘り下げたいかといえば、より正確な「見積もり勝率」を得て、本当に勝率が高い選択肢がどれなのかを見つけたいからでした。すると基本的には「勝率がもっとも高い選択肢を掘り下げていく」ということになるでしょう。しかし、本当にそれでよいのでしょうか。

たとえば図4-8のように、「見積もり勝率」がかなり似通った上下二つの選択肢があったとします。しかし、上は1回だけ、下はすでに100回掘り下げられていたとします。このとき、あなたはどちらを掘り下げたいと思いますか？

下の選択肢はかなり掘り下げが進んでいます。よって、得られている「見積もり勝率」はかなり正確になっているでしょう。しかし、上の選択肢はほとんど掘り下げられていませんので、この「見積もり勝率」はあまり信頼のおけるものではないでしょう。もしかしたらもっと勝率が低いのかもしれないし、あるいはもっと高いのかもしれません。そうだとすると、上の選択肢を少し掘り下げてみたほうが、下の選択肢より勝率が実は高い、なんてことが発見できるのではないか、とも思えます。

図 4-8　どちらを掘り下げるべきか

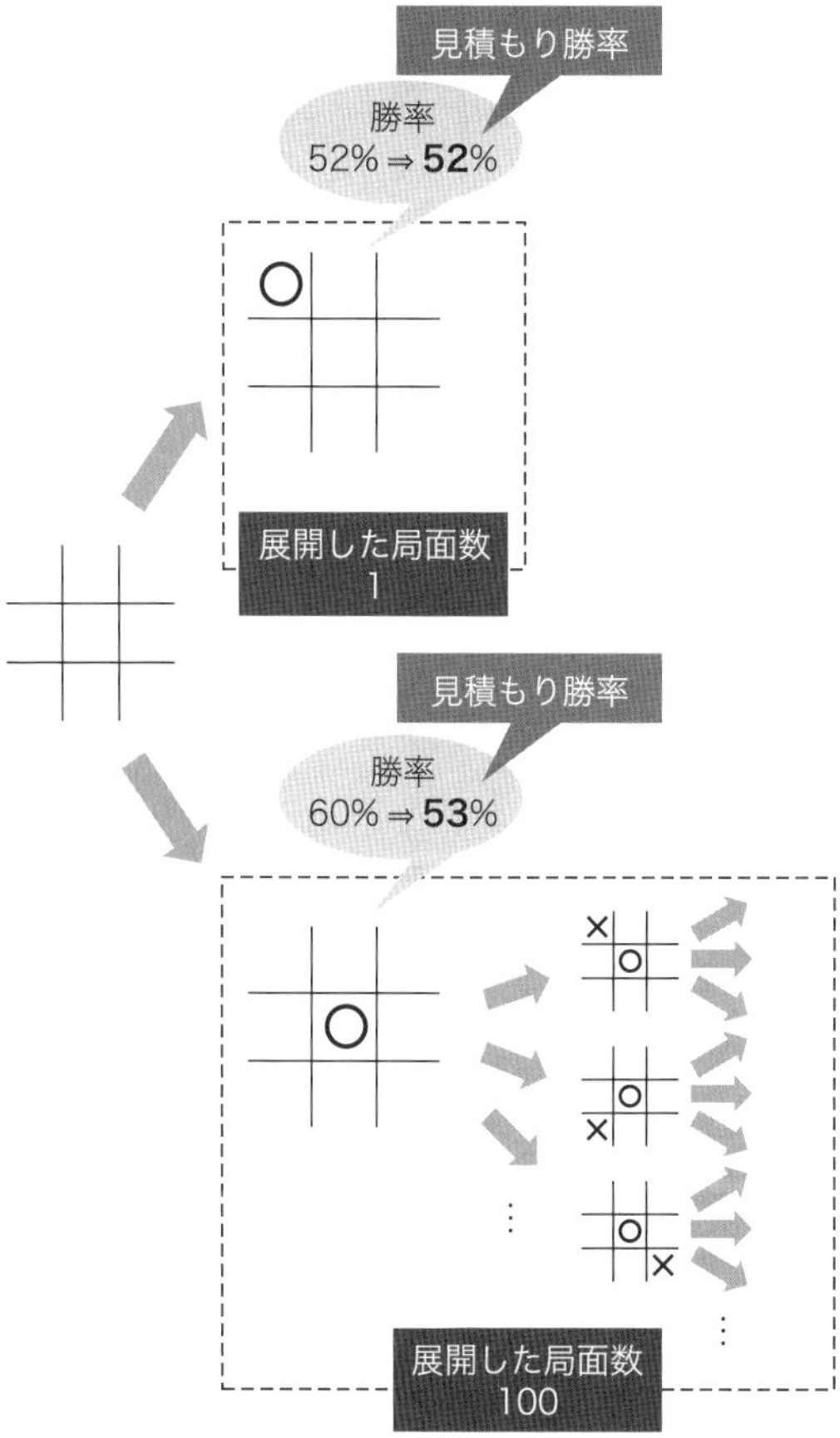

そう考えると、上を選ぶべきか下を選ぶべきか、なかなか悩ましいところですよね。これは**探索と知識利用のジレンマ**と呼ばれています。もしかしたらもっと勝率の高い選択肢があるのではないか、と考えて新しい選択肢を調べること（探索）と、勝率が一番高い選択肢の足場固めをすること（知識利用）との間でジレンマを抱えてしまう、という様子を指した言葉です。[注56]

ではどうすればよいでしょうか。「もしかしたら本当は勝率が高いかもしれない」と思うのは、その選択肢についてあまり掘り下げていないからです。掘り下げが少ない選択肢の「見積もり勝率」が正確とは思えないからこそ、本当はもっと「勝率が上乗せ」されるのかもしれない、という懸念が生まれるわけです。

そこでAlphaZeroでは、図4-9のように「勝率の上乗せ」という考え方を取り入れています。図で記載している+30％や+10％という数値はあくまで例ですが、「掘り下げ回数が少ないほど、勝率の上乗せが大きく見込める」としておきます。

そして、「見積もり勝率」が一番高いところを掘り下げるのではなく、「見積もり勝率＋勝率の上乗せ」、いうなれば「期待できる最大の勝率」が一番高いところを掘り下げるのです。この図の例でいうと、「見積もり勝率」だけで見れば下の選択肢の方が高いです（53％）。しかし、「期待できる最大の勝率」でみれば、掘り下げの少ない上の方が高くなります（82％）。よって上の選択肢を掘り下げてみよう、とするわけです。「勝率の上乗せ」という考え方を取り入れることで、掘り下げが進んでいない点も考慮して、掘り下げるべき選択肢を選べるようになります。

**図 4-9**「勝率の上乗せ」を考慮した場合

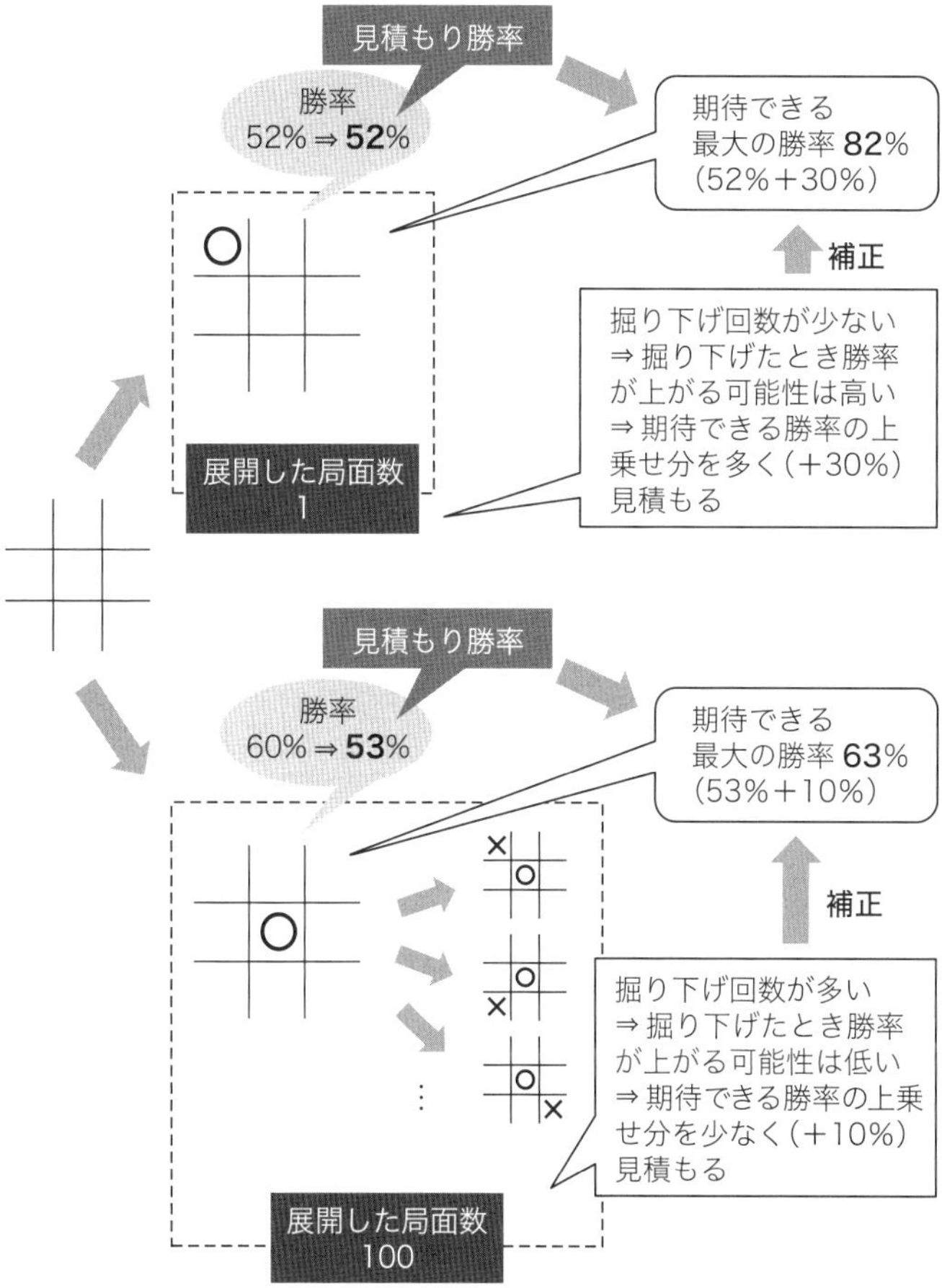

では、「勝率の上乗せ」はどう設定すればいいのでしょうか。実際のところ、ここにはいろいろな考え方があり、明確な方法はありません。ただ、最低限考慮しなくてはいけない点が二つあります。一つ目は、「掘り下げ回数が少ないほど、勝率の上乗せを大きく」設定することです。掘り下げが進んでいないからこそ、「勝率の上乗せ」が見込めるからです。

もう一つは、「(比較検討している全選択肢における)全掘り下げ回数」に対して、どれくらいの割合を占めているか、という観点です。ある選択肢を10回掘り下げているといっても、「全掘り下げ回数」が20回の場合と、1000回の場合とでは感じ方が違いますよね。前者の方が、全20回中10回も掘り下げに使っているわけですから、(相対的に見て)掘り下げが進んでいる、と解釈できます。

この二つの観点を反映させる方法はいろいろ考えられますが、ＡｌｐｈａＺｅｒｏでは、「全掘り下げ回数」が１００回の場合、図4-10に示すような「勝率の上乗せ」を使っています。１回しか掘り下げていない場合は＋６２４％、２回なら＋４１６％とだんだん下がっていき、90回掘り下げた場合は＋14％の上乗せとなります(上乗せ分だけで１００％を超えてしまっていますが、この情報は「どの選択肢について展開を掘り下げるべきか」を調べるためだけに使うので、特に気にする必要はありません)。

この設定を使って「期待できる最大の勝率」(見積もり勝率＋勝率の上乗せ)を計算すると、図4-11のような計算となり、「上の選択肢を掘り下げる」という結果になります。

図4-10 「勝率の上乗せ」の設定方法

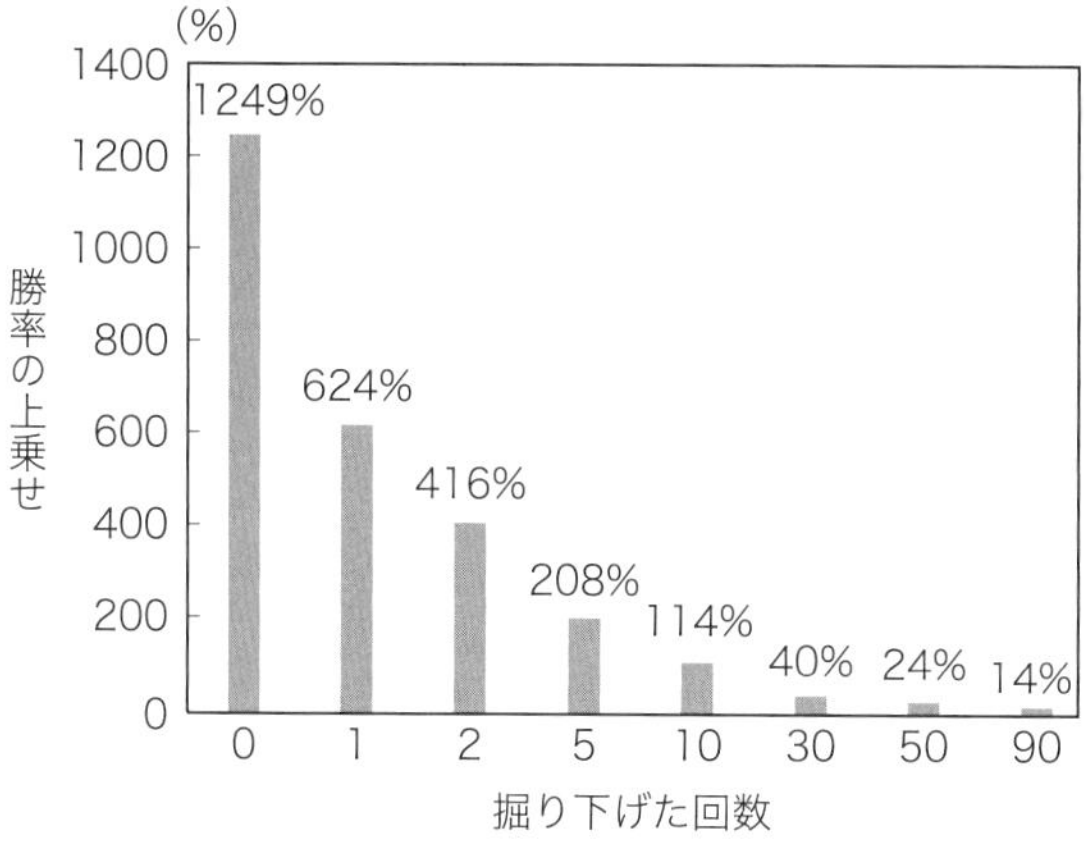


## ◎選択肢の実現性を考慮する

実は、AlphaZeroが用いる「勝率の上乗せ」には、もう一つ工夫を凝らしています。それは、「掘り下げ回数だけで、勝率の上乗せを決めていいのか」という観点からきています。

「上の選択肢を掘り下げる」となった図4-11の例をもう一度見てください。上の選択肢の「見積もり勝率」は30%と、とても低い値です。しかし上の選択肢は1回しか掘り下げていなかったので、「勝率の上乗せ」が大きくなり、その結果上の選択肢を掘り下げるべきだとなりました。

しかし、本当にそれでいいのでしょうか。この選択肢は「見積もり勝率」が低いのですから、この選択肢はあまり掘り下げる価値はなさそうに思えます。しかし、その見積もりが信用できないからこそ、「勝率の上乗せ」という考え方を入れた

図 4-11 AlphaZeroで「勝率の上乗せ」を考慮した場合

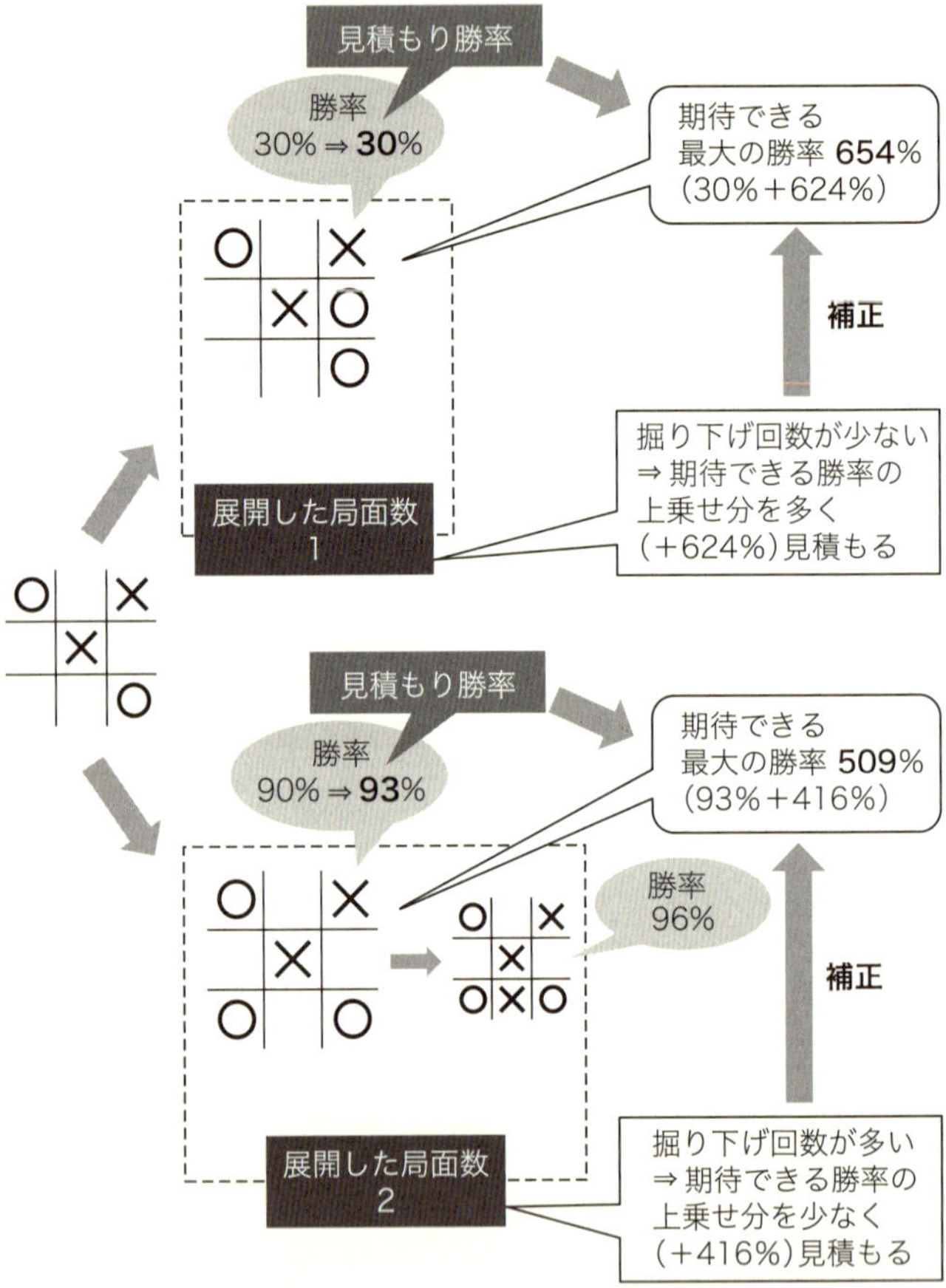

のです。「見積もり勝率が低いからやっぱり掘り下げない」というのでは筋が通りません。もう少し別の観点で、この問題点を捉えなければならないようです。

ここで注目すべきは、いくら「勝率の上乗せ」が大きくても、それはあくまで「ひょっとしたら上乗せできるかもしれない」という可能性でしかない、という点です。その選択肢があまりにも無謀な、実現性に乏しい選択肢であれば、どんなに大幅な「勝率の上乗せ」であっても絵に描いた餅です。だとすれば、「その選択肢が選ばれる確率」が低い、すなわち実現しそうにもない選択肢については、「ひょっとしたら上乗せできるかもしれない」という期待感は割り引いて考えるべき、といえますよね。

そこでAlphaZeroは、その「選択肢が選ばれる確率」を推定するもう一つのAIを導入しています。先の例において、「選択肢が選ばれる確率」を用いる方法を具体的にみてみましょう（図4-12）。新たに導入されたAIによって、上の選択肢が選ばれる確率が10％、下の選択肢は50％だと推定されたとします（残りの40％は、そのほかの選択肢に割り当てられています）。この場合、上の選択肢は選ばれる可能性が低め、つまりは実現の見込みがかなり厳しい展開だということになります。

一方で「勝率の上乗せ」は、上の選択肢は624％、下の選択肢は416％でした。これを、「選択肢が選ばれる確率」に応じて割り引くのです。上の選択肢は選ばれる確率が10％なので、「勝率の上乗せ」も10％（＝0・1）分だけに、つまり

**図 4-12** 「選択肢が選ばれる確率」を用いた場合

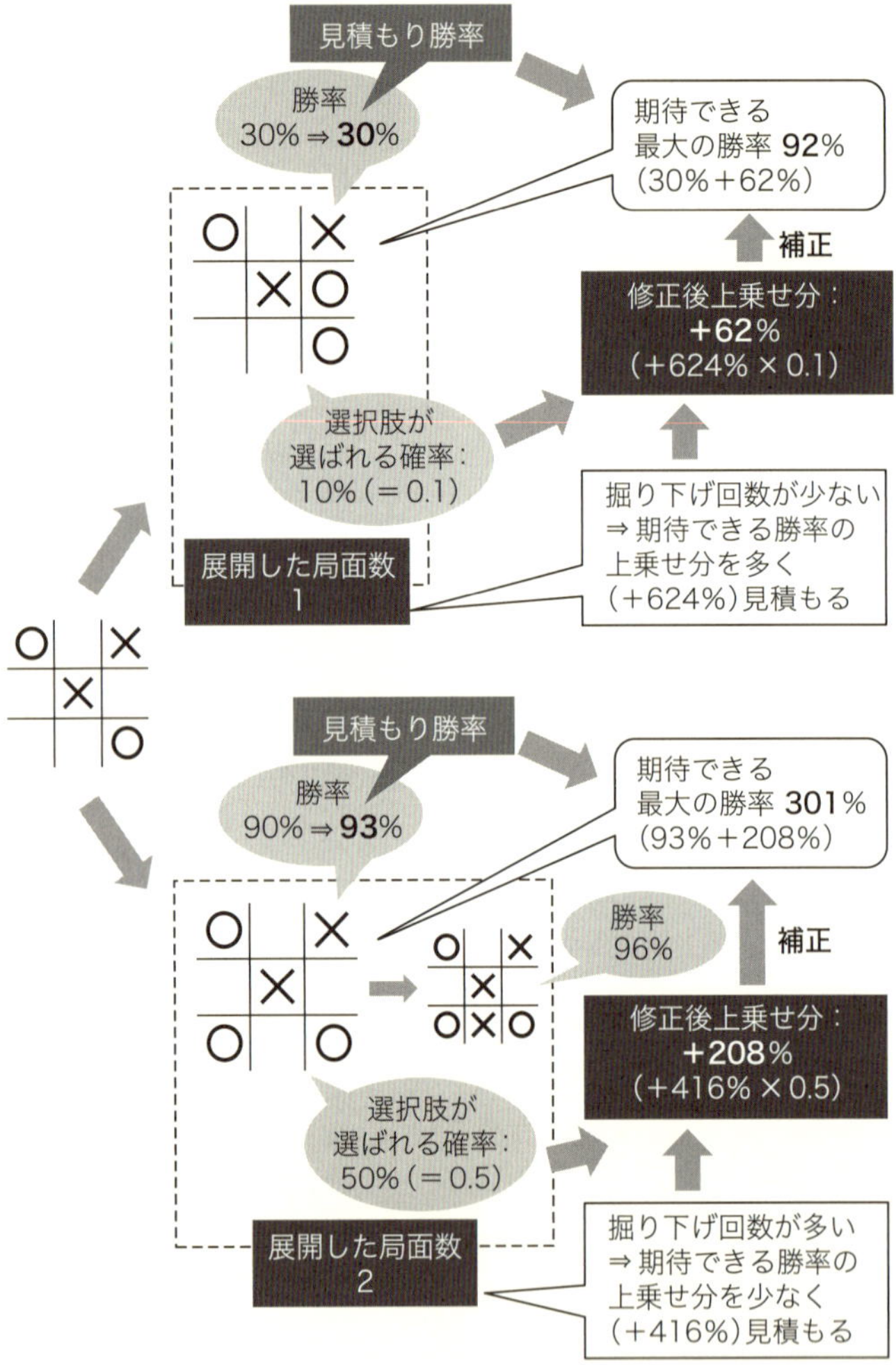

見積もり勝率
勝率
30%⇒30%
期待できる
最大の勝率 92%
(30%+62%)
補正
修正後上乗せ分：
+62%
(+624%×0.1)
選択肢が
選ばれる確率：
10%(=0.1)
掘り下げ回数が少ない
⇒期待できる勝率の
上乗せ分を多く
(+624%)見積もる
展開した局面数
1
見積もり勝率
勝率
90%⇒93%
期待できる
最大の勝率 301%
(93%+208%)
勝率
96%
補正
修正後上乗せ分：
+208%
(+416%×0.5)
選択肢が
選ばれる確率：
50%(=0.5)
展開した局面数
2
掘り下げ回数が多い
⇒期待できる勝率の
上乗せ分を少なく
(+416%)見積もる

６２４％　×　０・１　＝　約62％

とするわけです。一方で、下の選択肢は選ばれる確率が50％（＝０・５）もあります。そのため、勝率上乗せは

４１６％　×　０・５　＝　２０８％

となります。

したがって上の選択肢の「期待できる最大の勝率」（見積もり勝率＋勝率の上乗せ）は、（30％＋62％＝）92％、下の選択肢は（93％＋２０８％＝）３０１％となります。よって、下の選択肢の方が高い、こっちを掘り下げるべきだ、となるわけです。

ＡｌｐｈａＺｅｒｏは、このようにしてＡＩが推定した「選択肢が選ばれる確率」をうまく使うことで、「あまり掘り下げていない選択肢は、実現の見込みがある展開なら調べてみる。実現の見込みが低いなら掘り下げない」という方針を実現しています。

少し話が長くなってしまいましたので、最後にＡｌｐｈａＺｅｒｏの基本方針をまとめてみましょう。まずＡＩとしては二つ用意します。

・（入力された局面の）勝率を推定するAI
・（入力された局面における）選択肢が選ばれる確率を推定するAI

これら二つのAIを使って、次に示す手順を何度も繰り返すことで各選択肢の「見積もり勝率」を更新していきます。

1.「期待できる最大の勝率」が一番大きい選択肢を、掘り下げるべき選択肢として選ぶ
2.選んだ選択肢を掘り下げる。そこで新たに得られた局面の勝率をAIで推定する
3.得られた局面の勝率を使って、「見積もり勝率」を更新し、より正確にする

「期待できる最大の勝率」＝「見積もり勝率」＋「勝率の上乗せ（調整版）」
「勝率の上乗せ（調整版）」＝「勝率の上乗せ」×「選択肢が選ばれる確率」（AIで推定）
「見積もり勝率」＝「最初に推定した勝率」と「展開して得られた局面の勝率」全部との平均値

注：まだ勝率を見積もっていない選択肢は、見積もり勝率を0％とします

ここまでくれば、ＡＩにしてもらわなければならないことは明確ですね。先に示した二つのＡＩが実現できればいいのです。

ちなみに、こうして選択肢を掘り下げて検討をした後で、最終的にどれかの選択肢を実行（着手）しなければなりません。その方法として「見積もり勝率」が一番高いものを実行する、などいろいろな方法が考えられます。ＡｌｐｈａＺｅｒｏでは、「一番多く掘り下げた選択肢」を着手する、としています。掘り下げた回数が多いほど、勝率が高いのではないかと常々検討されたということですから、これも妥当な選び方なのです。

**ステップアップ**

## 掘り下げの詳細

先ほどの話では、「着手を検討している選択肢のうち、どれを掘り下げるか」という話をしました。しかし、図4-13の点線で囲んだ範囲で示されているように、選択肢を掘り下げてたどり着いた局面でも、またあらたな選択肢が出てきます。ここはどういう基準で掘り下げればいいのでしょうか。

実はこれも同じ考え方で決めていきます。（手番の側からみて）「期待できる最大の勝率」が一番高

**図 4-13　どれをさらに掘り下げるべきか**

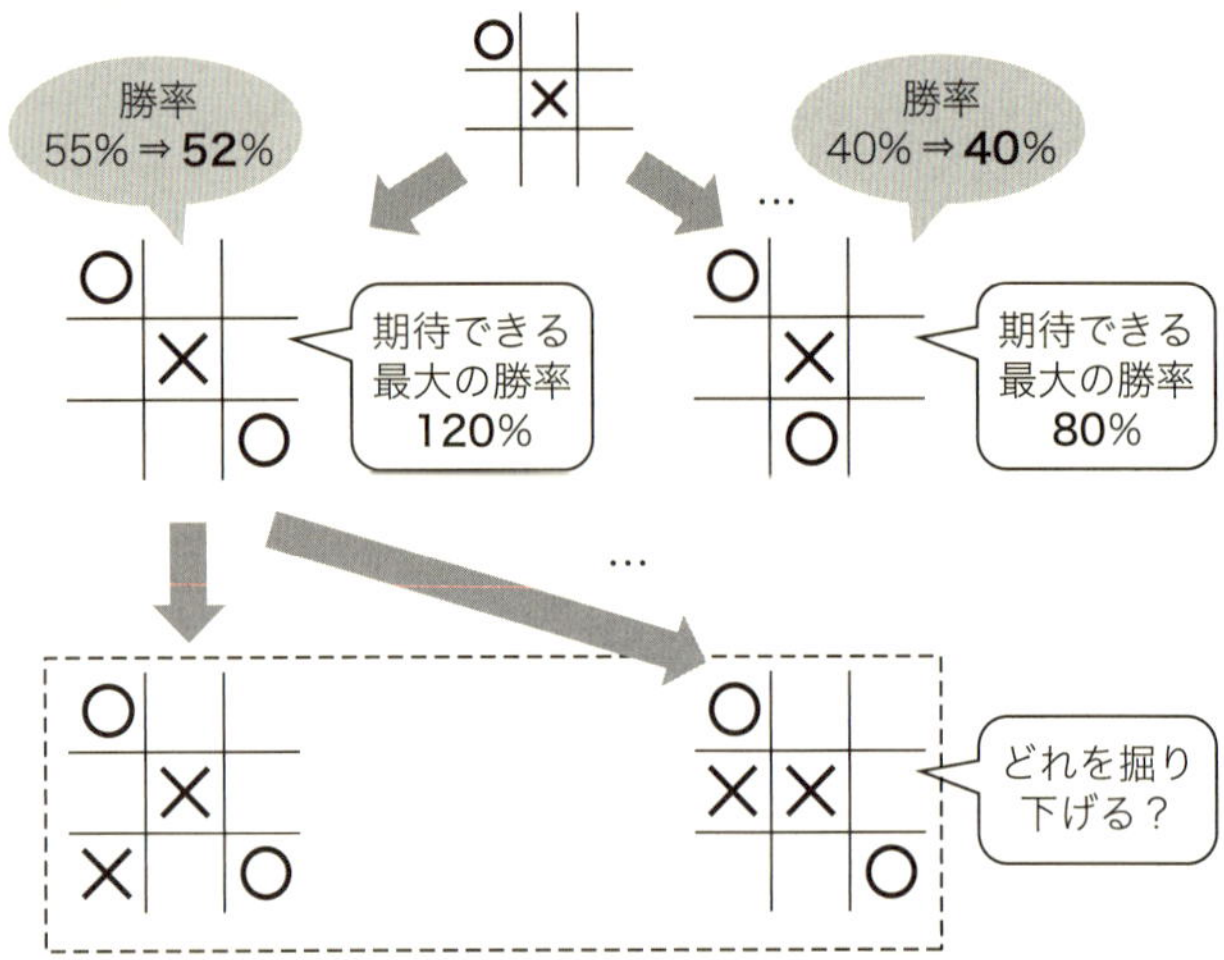


い選択肢を掘り下げていくのです。[注57]

そうして掘り下げる中で、（図4-14で、枠で囲んで示したような）まだ勝率を調べたことのない局面を掘り下げることになったら、その勝率をAIで推定し、「見積もり勝率」の更新に活用するのです。

このとき、掘り下げてきたすべての局面で「見積もり勝率」を更新します。図4-15に示したような形で、新しい「見積もり勝率」が計算され、更新されます。こうして、さまざまな局面での「見積もり勝率」が徐々に正確になっていくのです。

**図 4-14** さらなる掘り下げの仕方

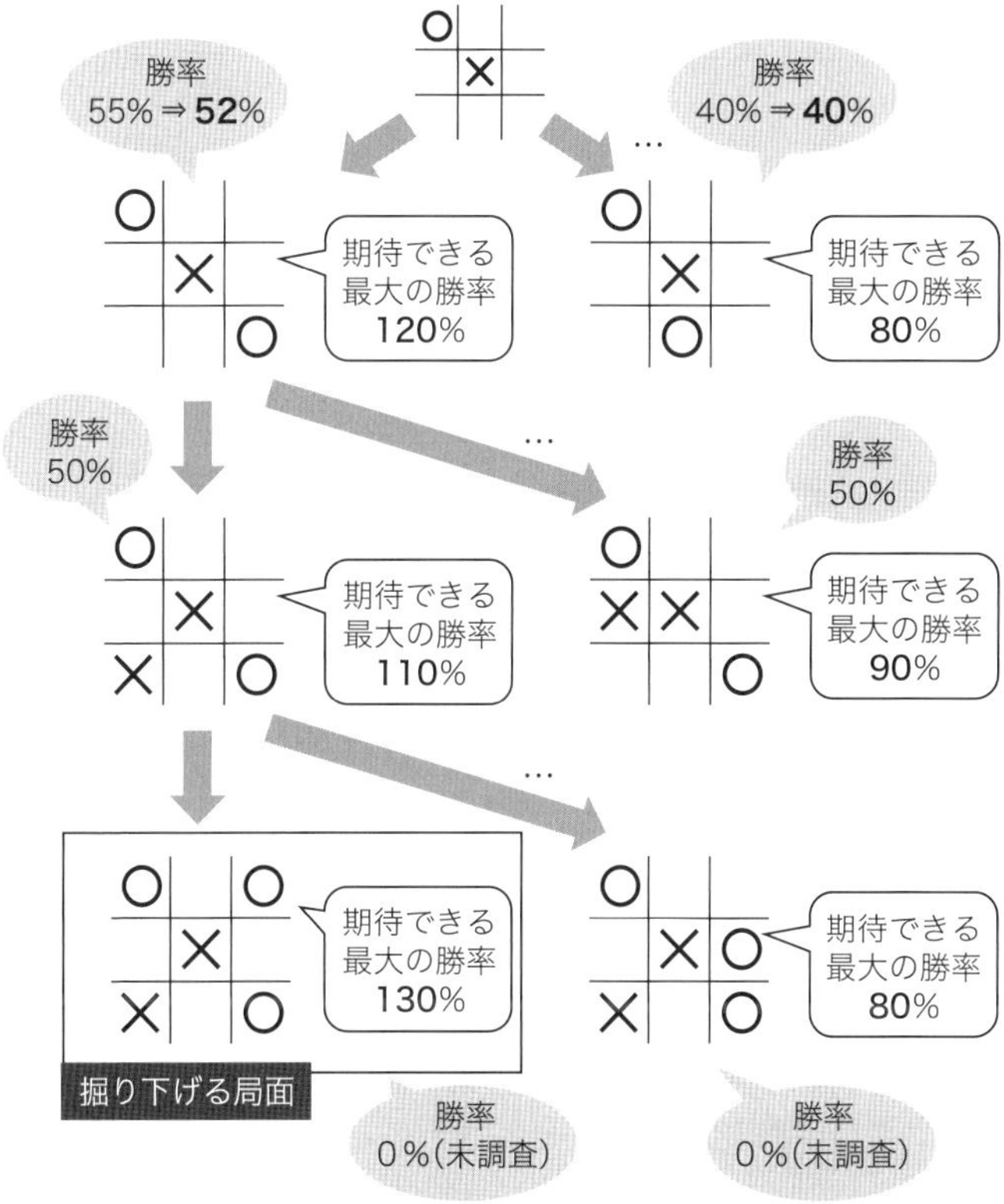

図 4-15 掘り下げ局面の勝率を用いた見積もり勝率の更新

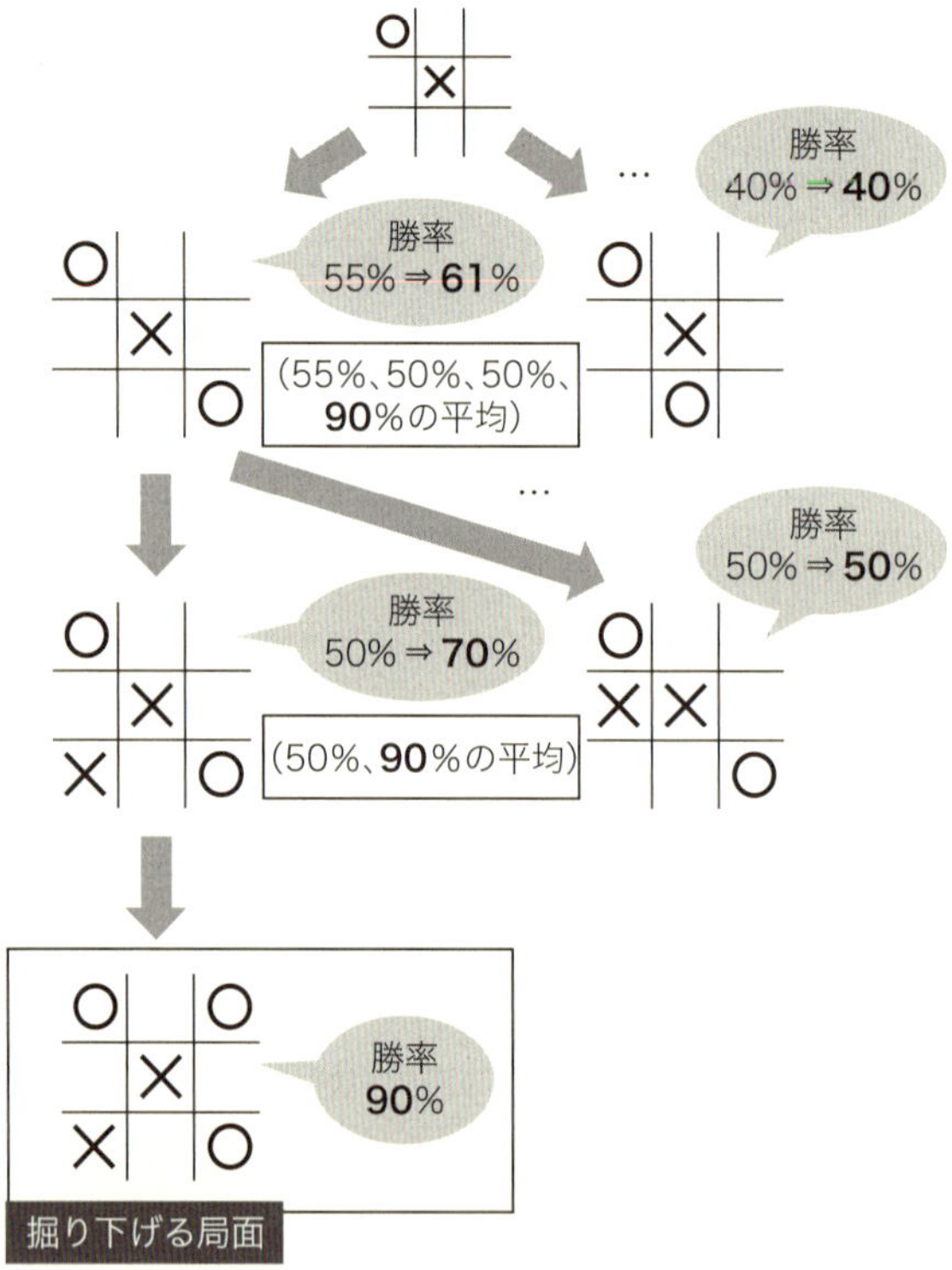

## 「目標設計」の実態

「動機」の部分で、次に示す二つのＡＩを作るという方針としました。

・勝率を推定するＡＩ
・選択肢が選ばれる確率を推定するＡＩ

これらのＡＩを作るためには、問題集を用意しなくてはなりません。ＡｌｐｈａＺｅｒｏは強化学習を用いるため、これらの問題集はＡＩが試行錯誤しながら作ります。ではどうやって作るのでしょうか。

まず、強化学習の基本的な流れについて、1章で触れたロボットが立つ方法を学ぶ例を振り返っておきましょう。最初にＡＩは、自分がうまくいくと思う方法をいろいろ試します。そうする中で「こうしたらうまくいった」「こうしたら駄目だった」という成功例、失敗例が集まってきます。ロボットの例でいえば、うまくいくとは立ち上がれることですし、ゲームでいえば勝てることがうまくいくこととなります。

強化学習では、こうして集められた成功例、失敗例から問題集を作ります。つまり、成功した例を正解、失敗した例を不正解とするのです。そしてこの問題集を使って学習することで、ＡＩ

はよりうまいやり方を見出せるようになります。そしてまた（自分がうまくいくと思う方法を）いろいろ試してみることで、新しい問題集を作り、それを使って学習する、ということを繰り返していきます。最初のうちは質の悪い問題ばかりとなるでしょうが、学習を繰り返し続けていけば問題の質が良くなり、高い性能を発揮できるようになる、というわけです。

さて、ではＡｌｐｈａＺｅｒｏではこの過程をどうやっているのでしょうか。まず適当に作ったＡＩを二つ用意して対戦させます。[注58] どちらもほとんど学習できていないため、素人よりもひどい選択肢の選び方しかできないでしょう。しかし、どちらもひどく弱いのですから、先攻が勝つことも後攻が勝つこともあるでしょう。

このとき「勝ったＡＩが手番だった局面」は、最終的に勝てたのですから「勝てる局面」だったのだ、と捉えてもそう間違いではないでしょう。同じく、「負けたＡＩが手番だった局面」は「負ける局面」だった、とも捉えられます。そこで、図4-16に示すように「勝ったＡＩが手番だった局面」の正解を「勝ち」、「負けたＡＩが手番だった局面」の正解を「負け」として、「勝率を推定するＡＩ」の問題集を作るのです。

もちろんこの正解は、かなり強引なつけ方だと言わざるを得ません。少なくとも最初のＡＩはとても未熟ですから、「勝ったＡＩが手番だった局面」が「（必ず）勝てる局面である」なんてことはあまりないでしょう。でもそんな細かいことは気にせず、多少間違った問題集であっても構わない、つまり質より量で攻めよう、というスタンスで作っていくのです。

**図 4-16　「勝率を推定する AI」の問題集作成**

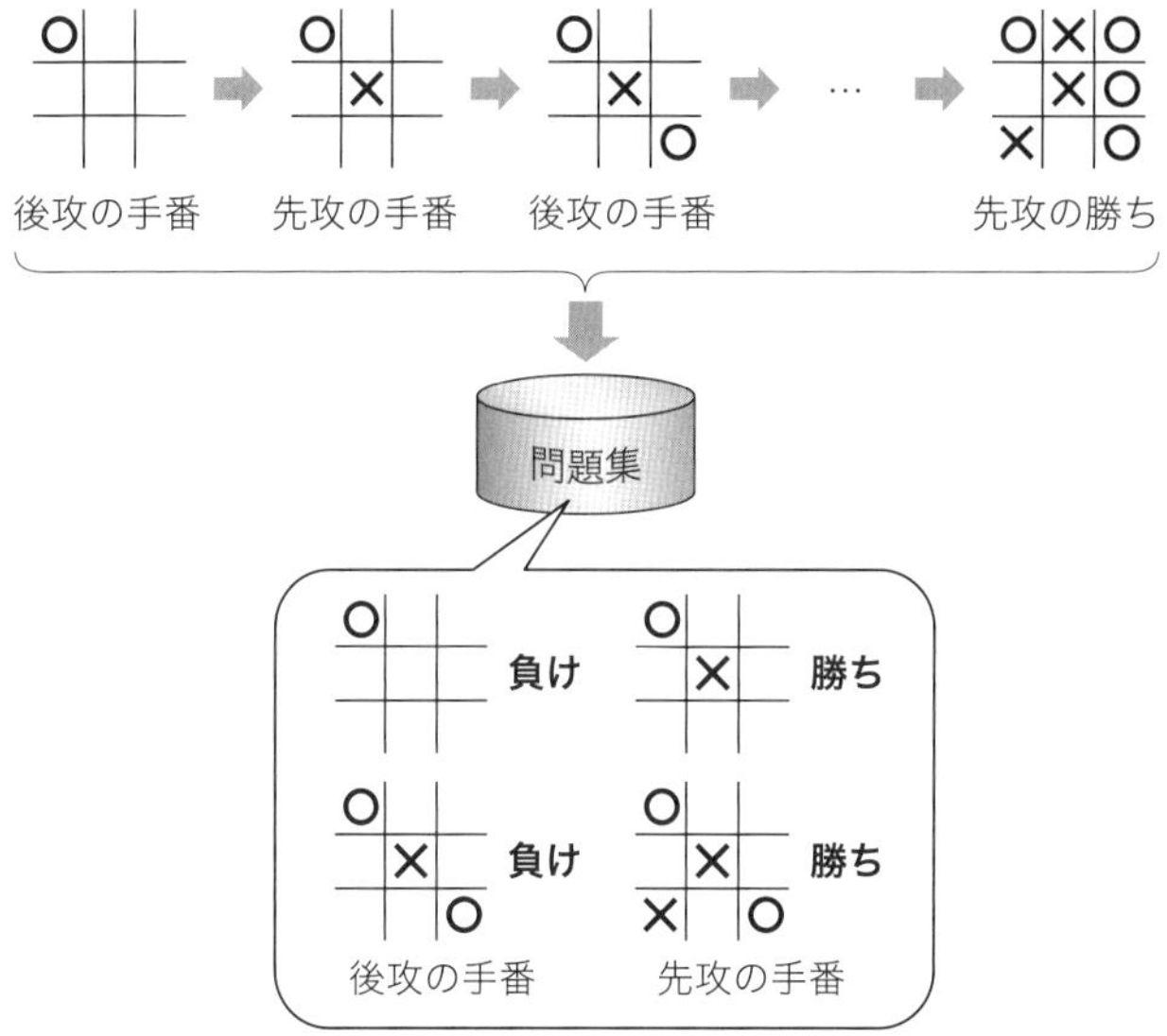


では、もう一つの「選択肢が選ばれる確率を推定するＡＩ」の問題集はどうすればいいのでしょうか。こちらは、各局面に対して「どの選択肢が選ばれたのか」という正解が必要となります。ＡＩ同士での対戦時に、どの選択肢を選んだかは調べれば分かります。よって、各局面で選ばれた選択肢を「正解」とすれば、問題集が作成できます。

ＡｌｐｈａＺｅｒｏも基本的にはこの考え方を使っているのですが、実はもう少し工夫を加えています。「動機」の実態の節で、ＡｌｐｈａＺｅｒｏが着手（実行）する選択肢を選ぶ際に、「一番掘り下げた選択肢を選ぶ」としていたのを思い出して下さい。これはつまり、掘り下げた回数が「選択肢として実行する度合」つまりは「選択肢が選ばれる確率」と連動している、ということです。つまり、もし同じくらい掘り下げた選択肢が二つあったら、どっちを選ぶかも半々である、と考えることができるわけです。

よって、掘り下げた回数の多さを使えば、直接「選択肢が選ばれる確率」を見積もることができます。たとえば全10回の掘り下げを行ったときの、各選択肢での掘り下げた回数が図4-17の中央の列のような状況だったとしましょう。掘り下げた回数が選ばれる確率と連動していると考えれば、図4-17の右列に示したように、「選択肢が選ばれる確率」は、「（全体に対する）その選択肢を掘り下げた回数の割合」で捉えることができます（この割合はソフトマックスのときと同じ考え方で計算できます）。AlphaZeroでは、こうして計算された「選択肢が選ばれる確率」を正解として、問題集を作っています。

二つのAIに対応する問題集が作れたので、あとは学習するだけです。学習するためには、AIの推定結果と正解との間にある「正解とのズレ」を定める必要があります。AlphaZeroでは、非常にシンプルで一般的な方法を採用しています。まず一つ目の勝率を推定するAIについては、図4-18に示すように、正解が勝ちなら「勝率100％」とみなし、AIが推定した結果との差の大きさ（60％）を「正解とのズレ」としています。[注▼59]

また、二つ目のAIについては、確率における「正解のズレ」を扱う話となります。こうした「正解とのズレ」を扱う方法については、すでに2章のResNetで現れていましたね。そう、

図 4-17 選択肢が選ばれる確率を推定する AI の正解

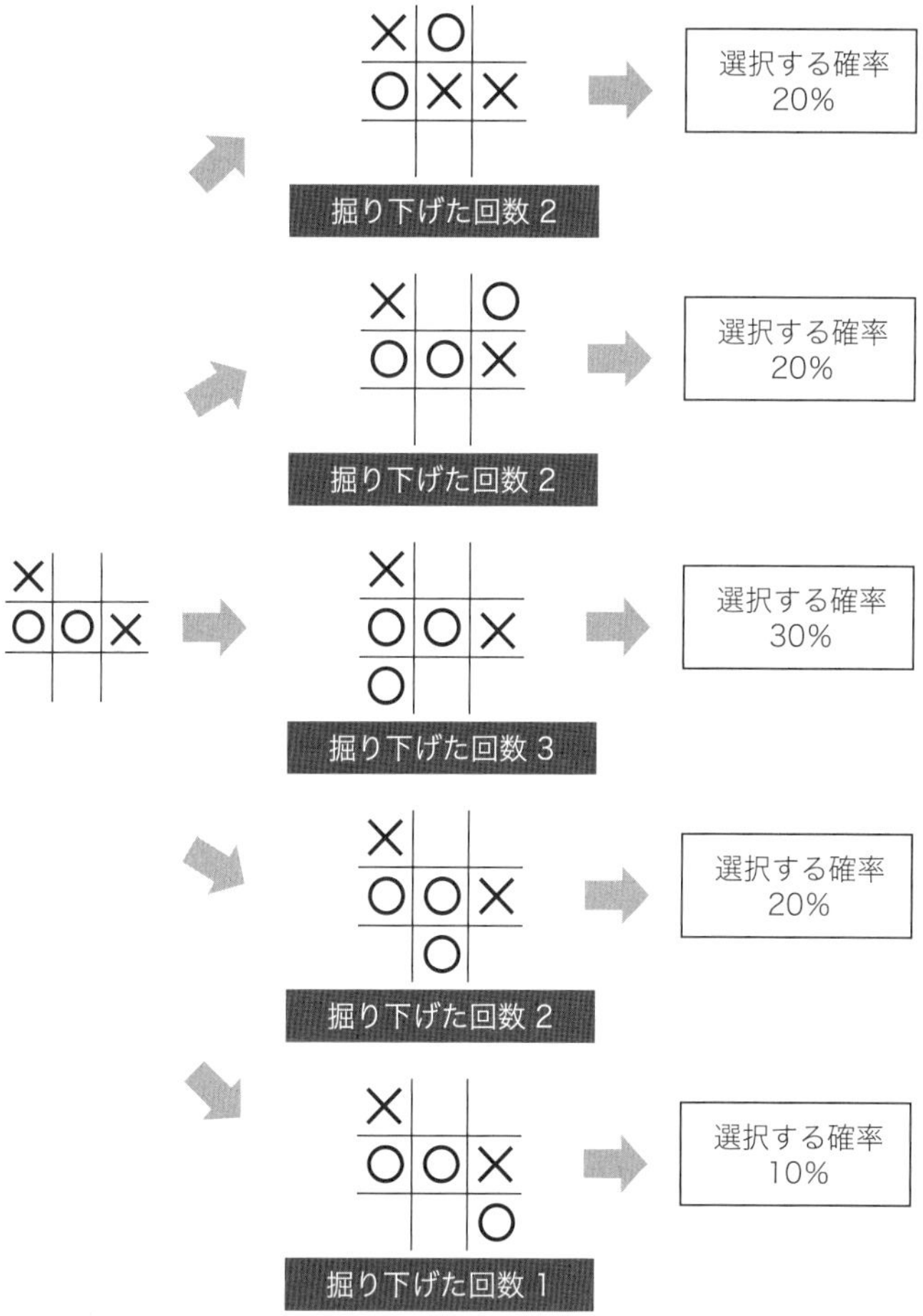

**図4-18 「勝率を推定するAI」の「正解とのズレ」**

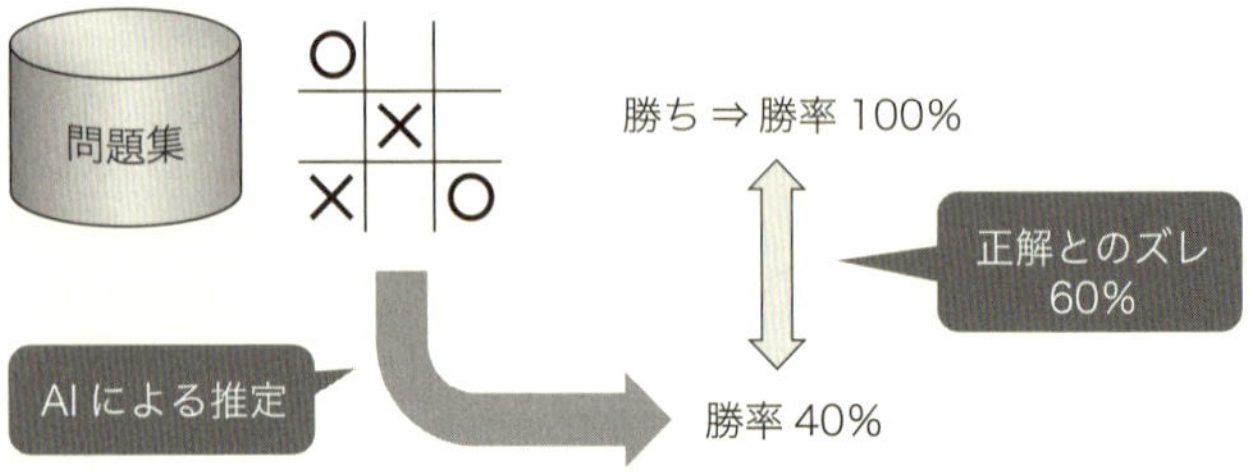


ＡｌｐｈａＺｅｒｏでもやはり、ＲｅｓＮｅｔと同じように交差エントロピーを用いています。

このようにして作り出した問題集を使って学習し、さらに優れた選択肢の選び方を身につけていきます。そうして生み出された新しいＡＩ同士が対戦して作られた問題集が、またＡＩの性能を上げていく、ということを繰り返し、ＡｌｐｈａＺｅｒｏは人間をはるかに超える性能へ到達していくのです。[注▼60]

## 「思考集中」の実態

ＡｌｐｈａＺｅｒｏでは、二つのＡＩの作り方にも工夫を加えています。この二つのＡＩは、どちらも入力された局面についての理解が必要です。局面を理解することで勝率が分かりますし、どんな選択肢が選ばれやすそうかも見えてきます。つまり、この二つのＡＩが学ばなければならないことは、かなり似通っています。

そこで、ＡｌｐｈａＺｅｒｏでは3章の補足で説明したマルチタスク学習を使って、ＡＩの性能を高めています。類似した二つ

**図 4-19** AlphaZeroのモデル構成

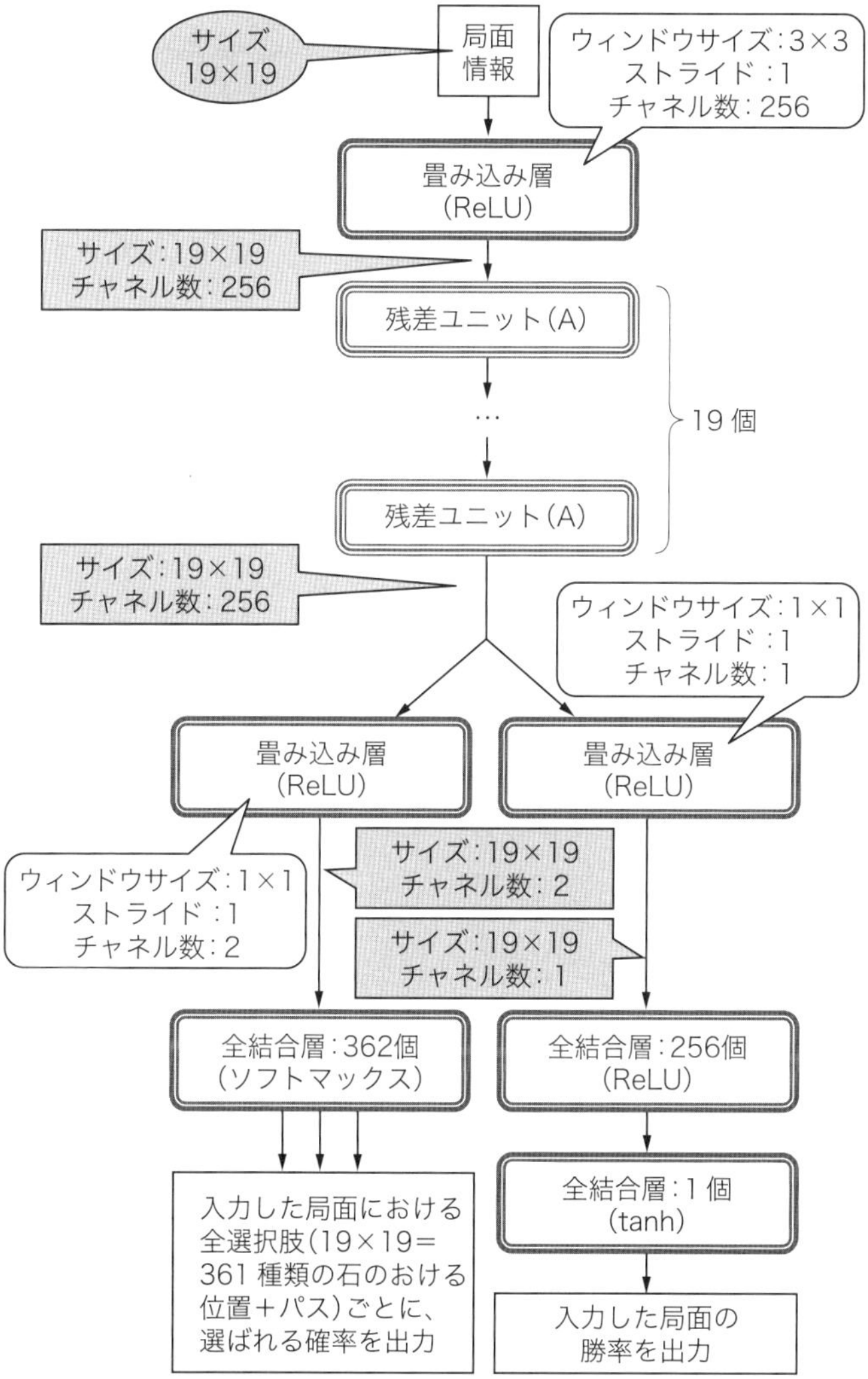

**図4-20 残差ユニットの構成**

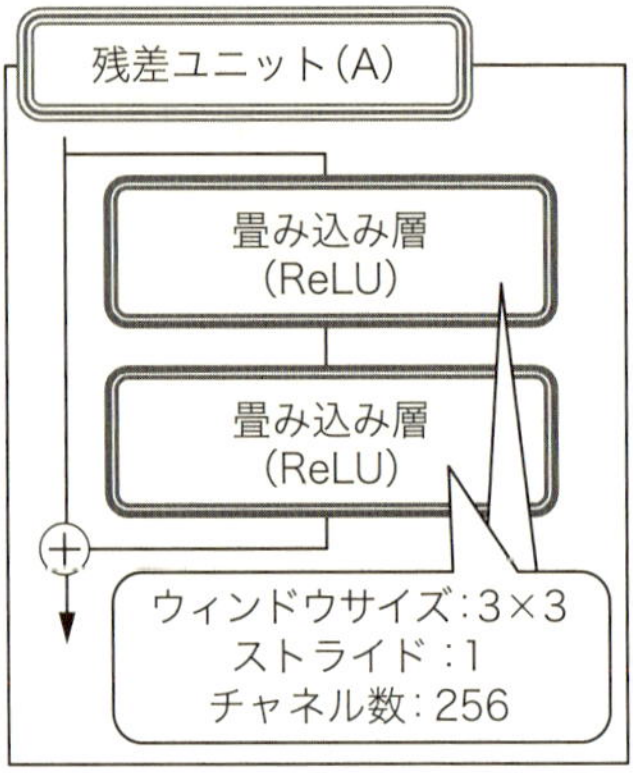


のことを一緒に学んでしまえば、きっともっと優れたAIになれるのではないか、というわけです。

では、AlphaZeroの肝となっている二つのAIのモデル構成についてみていきましょう。その構成は図4-19、図4-20に示した形となっています。これまでの章を読み進めた方であれば、すでに聴き馴染みのある部品がたくさん並んでいます。基本的に、ResNetやBERTで使われている技術の範囲で作られているのです。[注61]

まず基本的な構成要素として、畳み込み層（および、畳み込み層を使った残差ユニット[注62]）を使っています。これは、囲碁での石の配置が画像のマス目構造と似通っているためです。図4-21に示すように、囲碁もまたマス目のどこかに石を置きあうゲームとなっています（厳密には、マス目の線が交わる点に置いていくのですが、『マス目』と表現できるような配置になっていることには変わりありません）。

そして画像と同じように、囲碁などのゲームでは空間的な配置が重要となります。図4-21の上に示したように、画像では縦線や横線といった、点のつながり方を見つけ出すことが必要なため、（ウィンドウをもつ）畳み込み層を使って周辺の状況を観察して、最終的にとりまとめる、ということをしていました。

図 4-21　画像と囲碁のマス目構造

画像

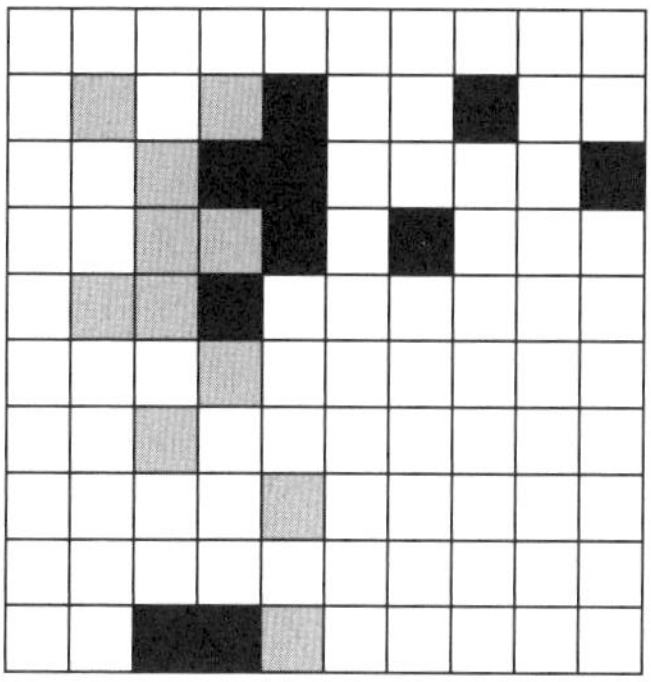

囲碁

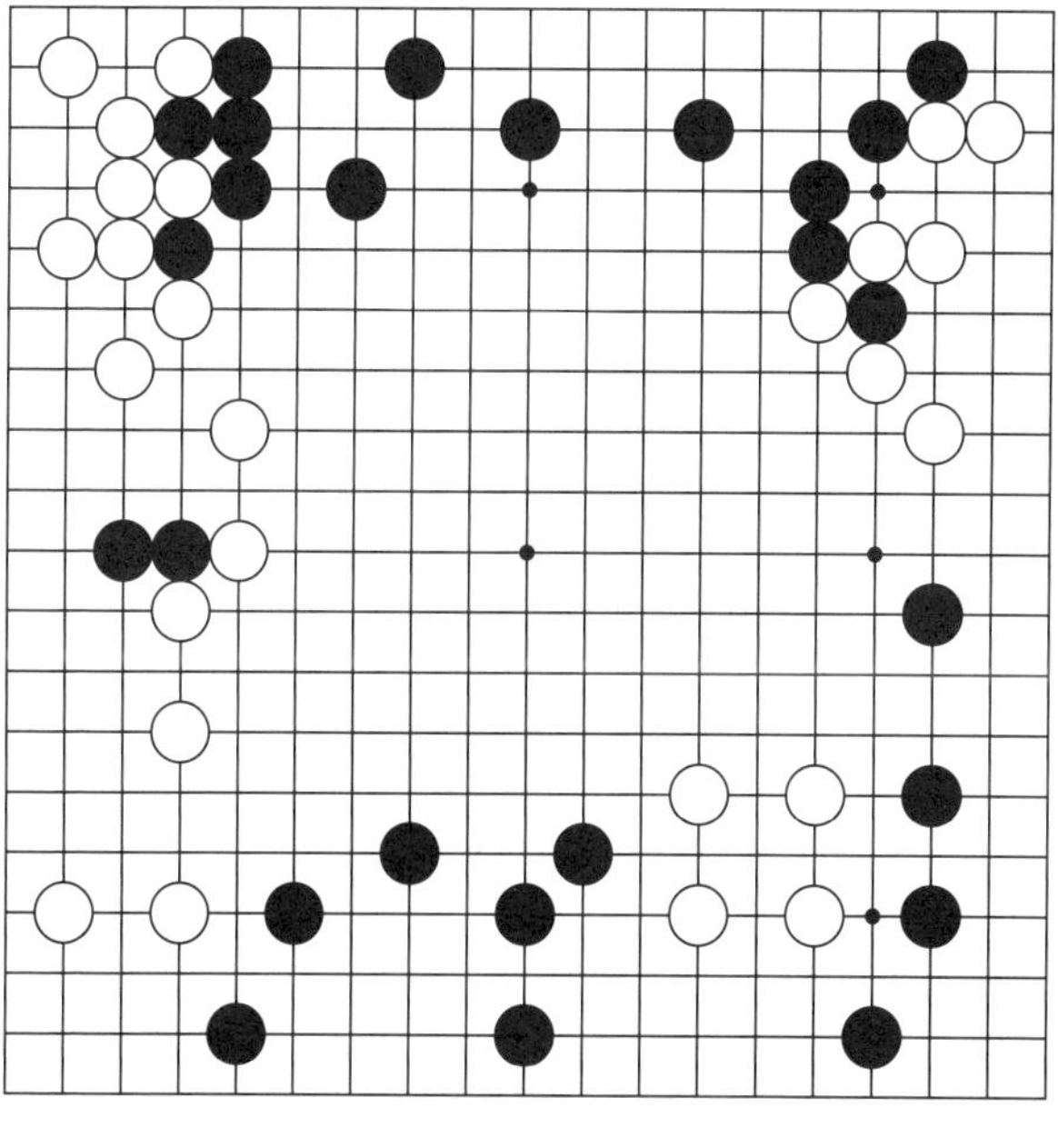

囲碁でも画像と同様に、局所的な石のつながり方が重要となっています。そのため、畳み込み層を基本として用いれば、局面の状況をうまく捉えられるのではないか、というわけです。

ＡｌｐｈａＺｅｒｏでは図4-19で示したように、学習する問題によって最後の（出力に近い層の）部分だけを変えることでマルチタスク学習を実現しています。つまり、共通して使う部分で局面の状況を把握する方法を学習し、最後の部分のところで、把握した局面の状況から正解を当てる方法を学んでもらう、という形にしているのです。

なお、ＡｌｐｈａＺｅｒｏはさまざまなゲームに対応できるＡＩとして作られています。そのため、特定のゲームに特化した「思考集中」の仕組みは極力行わないようにしています。人間からほとんど情報を与えてもらわずに、一から学んで最強のＡＩとなれる、ということを示そうとしたのです。

しかし、「動機」の実態でお話ししたように、作るべきＡＩをどう定めるか、そのＡＩを使ってどうやって選択肢を選ぶのか、といったあたりはかなり作りこんで設計されています。つまり、「動機」の段階で解決したい課題を絞り込むことで、考えるべき範囲を絞り込んでいるのです。つまりこれは、「動機」の段階で「思考集中」をしている、より正確にいえば、「強くなりたい」という課題を切り分け、より小さな課題へと落とし込むことで考えるべき範囲を限定しているといえます。

これはＡＩを作るうえでとても重要な観点です。掲げた課題が漠然としたものであればあるほど、そのために検討しなければならないことは多くなってしまいます。課題や正解が定まってさえいればAIを作ることはできますが、高い性能を実現するためには（問題集を作って教師あり学習をするにしても、強化学習で時間をかけて問題集を作り上げていくにしても）途方もない時間がかかってしまうのです。そこで、「そもそもAIによって解決してほしい課題は何か」を絞り込むことによって、「思考集中」を実現し、効率的に高い性能を得ているのです。

しかしそれでも、現実の世界を相手にした場合、使える選択肢はあまりに膨大な数となってしまいます。ゲームという、状況（局面）の種類や選べる選択肢が比較的限定されている題材だからこそ、AIが人間を超えることができた、ということは否めないでしょう。あまりに広い選択肢や状況の種類がある場合は、「思考集中」が優れている人間の方が有利になってきます。

ステップアップ

## 入力について

AlphaZeroでの入力の仕方はゲームによって異なります。ここでもゲームの特性を生かした入力の仕方をすることで、AIの「思考集中」の助けをしています。

ここでは囲碁についてだけお話ししておきましょう。囲碁は先攻が使う黒石と、後攻が使う白石があり、交互に石を置きあっていくゲームです。そのため、石の配置と、手番の情報を入力する必要があります。

まず基本的な考え方として、石の配置状況を、黒石と白石とで分けて扱います。こうすることで、黒石、白石で分けて配置状況を見ることが大切なのだということを、AIに示しているわけです。注▼63

なお、石は19×19のマス目のどこかに配置されるので、サイズが19×19の画像二枚分と同じように扱えます。

なお、囲碁は○×ゲームと違って、これまでの展開によっては選べない選択肢があります。そのため、過去がどんな展開だったかも入力しておく必要があります。そこで、過去7回分の局面についても同様に、黒石と白石の配置に分けて入力しています。過去7回分で、黒白それぞれありますから、ここで入力する枚数は7×2＝14枚となります。

そして最後に、手番の情報を与える必要があります。これは19×19のマス目をさらにもう一枚用意して、先攻の手番ならば石をすべての位置に配置します。後攻の手番ならば、何も配置しません。これは、各マスの位置を担当する畳み込み層のニューロンが、マス目に書いてある情報だけで手番を把握できるようにするためです。

これが、囲碁における入力のすべてとなります。よって、現在の局面分2枚＋過去7回の履歴の分14枚＋手番の分1枚で、合計17枚、つまりチャネル数17の入力となります（図4-22）。

図 4-22　囲碁用 AlphaZero における入力

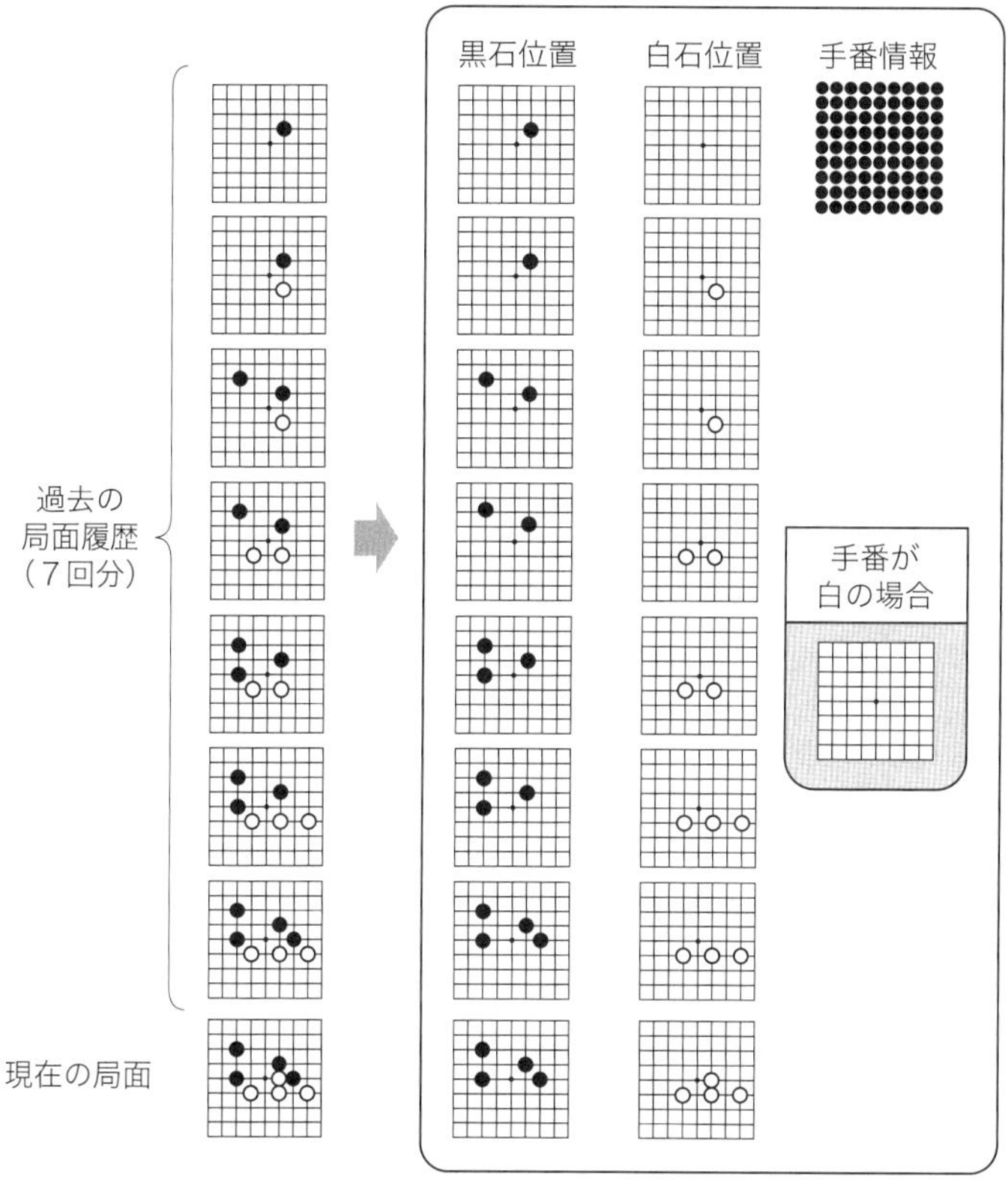


（注）図を見やすくするため、実際よりサイズを小さくしています

### 「発見」の実態

強化学習では、数多くの問題集をＡＩが高速に作り出すことで、質より量の力で「発見」の精度を高めています。そのため、「高速に試すことができて、かつ正解を自動的に決められる」かどうかが重要になります。ゲームはその性質を満たしていたため、人間を超えることができたと考えられます。

ただしそれでも、ＡＩが学ぶには結構な時間がかかってしまいます。ＡｌｐｈａＺｅｒｏは１日足らずで人間を超えられるという話をしましたが、これはあくまでグーグルというＡＩの最先端を走る大企業がもつシステムを活用した結果です。一般の企業がもつシステムで同じことをやろうとすると、とんでもなく長い時間がかかるといわれています。

## できること、できないこと

すでにこれまでの話で、できること、できないことは見えてきていることでしょう。ここではそれらを総括して振り返ってみることにします。

ＡｌｐｈａＺｅｒｏは囲碁に類似したゲームにおいて、汎用的に使えることを目指したＡＩでした。そのため、できる限り各ゲームに関する知識を使わずに設計するという方針を取っています。したがって、人間が手助けをしているところは少ないのですが、ないわけではありません。

まず「動機」についてですが、「動機」の実態の節で説明したように、何を学習するのかといった具体的な課題や、それをどう活用して選択肢を選ぶのか、といったことは人間があらかじめ設計しています。きわめてシンプルなやり方で考えれば、一見して勝てそうな選択肢を選ぶ、つまり勝率が高そうな選択肢を選ぶ、という形になるでしょう。しかし、一見しただけでは「勝率が高そう」だと判断するのは難しいため、これではなかなか性能を高めることができません。

そこで人間が「先の展開を予想して勝率の見積もりの精度を上げる」という考え方や具体的な方針、選択肢が選ばれる確率を推定するＡＩやその学習方法などを設計することで、ＡｌｐｈａＺｅｒｏの性能は実現されているのです。

つまり、ＡＩが考えるべき課題を設定することが重要なポイントとなっています。ＡｌｐｈａＺｅｒｏは、その設定の仕方が囲碁に類似したゲームにおいて広く使える方法だった、というだけなのです。したがって、今回の設定の仕方に合わないタイプのゲーム（先攻後攻が交互に選択肢を選ぶのではなく、任意のタイミングで選択肢を選べるゲームなど）においては、そのゲームに合うように人間が設計を考えなくてはなりません。

ちなみに、ＡｌｐｈａＺｅｒｏでは二つのＡＩがある、というお話をしてきましたが、この二つを組み合わせ、実行する選択肢を決定するところまで含めてＡＩ（ＡｌｐｈａＺｅｒｏ）と表現しています。[注64] 実際のところ、ビジネスで活用されるような役に立つＡＩにするためには、ＡＩを活用する方法も併せて考えることが必須となってきます。ＡＩを活かすための方法やしくみもまた、ＡＩを形作る重要な要素というわけです。

次に「目標設計」については、「動機」で具体的に設計したＡＩごとに目指す正解を定める必要があります。ただしゲームの場合は「ゲームに勝つこと」という明確な目標があるので、画像や言語に比べたら「目標設計」は簡単です。しかし、それ以外の「勝ち」を考えようとしたら、人間に頼る必要も出てきます。

実際にこんなことがありました。毎年5月に開催されるコンピュータ将棋選手権でのことです。この選手権ではたくさんの将棋ＡＩが集まって、最強を争っています。２０１９年にも開催され、決勝リーグの最終戦で暫定1位と暫定2位が対戦することとなりました。勝った方が優勝、引き分けなら暫定1位の優勝、という展開となったのです。

最終的にはどうなったかというと、勝負は引き分けとなり、暫定1位がそのまま優勝という形で幕を下ろしました。しかし、この引き分けには裏がありました。暫定1位のＡＩ設計者は、引き分けでも優勝できることを踏まえ、最終戦の直前に自身の将棋ＡＩの「目標設計」を調整し、「狙えるなら引き分けを狙う」と変更していたのです。

「選手権に優勝すること」を目指すうえで、ＡＩの掲げる「ゲームに勝つこと」が最善とは限りません。そうでない場合は、「目標設計」の力を持つ人間が考慮しなくてはならないわけです。ＡＩの強さを競う選手権で、ＡＩ設計者である人間の知恵が優勝と準優勝を分ける、なんともＡＩの現実を物語る結果だったのではないかと思います。

最後に「思考集中」について触れていきましょう。ＡｌｐｈａＺｅｒｏは強化学習を使って学習していました。この強化学習こそが、人間を超えるほどの性能を生み出した要因といっていいでしょう。強化学習はＡＩが自分一人の力で高い性能を獲得していくという非常に強力な方法ですが、高い性能を実現するためには、いくつかの制約が存在します。

まず、高速に試行錯誤できることが必要です。「発見」の実態の節で触れましたが、ＡｌｐｈａＺｅｒｏが短時間で人間を超える性能を出せた背景には、グーグルが持っている高性能のコンピュータの存在が大きくかかわっています。ゲームは、天気や気温、周囲の状況といった現実世界の話とは切り離して行うことができるため、コンピュータを使って高速に試行錯誤できます。一方で、現実の世界で試行錯誤しなくてはならない場合は、強化学習を使っても高い性能を実現しにくくなります。

高速に試行錯誤するためには、選択肢があまり多くないことも重要です。いくら高性能のコンピュータが用意できても、調べなくてはならない可能性の幅が広すぎれば、うまく学習できなくなってしまいます。

囲碁や将棋は、存在する類似のゲームに比べるとかなり選択肢の多い課題です。そのため、近年までＡＩが人間を超えることはできませんでした。ゲームの枠を超えた、さらに選択肢の幅広い課題に対しては、強化学習を有効に活用するのは難しいというのが実情です。

また、選択肢の幅だけでなく、選択肢を選べる回数、つまり行動できる期間が長くても難しくなります。これは、選べる選択肢の組み合わせが膨大になってしまうからです。

実はここでもう一つ問題となることがあります。行動できる期間が長いと、強化学習における報酬（ゲームでいえば「勝利」）を得るまでにたくさんの行動ができてしまう、という点です。すると、行ってきた行動の中で、いったいどの選択が報酬を得るうえで有効だったのかが分かりにくくなってしまうのです。

たとえば、数日間にわたる長い面接の後で、不合格という結果だけ教えられても、結局のところどの発言や行動が悪かったのか分かりませんよね。もちろん、途中で面接官の顔色をうかがえば推し量ることもできるでしょうが、ＡＩは人間によって明確に設定された報酬でしか、行動の良し悪しを測ることはできません。こういった点は強化学習の研究課題となっていてさまざまな方法が提案されていますが、人間の知識に頼らざるを得ない面も残っていると考えられます。

また、報酬を獲得すること自体がとても難しい場合は、強化学習はうまくいかない可能性が高くなります。たとえば知恵の輪などといったパズルゲームは、成功すること自体がかなり難しいです。その場合、いくら試行錯誤しても報酬（成功）が得られず、どうすればうまくいくのか、という糸口が永遠につかめない、なんてことも起こりえます。

これらの問題は、報酬が最終的に成功したときにしか得られない、という点が大きく関わっています。よって、達成具合に応じて途中の段階で報酬を与えることができれば、強化学習が成功する可能性は高くなります。もちろんそのためには、途中の達成具合をどう評価するべきか、ということを人間が与えなくてはならないでしょう。[注▼65]

勝ったか負けたかといった、明確な正解だけを使ってAIを学習させたいというのは理想的な考え方ではあるのですが、この考え方で人間を超えるほどの成果を上げられることは決して多くはないでしょう。実際の活用においては、課題を解決する工夫の仕方を設計したり、達成具合に応じて途中の段階で報酬を与えたりと、人間が知性を使って手助けして、AIの性能を高めていくことが重要になってくるのです。

なお、本書で触れた強化学習はほんの一端であって、その裏には長い歴史が培った理論があります。分かりやすさを重視したため、強化学習の深いところにはあえてほとんど触れませんでしたが、先ほど述べた問題点を解決する方法もいろいろ研究されています。本書が、深い知識への興味を広げるきっかけになれば幸いです。

# あとがき

いかがだったでしょうか。今の最先端研究で生まれた最強ＡＩがどうやって実現されているのか、その実態がお分かりいただけたのではないかと思っています。

おそらく全体を通してみると、人間がさまざまな工夫を施してＡＩは形作られているのだということを感じられたのではないでしょうか。ＡＩが勝手に学習していく、という表現をよく耳にしますが、その裏ではＡＩ設計者たちが、「動機：解決すべき課題を定める力」「目標設計：何が正解かを定める力」「思考集中：考えるべきことを捉える力」「発見：正解へとつながる要素を見つける力」を駆使しながら、さまざまなアイディアを検討して盛り込み、最強のＡＩを形作っているのです。

ＡＩは決して万能ではありません。むしろかなりいびつな力を持った存在といえます。「動機」「目標設計」の力はなく、「思考集中」も弱いため、コンピュータの速度を活かした「発見」の力を駆使して、質より量で攻める、というのがディープラーニングを用いたＡＩの基本戦略となります。

そんないびつな力を、安定したＡＩとして活動できるようにするために、ＡＩ設計者が「動機：解決すべき課題を定める力」で活用できる課題を正しく捉え、考えるべき範囲を限定しています。そして、活用できる課題の目指すべきゴールを「目標設計：何が正解かを定める力」で見定め、ＡＩが目指す先を示しているのです。さらに、不必要な情報を見定める方法を「思考集中：考えるべきことを捉える力」で設計して、ＡＩがもつ「発見：正解へとつながる要素を見つける力」を最大限生かせるようにしています。

その工夫次第では、ＡＩはもっと大きな成果を発揮できるようになります。そのことを、本書の読者の皆さんはすでに感じていることと思います。対象とする課題にあわせて、問題集を大量に用意しないとＡＩは作れない、という話をよく耳にしますが、ＢＥＲＴやＡｌｐｈａＺｅｒｏの実態を知っていれば「必ずしもそうとは限らない。工夫次第でできることもある」と思えることでしょう。

そして同時に、ＡＩにできないこともまた見えてきていると思います。「動機」や「目標設計」がない以上、日々の中で生まれてくる課題を見つけ出し、その正解を見定めて目指す方向を決めることはＡＩには困難です。ＡＩはリーダーシップがとれない、という話もよく聞きますが、リーダーの仕事ができない、というわけではありません。課題や正解がしっかり定められていて、その解決手段を見つけるための情報や問題集が十分集められるなら、リーダーの仕事だってＡＩにはこなせるでしょう。ＡＩにできないリーダーシップとは、新しく直面した状況の中で課題を見定め、正解を定めて周りの人たちを導くことができない、という意味合いなのです。

皆さんはすでに、ＡＩの実態はもちろん、ＡＩの最先端研究や作り方について語ることができる、といっても過言ではないと思っています。実際のところ、ＡＩを作ること自体はたいして難しくはありません。ＡＩにできない「動機」「目標設計」の部分をしっかり決めて問題集を用意できれば、あとは描いた構想に基づいてモデルを構成して学習をさせるだけだからです。そして近年ではディープラーニングを簡単に実行できるツールがたくさん現れているので、モデルを構成して学習をさせることは、工作感覚でできます。

もちろん、モデルを構成する際には、用いる部品についての正しい知識が必要です。この本で得た正しい知識は、これからのＡＩを考えるうえでも十分役立つでしょう。なぜなら、本書で学んだ知識は一つの時代を築いた最強ＡＩについての知識だからです。出てきた単語は多く、なかなか覚えきれるものではないでしょうが、本書を携えていれば、いつでもその単語がどんなものだったのかを思い出せると思います。

本書を読んだ方が、ＡＩ研究者たちの会話に首を突っ込んで、ＡＩの活かし方やＡＩのこれからを語ることができるようになっていくことを切に願っています。

２０１９年10月１日

藤本浩司

柴原一友

# 索引

「注○○」は巻末注の番号を示します


アルファベット

Adam……65
Attention → 注意
CNN
→ 畳み込みニューラルネットワーク
Color Augmentation → 色拡張
Cutout → カットアウト
Data Augmentation → データ拡張
GELU……172
Horizontal Flip → 水平反転
MT-DNN……192
Per-pixel Mean Subtraction
→ 毎画素平均減算
Policy Network……注64
Pyramidal Residual Networks
→ PyramidNet
PyramidNet……133
Random Crop → ランダム切り抜き
Random Rotation → ランダム回転
ReLU……46
ResNeXt……132
RNN
→ 再帰型ニューラルネットワーク
Scale Augmentation → スケール拡張
Self-attention……注48
Seq2Seq……注39
Shake-Shake → シェイクシェイク
tanh……注61
Transformer……157, 170
Value Network……注64
Vertical Flip → 垂直回転
Wide Residual Networks
→ Wide ResNet
Wide ResNet……133
Word2vec……162
XLNet……194

あ行

アテンション → 注意
アノテーション → タグ付け
アンサンブル学習……183
イテレーション数……68
色拡張……123
ウィンドウ……87
ウィンドウサイズ……87, 99
エポック……68
重み……38
重み共有……90, 149
重み減衰……82

か行

カーネル……注15
過学習……81
学習率……55
確率的勾配降下法……59
確率的正則化……注47
荷重減衰……82
活性化関数……46
カットアウト……123
可変長……147
加法注意……179
キー……注49
行列計算……42
局面……199
クエリ……注49
交差エントロピー……78, 129, 146, 228
勾配降下法……57
勾配消失問題……106
勾配発散問題……注19
誤差逆伝播法……60

さ行

再帰型ニューラルネットワーク……147

最急降下法……57
最大プーリング層……98
残差ユニット……106
シェイクシェイク……134
シェイクドロップ……135
シグモイド関数……注61
自己注意……注48
事前学習……140, 187
縮小付き内積注意……注51
垂直反転……123
水平反転……122
スケール拡張……121
ストライド……95
正規化……127
正則化……82
ゼロショット学習……193
ゼロパディング……注16
全結合層……36
ソフトマックス……75, 226
損失関数……48

**た行**

タグ付け……120
畳み込み層……87, 170
畳み込みニューラルネットワーク……90
探索と知識利用のジレンマ……210
チャネル数……92
注意……172
超パラメータ……146
データ拡張……121, 186
手番……199
転移学習……138, 192
伝播関数 → 活性化関数
特化型 AI……141
ドロップアウト……184

**な行**

内積計算……180
内積注意……180
二乗誤差……注59
ネステロフの加速法……注7

**は行**

バイアス項……注17
ハイパーパラメータ……146
バックプロパゲーション……60
バッチサイズ……68
バッチ正規化……127
パディング……注16
パラメータ……146
バリュー……注49
バンディット問題……注56
汎用型 AI……141
表現学習……161
ファインチューニング……140, 187, 191
フィルタ……注15
分散表現……161
平均プーリング層……112
ベクトル……161
偏微分……55

**ま行**

毎画素平均減算……120
マルチタスク学習……192
マルチヘッド注意……181
モーメンタム……63
モデル……32

**ら行**

ランダム回転……123
ランダム切り抜き……121
レイヤー正規化……注46

# 注

1▸厳密にいうと，ReLUは「出力がマイナスの値になった場合は0にする」というものなのですが，実際には本文中で示しているような効果を得ることができるため，こう表現しています．

2▸実際のところ，一つの重みについてだけ考えるのであれば，一番深い谷底を探すことはできるでしょう．しかし，ほかにも重みはたくさんあり，そのバランスをとることが重要になります．一つの重みについてだけ深い谷底にたどり着けても，あまり意味はないのです．

3▸ここで「偏」とついているのは，傾斜について偏った見方をしているためです．本来，重みはたくさんあります．しかし，他の重みは「調整できない」ものだと，偏った見方で割り切って傾斜を考えていることから，「偏」微分と表現しているのです．

4▸AdaDeltaといった，学習率を設定しなくてもいいという手法も存在します．ただし，学習率以外の調整項目は存在するため，AI設計者の手をまったく借りなくていい，というわけではありません．

5▸確率的勾配降下法は本来，（確率的に生まれてくる）一つひとつの問題に対して「正解とのズレ」を計算して重みを調整する方法を指すのですが，近年では本文中で示した方法も確率的勾配降下法と呼ばれています．

6▸一見すると，確率的勾配降下法は最急降下法よりも性能が劣っているように感じるかもしれませんが，そうとは限りません．確率的勾配降下法で調整する方向や幅を荒っぽく決めることによって，浅い谷底を通り越して深い谷底にたどり着きやすくなる，といった指摘もあります．

7▸モーメンタムに類似した手法として有名なものに，ネステロフの加速法があります．この方法は直近の移動だけでなく，「もっと過去の移動も考慮した」勢いをつけて移動させる方法です．

8▸Adamがどんな問題に対しても最善とは限りません．たとえばResNetはAdamよりもモーメンタムを用いた確率的勾配降下法の方が優れているという報告があります．

9▸「パンダっぽさ」がマイナスになることもあるため，実際にはいったんすべての出力をプラスの値に寄せた後で，割合を計算します．

10▶これは，画像認識においてはよく現れる問題です．人間から見ても，画像に映っているうちのどれを正解とすべきかが断言できないケースもあります．そのため，画像認識AIの性能を評価する際には，最も確率の高い答えが正解と一致する場合だけ合格とするのではなく，上位5番目までの答えの中に正解があれば合格とする評価方法もあります．前者の評価方法をtop-1，後者をtop-5といいます．

11▶正則化の考え方は常に正しいとは限りません．あまり重要ではない特徴であっても，活用したら性能が高くなることもありえます．ただ，多くの場合で悪影響の方が強くなることから，正則化の考え方を導入するのが一般的となっています．

12▶荷重減衰は4章で触れるAlphaZeroでも用いられています．一方で3章のBERTは荷重減衰を用いていません．これは，BERTがAdamを用いていることが関係していると考えられます．最近の研究で，Adamと荷重減衰を単純に組み合わせると性能が悪化することが示されています．

13▶ちなみに，1章で説明したReLUも正則化の考え方が用いられています．ReLUが行っている「目立たない特徴を0にする」ということは「不用意に新しい特徴を見出さないように抑制する」ことと等しく，「できる限りシンプルに考える」ことにつながっています．

14▶もちろん，私たちが普段目にする現実の光景は，格子状にはなっていません．コンピュータが画像を扱う際に，格子状の形に変換して取り扱っているのです．つまり現実の風景と，コンピュータに映し出された風景は，厳密にいえば異なる形になっています．格子の大きさがとても小さいので，人間の目には違いが分からないだけなのです．

15▶「重み」は入力ごとに一つ用意するため，入力となるウィンドウサイズが3×3なら，対応する「重み」もまた3×3の構成で捉えることができます．ウィンドウと同じ構成（たとえば3×3）で対応する「重み」を配置した格子のことを，カーネル，もしくはフィルタといいます．ウィンドウとカーネルの大きさは同じなので，ウィンドウサイズのことをカーネルサイズ（もしくはフィルタサイズ）と表現することもあります．本書では表記を統一するため，すべてウィンドウサイズという呼び名にしています．画像系では古くからフィルタの考え方が用いられてきたこともあり，「フィルタ（を動かす）」という考え方で畳み込みニューラル

ネットワークを説明することが多いのですが，本書では分かりやすさを優先した説明の仕方をとっています．

16▶角や端を担当するニューロンでは，ウィンドウが画像の外にはみ出ることがあります．はみ出た部分をどう扱うか，というのは決まった方法があるわけではありません．ただその中でよく使われているのが，パディングです．パディングとは「詰め物をする」という意味で，はみ出た部分を何か適当に詰めてしまおう，という考え方です．特によく使われるのが「0」を詰めてしまう方法です．これをゼロパディングといいます．「0」にはすでに触れたように，「なかったこと」にする効果があります．つまり，画像としての入力を0にすることで，「そこにはなにもない，特に意味はない」という扱いにするわけです．画像は，被写体がきちんと入ることだけを意識して切り抜かれていることが多いため，画像の「角」や「端」の位置に大した意味がありません．この「大した意味がない」という観点をうまく反映できると考えられることから，ゼロパディングがよく用いられています．

17▶一般的には，さらに「バイアス項」と呼ばれる（ニューロンからの）出力の平均値を調整するための「重み」を用意することが多いです．これは，ReLU が見出して残す特徴の「強さ」の基準を調整する役割を持っています．なお，この「重み」は畳み込み層だけではなく，全結合層でもよく導入されます．

18▶プーリング層（最大プーリング層や平均プーリング層など）は，畳み込み層とは違ってチャネル数という調整項目がありません．なぜなら，プーリング層は「ある一つの特徴が（ウィンドウ内に）見受けられるか」を判定するものだからです．よって，チャネル一つひとつ（特徴一つひとつ）に対して処理を行う必要があります．つまり，チャネル数を調整する必要がそもそもないわけです．また，畳み込み層と違ってニューロンがないので，学習によって調整される「重み」もありません．いくら学習が行われても，プーリング層での処理内容が変わることはないのです．

19▶部下や平社員の意見をないがしろにしない方法としては，「部下や平社員の意見をとにかく尊重しろ」と上司に厳命する方法もありえます．しかし，そのさじ加減はとても難しく，逆に「部下の意見が少し変わるだけで最終決定が異常なほど変わる」という状況に陥りやすくなります．

これは勾配発散問題と呼ばれています．

20▶「残差」とは統計学の用語で，「(推定結果と）正解とのズレ」を指す言葉です．残差ユニットという名称は，「正社員」の意見が正解からずれていたときに，そのズレ（残差）を補正するユニット，という意味合いから来ています．ResNet という名称自体も，残差（Residual）に着目したネットワーク（Network）というところからきています．

21▶「平社員」や「上司」の出力は，モデル構成時に適当に設定した重みを学習によって調整していくことで，少しずつ最適な値になっていきます．この例で示している「80」「−40」といった値は，ある程度学習が進んで，比較的妥当な出力になったときの値だと捉えてください．学習する前の段階では，「平社員」も「上司」も，もっといい加減な値を出力しています．

22▶図 2-27 は，ResNet の原型から少し変更を加えています．残差ユニット内の二つ目の畳み込み層に付いている ReLU は，原型では残差ユニットの外側に付いていました．しかし，図が分かりづらくなることに加え，近年の研究では ReLU を外側に置かない方がいいことが分かってきているため，本書では図のような形で表現しています．

23▶厳密には，より深い層（50 層以上）で構成された ResNet の場合，残差ユニットの内部で使っている畳み込み層の構成が少し異なっています．具体的には，畳み込み層のチャネル数を途中で一度大きく減らすことで（つまり，見出す特徴の数を一度絞り込むことで），必要となる「重み」の数を減らす工夫がされています．いかに ResNet といえど，あまりに層が深くなると「重み」が多くなりすぎて学習が大変になることから，残差ユニットの性能を少し下げてでも学習が効率的にできるように工夫をしているのです．

24▶ここで用いた 64 という数値は，2 を 6 回掛け合わせた（2×2×2×2×2×2）値となっています．このように，ディープラーニングでは特に理由がない限り，2 を複数回掛け合わせた値（64，128，256，512 など）を用いることが多いです．これは，コンピュータが「電圧が高い/低い」という 2 種類の状態を使って情報を扱っているためです．要するに，2 を複数回掛け合わせた値を使った方が，コンピュータにとっては効率的に扱いやすいのです．そうすると，なぜ入力画像のサイズには（2 を複数回掛け合わせてできる値ではない）224 という値が使われているのか，

という疑問も出てきますが，これはおそらく224に設定したら性能が良かった，ということなのだと考えられます．

25▶「畳み込み層の設定要素」の節で，ストライドを2にするとニューロンの数が1/4になることをお話ししました．残差ユニットではこの設定変更（ストライドを2にする）に合わせ，チャネル数を（64から128へと）2倍に増やしています．一見すると，1/4と2倍でアンバランスな気もするのですが，実は釣り合いが取れているのです．なぜなら，チャネル数を2倍にすると，組み合わせの数が4倍になるからです．たとえばチャネル数が1の畳み込み層を二つ重ねると，組み合わせ方は（下の層が1種類×上の層が1種類で）1通りですが，チャネル数が2の畳み込み層を二つ重ねると，（下の層が2種類×上の層が2種類で）4通りになります．畳み込み層は組み合わせごとに計算を行わなくてはならないため，計算する量で考えれば釣り合いが取れている，というわけです．

26▶ほかにも，最大プーリング層などを使ってサイズを小さくし，かつ無理やりチャネル数を増やす（無理やり増やした部分には0を入れておく）という方法も提案されています．この方法は全結合層を使わないため，重みの数を増やさないで済むというメリットがあります．最近の研究では，重みを増やさずに済むこちらの方法を用いることが多いです．

27▶画像も畳み込み層（の出力）も，等しく畳み込み層への入力として扱えることから考えると，自然な解釈といえます．

28▶この名称は，マス目（画素）ごとに計算した「平均的な色」の数値を各画像から引き算（減算）することで，「平均的な色」を0へと調整するところからきています．たとえばあるマス目の「平均的な色」が100だった場合，全画像の同じマス目から100を引いてしまうわけです．こうすれば，「平均的な色」のマス目は0になり，それよりも濃い（100より大きい）マス目はプラスの数値に，薄いマス目はマイナスの数値へと調整されます．

29▶AIに正解を付けさせる研究なども存在します．ただ，あくまで人間の正解の付け方をまねる方法であり，基本的な方針は人間が決めなければなりません．また，人間が正解を付けることに比べると，どうしても見劣りする面は否めません．

30▶正確にいうと，入力に小さい値と大きい値が混在する場合において問題が生じます．たとえば，入力が100の問題に合わせた調整方法だと，入

力が10000の問題に対しては出力の変動が大きくなりすぎてしまいます．逆に10000の方に合わせてしまうと，重みの調整幅が小さすぎて，入力が100の方ではほとんど出力が変わらなくなってしまうのです．

31▶画像の大きさの違いに自動で対応できるAIもあります．ただそれはあくまで，対応できるようにAI設計者が設計しているためで，AIが勝手に対応しているわけではありません．

32▶バッチ正規化も組み合わせる場合は，「バッチ正規化 → 畳み込み層 → バッチ正規化 → ReLU → 畳み込み層 → バッチ正規化」とするのが良いことが示されています（PyramidNetの論文より）．

33▶転移学習という言葉はあまり明確には定義されていないのですが，一般的には「学び方を学ぶ」ことの総称であるとされています．つまり別の課題で事前学習をすることで，新しい課題に対する「学び方を学ぶ」ことが転移学習，ということです．転移学習はとても広い概念であり，転移学習の中には自己教示学習，マルチタスク学習，メタ学習，領域適応，トランスダクティブ転移学習など，さまざまな分類が存在しています．

34▶日本語の場合，英語と違って，あらかじめ「単語の区切り」がどこなのかを見つけておく必要があります．これはすでにいろいろな技術（形態素解析技術）が開発されていて，その技術を使うことで文章を単語に区切ることができます．ちなみに，英語でも単純に単語で区切っているわけではなく，少し工夫が加えられています．たとえば「Singing（歌っている）」のように「Sing（歌う）」と「～ing（～している）」とで意味が分けられるものは，別々の単語として扱っています．このように，最近では人間が使う単語の区切り方は用いずに，AIにとって理解しやすい区切り方を使おう，という考え方が生まれてきています．

35▶さらに「交差点」といった適当な単語に置き換えた，と見せかけた問題も追加します．つまり，「私は昨日みかんを食べた」という文章のままで，「文中の『みかん』の位置に当てはまる単語は何か？」という問題を追加するわけです．もちろん，この正解もまた「みかん」です．ちなみに，BERTでは全体の15%の単語をランダムに置き換えて問題集に登録します．このうち80%は◆◆で塗りつぶし，10%は「交差点」といった適当な単語に置き換え，残りの10%は元の単語のままにする，という割合になっています．

36▶こう書いてはいるのですが，BERTではあまりこの点について特に調

整はしていないようです．ただ，一般的にはディープラーニングで複数の課題を解けるようにする場合，「どちらを優先して解くか」という点について調整を行っていることが多いです．

37▶厳密にいうと，縦横の比率が違っている場合はうまく拡大・縮小できません．縦長・横長の画像になってしまうからです．ただし，画像は切り抜いても（写っている物体が切り取られない限り）正解は変わりません．ですので，縦横の比率が合うように切り抜いてから拡大・縮小することで問題なく扱うことができます．

38▶これはあくまで，そういう「構想」のもとにモデルを構成している，という話です．もちろん，「描いた構想に基づいてモデルを構成」しているので，うまく学習できることを期待することはできます．しかしそれが本当にできるかどうかは，その難易度によっても変わります．人間も文章を読むときは単語を一つずつ目で追って理解していくでしょう．しかし，「文章を途中まで読んで，その内容をシンプルにまとめて教えてくれ」といわれてもなかなか大変ですよね．人間にとっても難しいと思えることである以上，この「構想」を実現するのはかなり難しいことでした．そのため，描いた構想が実現しやすいような「思考集中」を再帰型ニューラルネットワークに取り入れた手法（GRU や LSTM など）がいろいろ発案されることとなりました．しかし，最終的に自動翻訳などの性能が実用的になったのは，この後で触れる「注意」の導入が大きかったと考えられています．

39▶これは Seq2Seq というモデルの構成とほぼ同じです．ただし，実際の Seq2Seq はもう少し工夫をしています．大きな点として，出力用ニューロンの入力をもう一つ増やして，「直前に出力している（はずの）単語」を入力しています．たとえば「play」を出力しているニューロンには，その前の単語「I」も入力しているのです．これは，AI が出力した単語が「I」ではなく「He」などといった間違った単語だったとしても，『正しく「I」と出力できていたという前提で』「play」を出力することを学習してもらうためです．もちろん「I」と出力するのが正しいというのは問題集を使って学習する際にだけ分かることですので，実際に新しい文章を翻訳する際は，「I」ではなく，AI が実際に出力していた「He」を入力することになります．

40▶再帰型ニューラルネットワークの学習に問題が生じる大きな原因は，一

単語ずつ順番に扱わなくてはならない点にあります．たとえば，「I play today」と出力することを学習する場合，「I」を推定した後で「play」を推定して，最後に「today」を推定する流れとなります．ここで「play」を推定する際に「today」という単語の情報が入力に混ざってはいけません．「play」の後に「today」を推定するという「順序」が決まっている以上，順番を飛び越して「today」という単語を見知ってしまうことは，いわゆる「カンニング」になってしまうからです．この制約があるために，再帰型ニューラルネットワークを使って「文章全体」を一度に考慮して判断することが難しかったのです．そこで，再帰型ニューラルネットワークを使わないことで「順序」の制約をとりはらい，「文章全体」を一度に見て読解できるようにしたというところが，BERT が高い読解力を実現した最大のポイントなのです．

41▸512 単語未満の文章を入力したい場合は，単語がない位置に 0 を入れて「なかったこと」にします．ただし実際には，0 を入れることで生じる意味のない無駄な計算は省くことで，処理が高速化されています．

42▸これはあくまで BERT では，という話です．実際のところ，可変長に対応する方法もすでに提案されてきています．

43▸図で示した例における「私」や「遊ぶ」といった他の単語についても，対応する（BERT 本体の）出力は存在します．しかし，（正解が設定されていないため）これらの出力がどんな結果になっていても学習には一切影響を与えません．

44▸BERT は BASE と LARGE の 2 種類が提示されています．本書では，より重みの数が多い LARGE の設定についてお話ししています．

45▸BERT 本体の出力が「分散表現みたいなもの」となるように，BERT の事前学習には少し工夫が施されています．「文章のある位置に当てはめられる単語を理解したい」の課題は，（BERT への入力の際に用いた）「分散表現」を使って答えるようにしているのです．こうすることで，BERT 本体の出力である「分散表現みたいなもの」の中に，「分散表現」の要素が含まれるようになるだろう，と期待できるわけです．

46▸ここで行っている正規化は，ばらつきを調整している範囲がバッチ正規化とは異なります．バッチ正規化では，（512 個ある入力位置ごとに）分散表現の数値列の要素一つひとつについて，問題集にある問題の違いから生じるバラつきを調整します．これに対し，ここでの正規化は（入

力位置ごとに）問題集の問題一つひとつについて，分散表現の要素の違いから生じるバラつきを調整しています．たとえば，バッチサイズが100で，分散表現が1024個の数値列で構成されている場合，前者は100個の数値におけるばらつきを調整し，後者は1024個の数値におけるばらつきを調整します．後者の正規化は，レイヤー正規化と呼ばれています．

47▸GELUはReLUを拡張した手法とも言えます．ReLUは，2章の正則化の説明における脚注（注釈番号13）で触れたように，正則化の考え方を用いています．しかし，これは「一定以上の強さの特徴はすべて残し，それ以外はすべてなかったことにする」というとても杓子定規な判断方法となっています．それよりは，「特徴が強いほど残りやすくする」という柔軟な考え方の方がよさそうにも感じますよね．このような，特徴が強いほど「確率的に」残すという考え方の正則化を，確率的正則化といいます．GELUはReLUに確率的正則化の考え方を取り入れ，性能を改善した手法なのです．

48▸厳密には，翻訳で活躍した注意と，本書で説明する注意は少し異なります．翻訳では，主に翻訳元と翻訳先の単語の組み合わせについて考えているのですが，BERTでは同じ文章内の単語の組み合わせについて考えています．BERTで使われる注意は，自己注意（self-attention）と呼ばれています．

49▸論文などでは，対象単語のことをクエリ，周辺単語のことをキー，付け加えられる意味情報のことをバリューと表現することが多いです．

50▸より詳細にいうと，「関連性の度合」に応じて「付け加えられる意味」の配合割合を変えて足し合わせます．「関連性の度合」が高いほど配合割合を大きくして，より強く意味が付け加わるようにするわけです．この配合割合はソフトマックスを使って計算します．余談ですが，周辺単語の中には対象単語自体も含まれています．つまり，対象単語と周辺単語が同じという組み合わせもあります．これによって，対象単語がもともと持っている意味も「付け加えられる意味」の中に含まれているわけです．

51▸内積はベクトルを構成する数値の数が多いほど，値が極端に大きくなったり，小さくなったりしやすくなります．2章のバッチ正規化の節でも少し触れた通り，ディープラーニング内で現れる数値が大きくなりすぎ

たりすると学習に悪影響がでてきます．そのため，BERTでは内積の値を，ベクトルを構成する数値の数（正確にはその平方根）で割ることで，値が大きく（小さく）なりすぎることを抑えています．これを用いた内積注意のことを，縮小付き内積注意といいます．

52▶BERTでは16個に分割する設定としています．

53▶欠席したニューロンの出力は0にします．つまり，「なかったこと」にしておくわけです．

54▶BERTでは，ドロップアウトを入力された単語の分散表現に対しても行っています（これにあわせて，レイヤー正規化も行っています）．また，実は「注意」における「関連性の度合」から作った「付け加えられる意味」の配合割合（注釈番号50を参照）にもドロップアウトを行っています．Transformerの論文でこの使い方の記載があったことから導入されているのですが，Transformerの論文の最新版ではその記載が削られているので，あまり気にする必要はないでしょう．

55▶厳密には，すべての選択肢について必ず勝率を推定するとは限りません．後に触れる「期待できる最大の勝率」が高くならなければ，勝率を調べずに終わる可能性もあります．

56▶探索と知識利用のジレンマにおける「知識利用」とは，本来は「一番勝率が高い選択肢を行使することで得をする」といった意味合いです．ここでは分かりやすくするために，違う表現を用いています．なお，このジレンマをどう解決すれば良いのかという問題は，バンディット問題という名称で，強化学習における重要な問題となっています．バンディット問題とは，問題をスロットマシンに置き換えたものであり，スロットマシンからメダルを獲得できる確率が勝率に当たります．つまり，どんな順番でスロットマシンのアーム（バンディット）を引けば，多くのメダルを獲得できる（つまり勝率の高いスロットを効率的に見つけて利用することができる）か，という問題です．バンディット問題の研究成果は，今回のAlphaZeroでもベースとして用いられています．ただし，AlphaGoといった初期型に比べて，対象とするゲームに適した方法へと変更されています．

57▶「期待できる最大の勝率」の計算に用いる「見積もり勝率」は，「手番の側から見た勝率」でなくてはならないことに留意してください．選択肢を選ぶ権利は手番の側にあるからです．よって，どの展開に進むかを判

断する（「期待できる最大の勝率」を計算する）際には，手番の側からみた「見積もり勝率」を用意する必要があります．こう聞くと，先攻後攻それぞれの見積もり勝率が必要なのか，と思うかもしれませんが，そんなことはありません．両者の勝率は背中合わせだからです．つまり，先攻の勝率が70％であれば，後攻の勝率は残りの30％である，と簡単に計算できます．

58▶実際には，作られる対戦結果がワンパターン化しないように工夫をしています．たとえば，対戦のはじめ（序盤）のうちは，「一番多く掘り下げた選択肢」を着手として必ず選ぶのではなく，「掘り下げた回数が多いほど，着手として選ばれる確率を高くする」とすることで，着手がばらけるようにしています．同様に，着手の候補に対する「選択肢が選ばれる確率」についても，AIの推定結果をそのまま使用せず，ランダムに値を少し変化させた上で使ったりしています．

59▶正確には「正解とAIが推定した結果との差の大きさ」ではなく，「正解とAIが推定した結果との差の大きさの二乗」を使っています．これは，「差が大きければ大きいほど，正解とのズレはとても大きくなる」と評価することに相当します．これは二乗誤差と呼ばれる損失関数で，AIの学習でよく用いられています．

60▶余談ですが，AlphaZeroにおける報酬（正解）は，「勝率を推定するAI」が用いている「勝ったか負けたか」であり，もう一つのAIが用いている「選択肢が選ばれる確率」は，「勝ったか負けたか」という報酬から作り出される，副次的な要素と捉えるのが正しいでしょう．つまり，「勝敗結果が分かる（報酬）」→「勝率を推定するAIが精緻になっていく」→「勝率の推定性能の改善によって，掘り下げる選択肢の選び方が精緻になっていく」→「選択肢が選ばれる確率を推定するAIが精緻になっていく」という流れで，あくまで「勝敗結果が分かる（報酬）」を起点としてAIの性能が上がっていくのです．

61▶実際には図の右下に一つだけ，新しく「tanh」が現れています．tanhは勝率のような，勝ったか負けたかという二択の確率を推定する際に用いられる部品です．三つ以上の候補があるときはソフトマックスを用いますが，二つしかないときはtanhを用いることがあります．tanhを使うと，「勝率が100％を超える」といったことがないように値の範囲が調整されます．ただし，tanhは値の範囲を「マイナス100％から100％

まで」に収めるという調整をしているため，使う際には「0% から 100% まで」に収まるよう調整しなおしてから使っています．ちなみに，「目標設計の実態」の節で，「勝率を推定する AI」は正解が勝ちなら「勝率 100%」とみなすと説明しましたが，正解が負けの場合は tanh の性質に合わせて「勝率マイナス 100%」とみなして学習しています．最初から「0% から 100% まで」に収めてくれるシグモイド関数というものもあるのですが，勾配消失問題を起こしやすいことから，tanh を使うケースが多いようです．余談ですが，ReLU も勾配消失問題を起こしにくい部品です．これは ReLU が，見出した特徴に一定以上の強さがあるなら「そのまま残す」ので，残差ユニットと同様に下層の意見がそのまま上層部に伝わりやすいためです．

62▸図 4-20 中での残差ユニットは，二つある畳み込み層それぞれに ReLU がついていますが，実装サンプルでは，二つ目の ReLU は残差ユニットの外側に置かれています．これはおそらく提案当初の ResNet と同じ設計にしたためと考えられます．

63▸もう一つの理由として，入力を 0（石がない）か 1（石がある）かで表現できる点が挙げられます．0 と 1 だけを使う場合，BERT の「分散表現」の節で問題となった「数値が大きくなるほど○○である」という順序の関係性を気にしなくて済むからです．

64▸「勝率を推定する AI」は Value Network，「選択肢が選ばれる確率を推定する AI」は Policy Network と呼ばれています．ところで，わざわざ二つ AI を用意しなくても「勝率を推定する AI」をうまく使えば「選択肢が選ばれる確率」も推定できるのではないか，と感じるかもしれません．確かにそうできる可能性はありますが，この二つの AI が別々に作られているのは，これまでの歴史（AlphaGo や AlphaGo Zero）からの流れによるところも大きいのです．本書では要点をかいつまんで説明していますが，ここに至るまでには紆余曲折があり，その流れで二つの AI が用意されている，という面もあるのです．

65▸最近の研究では，ゲームの途中スコアから最終的な報酬（勝つか負けるか）を推定する AI を用意することで，この問題に対処する方法も提案されています．

# 参考文献


[1] Kaiming He, Xiangyu Zhang, Shaoqing Ren, and Jian Sun, "Deep Residual Learning for Image Recognition", *IEEE Conference on Computer Vision and Pattern Recognition*, 2016.

[2] Sam Gross and Michael Wilber, "Training and investigating Residual Nets", 2016. http://torch.ch/blog/2016/02/04/resnets.html

[3] Saining Xie, Ross Girshick, Piotr Dollár, Zhuowen Tu, Kaiming He, "Aggregated Residual Transformations for Deep Neural Networks", *IEEE Conference on Computer Vision and Pattern Recognition* (*CVPR*), pp. 5987–5995, 2017.

[4] Sergey Zagoruyko and Nikos Komodakis, "Wide Residual Networks", *Proceedings of the British Machine Vision Conference* (*BMVC*), pp 87. 1–87. 12, 2016.

[5] Dongyoon Han, Jiwhan Kim, and Junmo Kim, "Deep pyramidal residual networks", *In Computer Vision and Pattern Recognition* (*CVPR*), pp 6307–6315, 2017.

[6] Xavier Gastaldi, "Shake-Shake regularization of 3-branch residual networks", *In Workshop of International Conference on Learning Representations*, 2017.

[7] Yoshihiro Yamada, Masakazu Iwamura, Takuya Akiba, Koichi Kise, "ShakeDrop Regularization for Deep Residual Learning", arXiv: 1802. 02375, 2018.

[8] Jacob Devlin *et al*., "BERT: Pre-training of Deep Bidirectional Transformers for Language Understanding", arXiv: 1810. 04805, 2018.

[9] Ashish Vaswani, Noam Shazeer, Niki Parmar, Jakob Uszkoreit, Llion Jones, Aidan N Gomez, Łukasz Kaiser, and Illia Polosukhin, "Attention is all you need", *In Advances in Neural Information Processing Systems*, pp. 6000–6010, 2017.

[10] Tomas Mikolov, Ilya Sutskever, Kai Chen, Greg S Corrado, and Jeff Dean, "Distributed representations of words and phrases and their

compositionality", *In Advances in Neural Information Processing Systems 26*, pp. 3111–3119, 2013.

[11] Xiaodong Liu, Pengcheng He, Weizhu Chen, Jianfeng Gao, "Multi-Task Deep Neural Networks for Natural Language Understanding", arXiv: 1901. 11504, 2019.

[12] Guillaume Lample, Alexis Conneau, "Cross-lingual Language Model Pretraining", arXiv preprint arXiv: 1901. 07291, 2019.

[13] Zhilin Yang, Zihang Dai, Yiming Yang, Jaime Carbonell, Ruslan Salakhutdinov, Quoc V. Le, "XLNet: Generalized Autoregressive Pretraining for Language Understanding", arXiv preprint arXiv: 1906. 08237, 2019.

[14] David Silver *et al.*, "Mastering the game of go without human knowledge", *Nature*, 550: pp. 354–359, 2017

[15] David Silver *et al.*, "Mastering Chess and Shogi by Self-Play with a General Reinforcement Learning Algorithm", arXiv: 1712. 01815, 2017.

[16] David Silver *et al.*, "A general reinforcement learning algorithm that masters chess, shogi, and Go through self-play", *Science*, Vol. 362, Issue 6419, pp. 1140–1144, 2018.

●監修
**藤本浩司**（ふじもと・こうじ）
1985年上智大学理工学部数学科卒業。
1999年東京農工大学大学院工学研究科博士後期課程修了、博士（工学）。
製薬会社、クレジットカード会社などを経て、
2007年よりテンソル・コンサルティング株式会社代表取締役社長。
東京農工大学客員教授。
著書
『AIにできること、できないこと――ビジネス社会を生きていくための4つの力』（共著、日本評論社）
『データマイニング手法』（共訳、海文堂出版）
『動きを理解するコンピュータ』（監訳、日本評論社）
『プロフェッショナル英和辞典SPED TERRA』（分担執筆、小学館）
『テクノロジー・ロードマップ2017-2026 金融・マーケティング流通編』（分担執筆、日経BP）

●著者
**柴原一友**（しばはら・かずとも）
2007年東京農工大学大学院工学府博士後期課程修了、博士（工学）。
東京農工大学特任助教を経て、
2009年よりテンソル・コンサルティング株式会社。
現在、同社の主席数理戦略コンサルタント。
東京農工大学客員講師。
著書
『AIにできること、できないこと――ビジネス社会を生きていくための4つの力』（共著、日本評論社）
『ゲーム計算メカニズム』（共著、コロナ社）
『動きを理解するコンピュータ』（共訳、日本評論社）
『テクノロジー・ロードマップ2017-2026 金融・マーケティング流通編』（分担執筆、日経BP）

**続《ぞく》　AIにできること、できないこと**
**すっきり分《わ》かる「最強《さいきょう》AI」のしくみ**

2019年11月25日　第1版第1刷発行

監修 ―― 藤本浩司
著者 ―― 柴原一友
発行所 ―― 株式会社 日本評論社
〒170-8474 東京都豊島区南大塚3-12-4
電話 (03) 3987-8621［販売］
(03) 3987-8599［編集］
印刷 ―― 株式会社精興社
製本 ―― 井上製本所
装幀 ―― 山田信也（スタジオ・ポット）


ISBN 978-4-535-78902-9